环保公益性行业科研专项经费项目系列丛书

干旱地区高寒草原湿地生态安全调查与评估

——以新疆巴音布鲁克草原为例

汤祥明　李鸿凯　邵克强　冯朝阳　胡小贞　等　编著

科学出版社

北　京

内 容 简 介

本书是环境保护部环保公益性行业科研专项经费项目"干旱地区高寒草原湿地生态系统安全监控与保护研究"（201309041）课题研究成果的系统总结，主要以我国西北干旱区最大的亚高山高寒草原湿地——新疆巴音郭楞蒙古自治州的巴音布鲁克草原湿地为研究对象，通过对巴音布鲁克草原湿地及周边区域土壤理化性状、植被、水环境状况的野外调查，结合历史资料、遥感影像分析与古湖沼学研究，剖析了自然过程和人类活动共同作用下巴音布鲁克草原湿地及周边区域生态系统的时空分异特征、演变过程及趋势；同时，根据载畜量、土地利用方式等人为活动干扰强度的变化，结合流域经济、社会发展状况，定量评估了巴音布鲁克草原湿地生态系统潜在的生态环境风险；提出巴音布鲁克草原湿地的生态安全分区方案及保护管理对策。研究结果可为我国干旱地区高寒草原湿地管理与保护提供研究实例及参考资料。

本书可供研究和关心巴音布鲁克草原湿地的各专业人士和管理者参考，也可供从事草原湿地生态安全、古湖沼学、生态学、水利及水环境保护等相关领域的科技工作者、管理人员和高等院校师生参考。

图书在版编目（CIP）数据

干旱地区高寒草原湿地生态安全调查与评估：以新疆巴音布鲁克草原为例 / 汤祥明等编著. —北京：科学出版社，2018.6

（环保公益性行业科研专项经费项目系列丛书）

ISBN 978-7-03-058022-1

Ⅰ.①干… Ⅱ.①汤… Ⅲ.①寒带–干旱区–草原生态学–生态安全–安全评价–新疆 ②寒带–干旱区–沼泽化地–生态安全–安全评价–新疆 Ⅳ.①S812 ②P942.450.78

中国版本图书馆 CIP 数据核字（2018）第 131761 号

责任编辑：王腾飞 沈 旭 冯 钊 / 责任校对：王萌萌
责任印制：张克忠 / 封面设计：许 瑞

科学出版社 出版

北京东黄城根北街 16 号
邮政编码：100717
http://www.sciencep.com

三河市春园印刷有限公司印刷
科学出版社发行 各地新华书店经销

*

2018 年 6 月第 一 版 开本：720 × 1000 1/16
2018 年 6 月第一次印刷 印张：18
字数：360 000

定价：168.00 元

（如有印装质量问题，我社负责调换）

主要作者介绍

汤祥明，男，安徽繁昌人，1976 年 10 月出生，博士，中国科学院南京地理与湖泊研究所副研究员，美国海洋与湖沼学会会员，*Cogent Geoscience* 杂志编辑。2015～2016 年在美国田纳西大学（University of Tennessee at Knoxville）从事访问学者研究。主要研究领域：微生物对湖泊富营养化及咸化的影响、微生物生物地理学及湖泊生态修复等。主持及参与国家自然科学基金、973 子课题、水体污染控制与治理科技重大专项、环境保护部公益性项目 10 余项。发表论文 70 余篇，其中被 SCI 收录的论文 45 篇。主编及参编专著各一部。获江苏省科技进步二等奖 1 项。

李鸿凯，男，河南许昌人，1977 年 9 月出生，博士，东北师范大学地理科学学院副教授。2009 年 7 月毕业于中国科学院地球环境研究所第四纪地质学专业。2009 年 6 月～2010 年 6 月在瑞士纳沙泰尔大学（University of Neuchatel）从事访问学者研究。现主要从事湿地生态与环境变化研究，在国内最早开展泥炭沼泽有壳变形虫的生态与古生态研究。主持完成国家自然科学基金青年基金项目 1 项，参与国家科技计划项目、国家自然科学基金项目 10 余项，发表论文 20 余篇。

邵克强，男，安徽无为人，1982 年 4 月出生，博士，中国科学院南京地理与湖泊研究所助理研究员。2001 年 7 月毕业于中国科学院南京地理与湖泊研究所环境科学专业，现主要从事湖泊生态与环境变化研究。主持及参与国家自然科学基金、973 子课题、水体污染控制与治理科技重大专项、环保部公益性项目 10 余项，发表论文 30 余篇。

冯朝阳，男，山东临沂人，1979 年 5 月出生，博士，中国环境科学研究院研究员。2007 年 7 月毕业于中国科学院成都山地灾害与环境研究所自然地理学专业，现主要从事生态系统服务功能研究。主持完成环保公益性行业科研专项项目 1 项，参与国家科技计划项目 4 项，发表论文 20 余篇。

胡小贞，女，浙江衢州人，1975 年 1 月出生，硕士，中国环境科学研究院研究员，环境科学专业。2001 年 10 月～2002 年 5 月于日本筑波 JICA 研修中心研修。现主要从事湖泊水体修复与技术集成研究。主持完成水体污染控制与治理科技重大专项课题 1 项、子课题 2 项，参加国家科技计划、中日合作 JICA 项目、环境保护部行政事业类项目等各种类型的科研项目 10 余项，主持或参与地方治理类项目 20 余项。获国家环境保护科学技术奖一等奖 2 项、二等奖 1 项、省部级一等奖 1 项，发表文章 30 余篇。

"环保公益性行业科研专项经费项目系列丛书"
编著委员会

顾　　问：黄润秋

组　　长：邹首民

副 组 长：刘志全

成　　员：禹　军　陈　胜　刘海波

《干旱地区高寒草原湿地生态安全调查与评估》
编著委员会

主　　编：汤祥明　李鸿凯　邵克强　冯朝阳　胡小贞

编写人员：（以姓氏汉语拼音为序）

白承荣　巴图那生　蔡　舰　代　丹　高　光　龚　伊

龚志军　古　琼　何　建　胡　洋　赖　英　吕　聪

满　良　宁栋梁　潘学平　邱祖凯　赛·巴雅尔图

王　铭　王永平　王升忠　吾甫尔·托乎提　许秋瑾

徐志伟　张恩楼　张天宇　周　蕾

"环保公益性行业科研专项经费项目系列丛书"
序言

目前，全球性和区域性环境问题不断加剧，已经成为限制各国经济社会发展的主要因素，解决环境问题的需求十分迫切。环境问题也是我国经济社会发展面临的困难之一，特别是在我国快速工业化、城镇化进程中，这个问题变得更加突出。党中央、国务院高度重视环境保护工作，积极推动我国生态文明建设进程。党的十八大以来，按照"五位一体"总体布局、"四个全面"战略布局以及"五大发展"理念，党中央、国务院把生态文明建设和环境保护摆在更加重要的战略地位，先后出台了《环境保护法》《关于加快推进生态文明建设的意见》《生态文明体制改革总体方案》《大气污染防治行动计划》《水污染防治行动计划》《土壤污染防治行动计划》等一批法律法规和政策文件，我国环境治理力度前所未有，环境保护工作和生态文明建设的进程明显加快，环境质量有所改善。

在党中央、国务院的坚强领导下，环境问题全社会共治的局面正在逐步形成，环境管理正在走向系统化、科学化、法治化、精细化和信息化。科技是解决环境问题的利器，科技创新和科技进步是提升环境管理系统化、科学化、法治化、精细化和信息化的基础，必须加快建立持续改善环境质量的科技支撑体系，加快建立科学有效防控人群健康和环境风险的科技基础体系，建立开拓进取、充满活力的环保科技创新体系。

"十一五"以来，中央财政加大对环保科技的投入，先后启动实施水体污染控制与治理科技重大专项、清洁空气研究计划、蓝天科技工程专项等专项，同时设立了环保公益性行业科研专项。根据财政部、科技部的总体部署，环保公益性行业科研专项紧密围绕《国家中长期科学和技术发展规划纲要（2006—2020年）》《国家创新驱动发展战略纲要》《国家科技创新规划》和《国家环境保护科技发展规划》，立足环境管理中的科技需求，积极开展应急性、培育性、基础性科学研究。"十一五"以来，环境保护部组织实施了公益性行业科研专项项目479项，涉及大气、水、生态、土壤、固废、化学品、核与辐射等领域，共有包括中央级科研院所、高等院校、地方环保科研单位和企业等几百家单位参与，逐步形成了优势互补、团结协作、良性竞争、共同发展的环保科技"统一战线"。目前，专项取得了重要研究成果，已验收的项目中，共提交各类标准、技术规范997项，各类政策建议与咨询报告 535 项，授权专利 519 项，出版专著 300 余部，专项研究成果在各级环保部门中得到较好的应用，为解决我国环境问题和提升环境管理水平提供了重要的科技支撑。

为广泛共享环保公益性行业科研专项项目研究成果，及时总结项目组织管理经验，环境保护部科技标准司组织出版"环保公益性行业科研专项经费项目系列丛书"。该丛书汇集了一批专项研究的代表性成果，具有较强的学术性和实用性，是环境领域不可多得的资料文献。丛书的组织出版，在科技管理上也是一次很好的尝试，我们希望通过这一尝试，能够进一步活跃环保科技的学术氛围，促进科技成果的转化与应用，不断提高环境治理能力现代化水平，为持续改善我国环境质量提供强有力的科技支撑。

中华人民共和国环境保护部副部长

黄润秋

2017 年 10 月

前　言

干旱地区高寒草原湿地是介于陆生生态系统和水生生态系统之间，具有独特的水文、土壤、植被、生物特征及功能的过渡性生态系统，也是流域中许多重要河流的发源地。独特的地理与生态区位使得高寒草原湿地在维系干旱地区流域生态安全方面起着重要的作用。由于干旱地区高寒草原湿地大多分布于高海拔、高寒地带，生态环境极为脆弱、敏感，气候变化、人类活动等干扰对其产生的影响远较一般地区的要快和剧烈。近年来，在全球气候变化及人类活动的双重作用下，干旱地区高寒草原湿地生态环境发生了剧烈的变化，普遍出现了湿地和草地萎缩、沙漠化和盐渍化、径流量减少、生态系统退化等一系列的生态和环境问题，对区域经济的可持续发展和流域的生态安全产生了极大影响。因此，深入研究干旱地区高寒草原湿地生态系统的演化趋势，科学地评估气候变化和人类活动对高寒草原湿地生态系统的影响，制定出符合我国国情的生态恢复对策，不仅对高寒草原湿地资源本身的科学利用与保护，而且对保障流域的生态环境安全和区域社会经济的协调发展均具有极其重要的意义。

巴音布鲁克高寒草原湿地位于新疆维吾尔自治区中天山的尤尔都斯盆地，海拔 2300～2800m，总面积约 2.38 万 km²，年降水量约 270mm，年均蒸发量约 1130mm，气候寒冷，无霜期不到 30d，是我国干旱区第一大亚高山高寒草甸草原和新疆维吾尔自治区最主要的牧场之一，也是开都河、伊犁河、孔雀河等诸多天山南北河流的源头。在冰雪融水和降雨的作用下，区域内形成了大量沼泽草地和湖泊。作为新疆维吾尔自治区的一个重要生态屏障，其生态环境状况对新疆巴音郭楞蒙古自治州乃至全自治区社会经济的发展都有至关重要的影响。与其他高寒草原湿地一样，由于受超载过牧和区域气候变化的影响，巴音布鲁克草原湿地目前也正面临着日益严峻的草场退化、沙化、盐碱化等生态环境问题，已对南疆地区的水源保护和流域的生态安全构成严重的威胁。

本书以巴音布鲁克高寒草原湿地及周边区域土壤理化性状、植被、水环境状况等的野外原位监测数据为基础，结合历史资料及古湖沼学中的相关环境指标，分析了自然过程和人类活动共同作用下巴音布鲁克草原湿地及周边区域生态环境、植被组成等参数的时空分异特征、演变过程及趋势；同时，根据载畜量、土地利用方式等人为活动干扰强度的变化，结合流域经济、社会发展状况，定量评估了巴音布鲁克草原湿地潜在的生态环境风险；提出了巴音布鲁克草原湿地的生态安全分区方案及保护管理对策，为巴音布鲁克草原湿地的研究、管理及生态系统修复提供参考资料。

本书在编写过程中，得到了新疆巴音郭楞蒙古自治州党委、政府、新疆巴音郭楞蒙古自治州环境保护局、新疆巴音郭楞蒙古自治州博斯腾湖科学研究所、中国科学院南京地理与湖泊研究所、东北师范大学、中国环境科学研究院、天津师范大学等诸多单位的领导、科研人员的关心和支持。本书的出版得到了环境保护部环保公益性行业科研专项项目"干旱地区高寒草原湿地生态系统安全监控与保护研究"（201309041）的资助，在此一并致以诚挚的谢意。

由于作者水平有限及编写时间仓促，书中难免存在疏漏和不足，恳请广大读者不吝批评指正。

编　者

2017 年 6 月

目　　录

第一章 绪 论

第一节 我国干旱地区高寒草原湿地的概况

一、高寒草原湿地

草原植被是由以旱生多年生草本（或旱生小灌木）植物为优势种的植物组成的群落。典型草原分布在温带半湿润区到半干旱区的广大地域范围内，是一种地带性景观。根据建群种的生物学或生态学特点，草原可分为三种类型：草甸草原、典型草原、荒漠草原。按照热量条件可将草原分为中温型草原、暖温型草原和高寒型草原。其中，高寒型草原是在远离水汽来源的高海拔地区（一般在4000m以上）的干冷气候条件下发育的草原植被。构成高寒型草原的植物群落物种多具有耐寒耐旱的特点。典型的高寒型草原集中分布在青藏高原地区。来自印度洋的暖湿空气在翻越喜马拉雅山脉之后被青藏高原几列东西走向的山脉阻隔，因此，高原面和山地的背风坡气候寒冷干燥，一些耐寒耐旱的灌木植物或草本植物可在排水良好的斜坡地形成植物群落。

湿地是一类生态性质介于水体和陆地之间、因地表系统水分盈余而导致湿生或水生植物成为优势种的自然综合体。湿地的发生和发展是由地球系统各个不同圈层的相互作用所决定的，不同的自然环境条件下湿地的成因和类型有极大的差异[1]。湿润气候区空气湿度大，平坦地形区土壤水分充足，喜阴和喜湿植物易于定居和繁殖，湿地发育充分。干旱气候区湿地形成的基本条件是地表长期保持积水状态，由于干旱区具有较强的蒸发力，地表水分损失速率较快，所以必须有充足的外源水分输入才能保持地表的积水状态。所以，干旱气候区湿地的持续存在和发育必须有适宜的集水流域和充足的外源水供给。寒冷气候区因低温而导致蒸散潜力微弱，一定时间内冻土层的存在具有阻隔水分下渗的作用，在一定降水条件下可长期保持地表水分盈余，使喜湿植物生长，尽管植被生物量较低，但湿地植被特征显著。

高寒草原区的地势平坦地带或低洼地带可以承纳来自于周边高山的冰雪融水，在盆地底部汇流形成不断摆荡的河流或湖泊。同时这些河湖滩地在丰水期不断洪水泛滥，地下水位较高，湿生环境特点显著，常常发育大面积的沼泽湿地。因此在高寒草原区常有大面积的沼泽湿地、河流湿地、湖泊湿地发育。

二、干旱区高寒草原湿地

我国的干旱半干旱气候主要集中在西北和华北地区，在自然区划中属于西北干旱区范畴，是我国三大自然区之一，处于中纬度西风带，欧亚大陆的中心，自西向东延伸到东北西部大兴安岭南部[2]，几乎贯穿我国北部边缘。但典型的干旱区仅局限在贺兰山以西的广大地区，其中极干旱区包括塔里木盆地、柴达木盆地、巴丹吉林沙漠和腾格里沙漠等；干旱区包括新疆北部、内蒙古西部、宁夏、河西走廊等地区，大致介于东经73°～125°，北纬35°～50°。在行政区划上包括新疆的全部，甘肃的西部，青海的柴达木盆地以及内蒙古和宁夏的西部等地区[3]。

深居内陆的干旱区的水汽来源极端匮乏。从西侧看，来自大西洋的气流经过远距离跋涉后进入我国西部，水汽消耗殆尽，只有高海拔的山地如天山、阿尔金山等才能截留部分水汽。南侧，第四纪以来青藏高原的隆升阻挡了西南季风向北的输送路径，大量水汽被阻止于喜马拉雅山脉的南坡。东侧，受我国第二级阶梯地形的阻挡，来自太平洋的夏季风经过长距离运动到贺兰山时也已是强弩之末，干旱区接纳不到东亚季风的惠顾。北侧，来自北冰洋的气流受到阿尔泰山的阻留，降水集中于山地偏北的迎风坡。同时，青藏高原成为西风带的巨大动力障碍，西风急流在高原西端分为南北两支，强大而稳定的青藏高压加大了北支急流在新疆北部的反气旋型弯曲，西风带的北移，造成我国新疆、甘肃北部和青海北部、内蒙古、宁夏一带成为中亚荒漠带向东北的延伸，形成大范围的温带干旱荒漠地带。

在这个广袤的干旱区内，地形的大起伏塑造了复杂的气候格局和自然环境的多样性，这里矗立着许多高大的山脉，包括阿尔泰山、天山、喀喇昆仑山、昆仑山、祁连山、阿尔金山、贺兰山等，能够截获来自西风急流和北冰洋的气流中的部分水汽而产生降水，在一定高度上，降水量显著上升，同时，随着气温垂直递减作用，高海拔山地的低温导致相对较少的蒸散发，干燥度比山麓地带显著降低，使这些高山成为干旱区的"湿岛"。冷湿气候条件下的高寒植被居于主导地位。在排水良好的山坡地带或坡麓地带，主要发育亚高山草甸，而在地形平坦的盆地底部或夷平面上，则因排水不畅而造成水分滞留，从而形成沼泽，于是在一定海拔的山间盆地或夷平面，承接一定降水的基础上，接纳来自周边高海拔山地冰雪融水的补给，形成大面积的高山草甸和沼泽湿地，其中最为典型的高寒草原湿地即为天山南坡尤尔都斯盆地的巴音布鲁克。

三、巴音布鲁克草原湿地

巴音布鲁克草原湿地（42°10′～43°30′N，82°32′～86°15′E）是我国典型的干旱区高寒草原湿地，它是天山山脉中段的高山间盆地，位于天山天格尔峰下、开都河上游，海拔 2400m 左右，总面积约 2246 万亩[①]。1986 年，经林业部审定，国务院正式批准将巴音布鲁克草原湿地列为国家级自然保护区，保护区总面积约 1400km^2。保护区中自然景观保护相对完整，生物多样性丰富，是具有原始风貌的典型内陆湿地，也是中国重要的湿地之一。这里是开都河、伊犁河、玛纳斯河等诸多天山南北河流的源头，也是博斯腾湖流域、塔里木河流域主要的水源涵养区，独特的地理与生态区位使其成为南北疆重要的生态屏障，是维系流域生态环境安全的关键因素。它的生态状况对新疆巴音郭楞蒙古自治州乃至全自治区社会稳定、经济可持续发展都有着至关重要的影响。

巴音布鲁克草原湿地主要分布于中天山的小尤尔都斯盆地、大尤尔都斯盆地。这里属温带大陆性干旱气候，年平均气温较低，为-4.0℃，1 月平均气温-26.1℃，7 月平均气温 11.2℃，极端最高气温 28℃，极端最低气温-48.1℃，年平均降水量 278mm，积雪期 210 天，最大积雪深度 26cm，冰冻期 160 天，最大冻土深度 120cm。盆地周围的高山积雪融水通过地表径流和地下潜水汇聚于盆地中央，由于底部地形相对平坦，水流缓慢，加上第四纪粉砂、黏土沉积物和冻层的存在，水分下渗受阻，在山前洪积扇间洼地、开都河及其支流广阔的河漫滩上形成了大面积的湿地[4]。

巴音布鲁克草原湿地土壤类型有草甸沼泽土、泥炭沼泽土、腐泥沼泽土。在草原湿地外围地势较高无积水平川地为草甸沼泽土，低平的季节性积水地段为泥炭沼泽土，低洼的常年积水处为腐泥沼泽土。植被也呈现类似的分布格局。在湿地外缘地表较干处，植物群落建群种为针叶薹草（Carex onoei），亚建群种为阿尔泰薹草（Carex altaica），伴生有扁囊薹草（Carex coriophora）、黑花薹草（Carex melanantha）、草地早熟禾（Poa pratensis）、剪股颖（Agrostis matsumurae）、短芒大麦草（Hordeum brevisubulatum）、赖草（Leymus secalinus）、珠芽蓼（Polygonum viviparum）、报春花（Primula malacoides）等。薹草呈点状草丘，丘高 25～30cm，直径 20～40cm，丘间低平，间距 30～80cm，盖度 90%以上。在湿地中间低洼常年积水地带植物群落建群种为杉叶藻（Hippuris vulgaris），伴生种有密花荸荠（Heleocharis congesta）、水毛茛（Batrachium bungei）、鸡冠眼子菜（Potamogeton cristatus）、狸藻（Utricularia vulgaris）等。在湿地中间还有大小不等的高地，主要植物有看麦娘（Alopecurus aequalis）、披碱草（Elymus dahuricus）、草地早熟禾、万叶马先蒿（Pedicularis myriophylla）、桔梗（Platycodon grandiflorus）、报春花等，盖度 95%[4]。

巴音布鲁克草原湿地野生动物十分丰富。据调查这里有大天鹅（Cygnus cygnus）、胡兀鹫（Gypaetus barbatus）、灰鹤（Grus grus）、白鹭（Egretta sp.）、斑头雁（Anser

---

① 1 亩≈666.67m^2。

indicus）、赤麻鸭（*Tadorna ferruginea*）、绿头鸭（*Anas platyrhynchos*）、琵嘴鸭（*Anas clypeata*）、白头鹞（*Circus aeruginosus*）、雨燕（*Apus melba*）等鸟类 128 种，隶属 14 目 30 科 80 余属，其中雀形目 53 种，非雀形目 75 种；繁殖鸟类 95 种，占 74%，其中留鸟 34 种，栖息着全国最大的野生天鹅种群。另有盘羊（*Ovis ammon*）、狼（*Canis lupus*）、赤狐（*Vulpes vulpes*）、猞猁（*Felis lynx*）、麝鼠（*Ondatra zibethicus*）等兽类 20 余种，两栖类 2 种，鱼类 5 种。有 8 种国家一级保护动物，如雪豹（*Panthera uncia*）、黑鹳（*Ciconia nigra*）、金雕（*Aquila chrysaetos*）、白肩雕（*Aquila heliaca*）；二级保护动物有 25 种，如大天鹅、盘羊、阿尔泰雪鸡（*Tetraogallus altaicus*）等[5]。

巴音布鲁克草原湿地不仅为人类提供了大量的如食物、原材料和水资源等生产与生活资料，同时在保护区域环境、维持生态平衡、保护生物多样性、蓄滞洪水、涵养水源、补给地下水、控制土壤侵蚀、净化空气、调节气候等方面起着极其重要的作用。在生态环境极度脆弱的干旱高寒地带，湿地的生态功能显得尤为重要。

第二节　我国干旱地区高寒草原湿地生态安全现状

干旱地区高寒草原湿地大多分布于高海拔、高寒地带，生态环境极为脆弱、敏感，气候变化、人类活动等干扰对其产生的影响远较一般地区更快、更剧烈。近年来，在全球气候变化及人类活动的双重作用下，干旱地区高寒草原湿地生态环境发生了剧烈的变化，突出表现为湿地和草地萎缩、沙漠化和盐渍化、径流量减少、生态系统退化等一系列的生态和环境问题，对区域经济的可持续发展和流域的生态安全造成了极大影响。

当前全球变化背景下，气温和降水的变化必然引起干旱地区高寒草原湿地面积、生态系统结构和功能的改变。气温升高一方面可增加地表蒸散量，导致湿地变干，面积减少；另一方面也增加了周围山地的冰川消融量，导致湿地变湿，面积扩大。资料表明，巴音布鲁克近 60 年来的气温虽有所上升，但增温趋势弱于新疆其他地区。气温升高对这里草原湿地面积变化的影响可能有限。同期的降水量和降水日数呈明显增加趋势，草地和湿地面积也有扩大趋势。但人类活动的影响仍然对该生态系统的安全带来了巨大威胁，使生态系统结构改变，功能退化。

长期以来，牧区牧民受"逐水草而居、逐水草而牧"传统观念影响，"就近、就水、就低"放牧的现象较为普遍，对交通便利、地势平坦、水草丰美的草场进行掠夺式放牧，草场得不到应有的恢复。而地处偏远、饮水不便、地形复杂的山间草场不能有效被利用，局部地区超载过牧和长期闲置并存，致使草场利用不均。近年来，牧业"折价归户"推行以后，在草原放牧基本没有成本，致使超载过牧现象严重。以小尤尔都斯为例，20 世纪 60 年代夏秋季放牧牲畜头数在 23 万头左右，仅在 2004 年就剧增至 87 万头以上。目前，巴音布鲁克退化草场主要分布在小尤尔都斯盆地。在草地生态系统中，牧草、土壤、家畜是一个整体，它们互相影响，互相制约。过度放牧是导致草地生态系统退化瓦解的一个主要原因。

春季过早和无序放牧也是草场退化的一个重要原因。每年的4月中旬至5月末是草原牧草的返青季节，也是草原生态系统最为脆弱的时期，刚生长出的幼苗因家畜的啃食和践踏而不能正常生长，草原极易遭受外界因素的干扰而受到破坏，导致牧草的高度、盖度、产量等受到影响。根据前期测定计算，现状利用方式下，巴音布鲁克的季节牧场理论载畜能力分别为：夏牧场230.75万羊单位，春秋牧场73.13万羊单位，冬牧场84.33万羊单位。若按照夏牧场载畜能力为100%计算，冬牧场的载畜能力为36.55%，春秋牧场的载畜能力为31.69%[6]。由此可以看出，冷季草场不足，尤其是春季牧场严重不足。因此，春季过早放牧和无序放牧是导致巴音布鲁克草地退化的重要原因之一。

毒害草及蝗虫等生物灾害加剧了干旱区高寒草原湿地的退化。常见的毒害草有马先蒿、乌头、橐吾等近十种，尤以马先蒿危害最重。马先蒿为玄参科马先蒿属植物，牲畜一般不采食。马先蒿大量侵入草地，其主要危害表现为：马先蒿生长快且植株高大，与矮小的建群种羊茅、针茅争光、争水、争肥，致使优良牧草因生长不良而大片枯死，草地质量下降，由优良牧草地下降为劣等草地。马先蒿种子繁殖能力极强，为其迅速传播奠定了基础。据调查，目前，马先蒿入侵面积26666.7hm^2，其中严重危害面积20000hm^2，平均盖度30%，最高盖度达80%以上[7]。近年来，巴音布鲁克的蝗虫危害面积也在逐步扩大，2007年蝗虫严重危害面积高达66666.7hm^2[6]。

作为干旱地区高寒草原湿地，公路建设、交通用地、矿业开采的扩张，对草原湿地生态系统产生了较大的扰动。这些活动一方面破坏原有的植被覆盖，留下了大量难以恢复的裸露地表；另一方面，一些路网建设切断了水分与能量传输，造成生态系统结构和功能发生了较大变化。

参 考 文 献

[1] 陆健健，何文珊，童春富，等. 湿地生态学. 北京：高等教育出版社，2006.

[2] 赵松乔，杨利普，杨勤业. 中国的干旱区. 北京：科学出版社，1990.

[3] 汤奇成，曲耀光，周聿超. 中国干旱区水文及水资源利用. 北京：科学出版社，1992.

[4] 赵魁义. 中国沼泽志. 北京：科学出版社，1999.

[5] 布早拉木·吐尔逊，蔡新斌，买尔燕古丽·阿不都热合曼，等. 巴音布鲁克国家级自然保护区湿地调查初报. 自然科学，2016，(9)：316.

[6] 李文利，何文革. 新疆巴音布鲁克草原退化及其驱动力分析. 青海牧业，2008，17（2）：44-47.

[7] 李文利. 草畜平衡是恢复巴音布鲁克草原生态的根本途径. 内蒙古农业科技，2008，(4)：107-108.

第二章　巴音布鲁克高寒草原湿地自然环境和社会经济特征

第一节　巴音布鲁克高寒草原湿地自然环境特征

一、地形与地貌

（一）地貌总势

巴音布鲁克高寒草原湿地位于天山心脏地区。天山山系是亚洲中部的巨大山系之一，东西长度约2500km，南北宽250～350km。中国与吉尔吉斯斯坦的国界把天山分为两段，东部天山在我国境内，西部天山主要在吉尔吉斯斯坦境内。平面上，天山山系中国部分最显著的地貌特征是在纵向上为三条规模很大的山链，即北天山、中天山、南天山，横向上为阶梯状山地[1]。山链间镶嵌着众多山间盆地或谷地，从而使天山山系在整体上成为山地与盆地相间的地貌景观。现代中天山以特克斯—昭苏盆地、大尤尔都斯盆地、焉耆盆地、库米什盆地与南天山相望；而又以伊犁盆地、喀什河谷地、小尤尔都斯盆地、吐鲁番—哈密盆地与北天山相接。中天山较短，长度约800km，走向近东西，山势时起时伏。自西向东主要有乌孙山、比奇克山、那拉提山、艾尔温根乌拉山、阿拉沟山、觉罗塔格山等，山地一般海拔约3000m，最高峰位于艾尔温根乌拉山，海拔达4835m。中天山山势平缓，起伏相对较小，尤其是西段，山顶平坦，为天山山地夷平面主要分布地段。

天山山系的垂直地貌结构也十分明显，依海拔从高到低主要分为极高山带、高山带、中山带和低山丘陵带[2]，梯级地貌非常清楚。相应的，外力地貌在不同高度带的表现也差异明显。5000m以上极高山带主要出现在若干个高峰地区，如今全部被现代冰川和永久积雪覆盖，山岳冰川众多，现代冰川作用盛行。高山带，在5000～3000m，寒冻风化作用非常强烈，冰缘地貌普遍发育。2800m左右的亚高山带，除个别地段有现代冰川的冰舌下伸外，古冰川遗迹到处可见，永久冻土下限即在这一地带。现代天山垂直地貌的中山带，各个地段差异更大。北天山地区，降水丰富，流水作用非常强烈，地表破坏严重，沟谷纵横，岭谷相间地貌多有分布。南天山，特别是许多山地的南坡，降水稀少，干燥剥蚀作用强烈，地表基岩突露地表，出现劣地地貌。低山丘陵地貌带，因地表物质构成差异较大，天山南北麓的地貌状况截然不同。天山北麓低山丘陵带，除个别地段为基岩外，广大地区黄土及黄土状物质广泛分布，因此以黄土地貌为其特点。天山南麓低山丘陵带，除个别地方（如阿克苏—温宿县）外几乎无黄土分布，广大地区为基岩低山。

巴音布鲁克高寒草原湿地位于中天山的尤尔都斯盆地。盆地北为天山支脉依连哈比尔尕山，西有那拉提山，南为科克铁克山和霍拉山，中部艾尔温根乌拉山将盆地分为大小尤尔都斯两个盆地。东部为小尤尔都斯盆地，西部为大尤尔都斯盆地，并由狭长的开都河谷连接（图 2-1）。盆地底部平坦开阔，有永久冻土作为融水层，周围高海拔山地的冰川和积雪在夏季融化汇入盆地，开都河蜿蜒其中，形成大面积的典型高寒沼泽湿地。

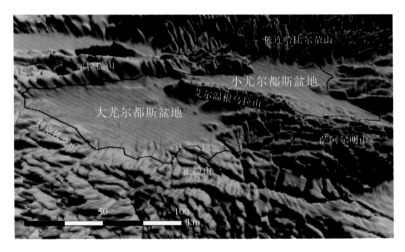

图 2-1　巴音布鲁克高寒草原湿地及周边地区 DEM（数字高程模型）

（二）地貌演化历史

地貌格局的形成是漫长地质时代地壳活动的结果。天山的地貌格局在古生代末已基本形成，而现代天山是晚新生代后期几百万年新构造运动的产物[3]，高度巨大、山体宏伟的天山应运而生，显示了内营力的强大作用。随着现代山体的不断上升，外营力的作用逐渐增加，尤其是流水作用、冰川作用等对山体地貌的形成起到了重要作用。

天山山体的演化过程，综合起来可以分为三个阶段。第一阶段是古天山的孕育及褶皱隆起，大致从震旦纪到二叠纪末，包括天山地区的海域沉积及其全面褶皱隆起。第二阶段是古天山的剥蚀与夷平，从三叠纪初到古近纪末，由褶皱隆起山地经过剥蚀夷平作用成为准平原。第三阶段是现代天山的断块隆升，从新近纪到第四纪，经过内营力的剧烈地壳变动以及众多的外营力作用，形成了现代天山山体形态。总体来说，第一阶段以内营力占优势，第二阶段外营外占上风，第三阶段又以内营力为主导[4]。

1. 古生代以前的地貌发育

前震旦纪是天山基底形成与发展的时期。震旦纪初期，天山开始崛起为山地。在东起库鲁克塔格，西至柯坪塔格一带的南天山及北天地西段的博洛霍罗山及科克琴山一带，普遍出现陆相冰碛岩。而这些冰碛岩常与海相凝灰岩、碎屑岩共生，表明海陆变迁相当强烈。晚震旦纪，早期隆起的山地经过长期风化剥蚀，高度大为降低。除乌鲁木齐以东的北天山东段外，整个天山地区重新被海水占据。

2. 古生代的地貌发育

古生代早期，天山地区大致沿袭了震旦纪以来的海陆分布态势。寒武纪，天山被塔里木古陆及准噶尔古陆挟持，形成东西狭长的海域。加里东晚期运动使中天山隆起，原先形成的伊犁陆岛、兴地岛等连成一体，原来南北连成一片的天山古海一分为二，构成南北天山两个海域。南天山海域呈东西向展布于中天山和塔里木古陆之间，北天山海域东西两端与准噶尔北侧海域沟通。

晚古生代的构造运动，特别是海西晚期运动使天山地区发生了强烈的褶皱隆起，南天山与北天山再次成为陆地并与中天山连成一体，形成了横亘东西的巨大褶皱山脉，即如今的天山主体山地。古天山的形成，不仅对当时的构造地貌分异、古气候及古环境产生了明显的影响，而且对现代天山的形成起到了决定性的作用。

3. 中生代及古近纪的地貌发育

中生代—古近纪是古天山被长期剥蚀夷平的阶段。尽管中生代印支运动、燕山运动频繁活动，但总趋势是外营力占主导地位。至新近纪末，天山地区已经形成广阔的准平原。而古生代末已具雏形的吐鲁番—哈密盆地、尤尔都斯盆地、焉耆盆地等都为堆积补偿区。中生代中期，天山似乎受到了与山地近乎垂直的拉张，除原有的几个沉降区面积扩大外，还发育了一些近东西向的小盆地，在天山南北形成了多个山前拗陷。中生代晚期，经过整个中生代 1.5 亿年的长期剥蚀后，古天山的高度已大大降低，而在沉积区内堆积了从山地剥蚀来的厚达数千米的物质。

进入新近纪，天山山地继续遭受剥蚀，而山地内的盆地及天山南北边缘拗陷仍接受沉积，整个天山地区呈现准平原化的地貌景观。

4. 新近纪及第四纪的地貌发育

新近纪以来，新构造运动的影响越来越强烈，整个天山发生了断块隆升运动，天山准平原分解，尤其是上新世和早更新世，天山山地发生了大规模剧烈断块隆升，使天山达到了巨大的高度，现代天山基本形成。晚更新世以来，天山山地继续上升，但上升幅度较小。进入全新世，天山地区的外营力虽逐渐加强，但对天山山地地貌仅起了修饰改造作用。

（三）地貌营力特点

地貌的发育是内外营力相互作用的结果。从天山地区地貌发育历史来看，前寒武纪相当一段时间，内营力占主导地位，地表出现差异升降。寒武纪至二叠纪初，内营力相对较弱，外营力作用较强，地形起伏和缓，海侵强烈。二叠纪末，内营力再度活跃，地表差异升降强烈，形成了高度很大的古天山，与两侧较低的盆地形成鲜明的对比。三叠纪至古新世，内外营力虽反复抗衡，但总体上外营力活动占据优势，地表被剥蚀夷平，出现准平原。上新世以来的新构造运动，是内营力强烈作用的表现，导致天山抬升到巨大高度，随着地形差异的加剧，外营力活动也很强烈，山前拗陷和山间盆地中的很厚沉积层便是外营力剥蚀搬运的结果。

1. 内营力作用的主要表现形式

天山地区的内营力作用，主要表现为沿大断裂带的差异升降和水平位移、区域性褶皱与隆升等。

（1）沿大断裂带的差异升降与水平位移

天山地区发育很多大的古老纵向断裂带，沿这些断裂的差异升降是天山地区内营力作用的主要形式。本区西部中天山北侧的那拉提断裂，是形成于海西运动的古老断裂。它分割了中天山与其北侧的伊犁盆地。断裂的总体走向为北西西，延伸 200km 以上。新构造运动中断裂带复活，使其两侧发生差异升降，那拉提盆地抬升，伊犁盆地沉降，差异性升降超过 3300～4000m。构造运动过程中，该断裂还发生过幅度很大的水平位移。

（2）断块升隆

天山山地断块隆升发生在新生代后期。剧烈的断块隆升非常明显，而且天山南北外侧山地的断块抬升高于内部山地。南天山的哈尔克他乌山和科克铁克山等，平均海拔多在 4000m 以上；北天山的博洛霍罗山、依连哈比尔尕山和博格达山等，平均海拔都大于 4000m；而中天山的那拉提山、阿吾拉勒山、萨阿尔明山等，一般海拔多在 3000m 以内。山地的这一特征是断块不等量升降的结果。

在新构造运动中，大的老断裂带复活对天山现代地貌的形成起着主导作用，但主干断裂两侧发育的次级断裂，对山地地貌的形成也起了积极的作用。从卫星相片上看到，一些北东向、北西向的低序次断裂将主干断裂切成若干段。这在天山西段表现最为明显。由于小断裂的水平位移，使得北天山西段外缘山地向北突出。这些低序次断裂将古老而规模较大的断块分割成若干个小断块，从而使天山山地内部的结构变得更加复杂。

天山中大型山间盆地及山前拗陷的出现，与断块升降密切相关。尤尔都斯盆地的出现始于三叠纪，下沉的最盛时期为侏罗纪，盆地侏罗系沉积厚度可达 1500m 以上。新近纪以来，两盆地都处于下沉状态，堆积了数百米的新近系和第四系沉积。

2. 主要的外营力及其作用

塑造现代天山地貌的主要外营力是流水作用，包括大气降水及产生的径流、积雪融水、冰川融水。

流水作用遍及整个天山地区，对现代天山地貌发育起着重要作用。天山山地中流水作用以中山带最为强烈。山系中山带是整个天山乃至我国西北干旱区降水最为丰沛的地带，尤其是我国天山西段，因地处迎风面，山体高耸，截获大量西来水汽，构成了天山最大的降水中心。据统计，天山西段的巩留、新源、特克斯、尼勒克、昭苏等地海拔 1500～2500m 的山地，年平均降水量在 800mm 以上，最大年降水量超过 1000mm。伊宁、霍城、察布查尔锡伯自治县海拔 1500m 以上山地的年平均降水量也在 500mm 左右。丰富的降水为流水作用过程的持续进行提供了动力条件。天山东段，特别是南坡，由于地处背风坡，同时西风气流到此已是强弩之末，降水量明显减少，一般山地多在 300～400mm，个别山区可达 500mm 以上，反映了流水作用的地段差异性。

在低山丘陵带，流水侵蚀与堆积同时进行，但侵蚀作用仍占主导地位。与中山带相比，低山丘陵带流水的切割密度较小（几乎无支流汇入），但侵蚀强度仍未减弱。天山南北低山带均发育的山麓侵蚀面即说明了这一点。这种侵蚀面切过所有的地层，形成向下游倾斜的地面。其上以角度不整合堆积了中更新世河流相砾石层及黄土与黄土状物质，显示出第四纪冰川时期冰水作用的强烈活动程度。

冰川作用对天山地貌的塑造主要表现在极高山带和高山带。第四纪，天山地区曾发生多次冰川作用。天山山系高度越大的地区，经历冰川作用的次数就越多，冰川作用面积就越大，冰川地貌类型也比较齐全[2]。天山托木尔—汗腾格里山结是天山最大的冰川发育中心，也是天山现代冰川和第四纪冰川作用最强烈、最集中的地区。山结的平均高度在海拔 6000m 以上，最高的托木尔峰达 7435.3m。第四纪冰川沿南坡顺流而下，直达现代海拔 1300m 的地区，可见其规模之大。由冰川侵蚀或刨蚀而成的角峰、刀脊、冰斗、U 型谷等到处可见。整个山结区海拔 4000m 及其以上的山地被冰川作用破坏得支离破碎。至今在高山地带分布着众多巨大的山谷冰川，山结地区共有 420 多条现代冰川，面积可达 2800km² 以上，长度超过 30km 的冰川有 4 条，其中最长的是位于汗腾格里峰与托木尔峰之间的汗腾格里复式山谷冰川，长度达 59.5km，其上源在我国境内，长约 30km。现代冰川作用地区，冰川的堆积地貌，诸如冰碛垄岗、侧碛堤分布十分广泛。冰缘地貌更是到处可见，石环、石流坡、倒石堆、泥石流等融冻地貌，在亚高山带以上地带普遍发育。第四纪冰川作用，从高山到低山，至今可以见到众多遗迹。天山其他各条山地第四纪冰川作用都有遗迹可循。现代冰川在海拔 4000m 以上的山地都有分布，构成各山地河流的源地。冰川作用和冰水作用地貌都有显现。

　　总之，天山山地的冰川作用与流水作用是塑造天山现代地貌的两大主力，它们紧密相连，相辅相成，从而形成了现代天山的地貌景观。

（四）主要山地与盆地的地貌特征

1. 代表性山地

（1）依连哈比尔尕山

　　依连哈比尔尕山是北天山的主要山段，全长约 220km。它是北天山上升最强烈的山地之一。主体山地由古生界变质岩及海西期花岗岩构成。山地突兀高耸，一般海拔大于 4000m，在玛纳斯河源一带发育 20 多座 5000m 以上的高峰，它是我国天山第二个大的山汇。依连哈比尔尕山是断块活动形成的地垒式山地，山地南北坡的宽度差别较大，南坡短而陡，北坡长而缓，与准噶尔盆地高低悬殊，地形对照性强烈。其山汇宽阔，高度巨大，至今发育众多的现代冰川，其面积达 1560 多平方公里，是我国天山第二大现代冰川分布区。这里成为众多河流的源地，喀什河、玛纳斯河等均发育于这里。山汇南为小尤尔都斯盆地，它的底部海拔在 2500m 以上，显示该山南坡短而陡。依连哈比尔尕山北坡，临准噶尔盆地，山顶与山麓的高差达 4000m 左右，垂直地貌带发育齐全，层状地貌明显。海拔 3500m 以上为极高山带和高山带，现代冰川作用异常强烈，雪线海拔 3800m 左右，冰川作用地貌占绝对优势。海拔 2800～3500m 为高山带和亚高山带，第四纪冰川侵蚀与堆积地貌广泛分布，冰缘地貌普遍发育。海拔 1700～2500m 为中山带，这一地带是天山北坡最大降水分布地段，流水侵蚀作用异常强烈，沟谷纵横，为雪岭云杉分布带。海拔 800～1700m 为低山丘陵带，即前山带。在地质结构上属中、新生代褶皱带，全部出现在乌鲁木齐山前拗陷中，从南向北依连哈比尔尕山有三排褶皱构造带，分别由中生界、古近系、新近系等构成。现代地表大部分被黄土或黄土状物质所覆盖。由于地处河流出山口地段，河流纵坡降锐减，堆积物广泛分布，地表侵蚀比较严重，在深切数十米至百余米的河流两岸，堆积阶地普遍发育，常有数级，但破坏也比较严重。

（2）中天山

中天山总体走向近乎东西，山地海拔一般约 3000m，最高峰位于艾尔温根乌拉山（小尤尔都斯盆地南），海拔高达 4850m。中天山无论西面的乌孙山、比奇克山，还是东面的那拉提山、阿吾拉勒山，高山带面积有限，广大山顶处于亚高山带，而中山带广泛分布，山顶多平坦浑圆，夷平面分布广且保存较好。例如，阿吾拉勒山，东部高而西部低，东段海拔可达 3800m，西段大多海拔为 2000～3000m，山顶面比高平缓，夷平面显示清楚。该山因处伊犁盆地东部，降水比较丰富，地表多为植被覆盖，阴坡有雪岭云杉林分布，广大地面为草原景观，著名的巩乃斯草原即分布在这里。伊犁盆地边缘山地多有黄土分布，黄土地貌比较典型。中天山地区其他山地，如那拉提山等的地貌与阿吾拉勒山类似，是我国天山地区夷平面典型分布地段。

2. 主要山间盆地和谷地

尤尔都斯盆地（图 2-1）为高位山间盆地，盆底海拔 2400～2600m，面积约 2.38 万 km^2，由大、小尤尔都斯两个盆地组成。小尤尔都斯盆地居东北部，位于北天山的依连哈比尔尕山与中天山的艾尔温根乌拉山之间；大尤尔都斯盆地位于前者之西南，介于中天山的那拉提山与南天山的科克铁克山之间，呈椭圆形，东西长 100km，南北宽 25km，由西北倾向东南，开都河蜿蜒流行于其中。该盆地是新疆最大的巴音布鲁克大草原所在地，是中国干旱区最大的亚高山高寒草原。

尤尔都斯盆地的出现始于三叠纪，受北东-南西向及北西-南东向两组压扭性断裂控制。小尤尔都斯盆地中最早含陆源相类磨拉石建造的是三叠系，侏罗纪盆地内接受来自周围山地的大量剥蚀物质，沉积中心在大尤尔都斯盆地北部，厚度达 1500m 以上。白垩纪—古近纪，地层缺失。新近纪以来，两盆地都处于下沉状态，堆积了数百米的新近系和第四系沉积。

尤尔都斯盆地，年降水量约 270mm，周边山地降水更多，为开都河提供了较多的水量，盆地周围山地的现代冰川，构成了开都河的源地，而盆地对开都河具有良好的调蓄作用。盆地海拔高，气候高寒，≥10℃的年积温不足 300℃，无霜期不到 30 天，周围山地生长雪岭云杉，而盆地广大地区草原宽广，且草被质量很高，为发展畜牧业创造了良好条件，如今这里已是新疆最主要的牧场之一。

焉耆盆地与伊犁盆地、尤尔都斯盆地的形成有先后，但其生成与发育历史似有一定联系。尤其是控制伊犁盆地的南界断裂，其向东延伸和小尤尔都斯盆地的北界断裂相接，而控制大尤尔都斯盆地的南界断裂，又与焉耆盆地的北界断裂相连，这种构造关系并非巧合，而是可能具有成生联系。三个盆地在平面上呈雁行状排列，且均为断陷盆地。

（五）特殊地貌

在现代天山山地地貌中，除大型山链和山间盆地及梯级地貌外，还有一些特殊地貌，诸如山地夷平面、山麓黄土地貌、泥火山、雅丹地貌等，它们共同构成天山山系复杂的地貌景观。山地夷平面为天山主要的特殊地貌。

夷平面是地表形态发展演变历史中的一种地质地貌现象，具有时间和空间分布的特点。它是地壳处于相对稳定状态下，经过漫长地质时期的侵蚀、剥蚀作用，将山地夷平成起伏平缓地面的结果。这种夷平面虽然经过后来长期的破坏失去了原来的形态，但其残体仍有大量遗迹可循。它们或出露于地表，或埋藏于地下。山地夷平面的研究，对于认识区域地貌发展演变的历史具有重要意义。

天山山地夷平面分布甚广，其残体在现代天山多有分布，保存较好的地段主要有北天山的喀尔力克山、科克琴山，中天山的阿吾拉勒山、那拉提山及小尤尔都斯盆地东部山地，南天山的哈尔克他乌山、科克铁克山、霍拉山等。它们或地处山顶，或位于坡面之中，或出现在山麓。这种夷平面主要有三级，最高一级的海拔为 4000m 以上，次高一级的海拔为 2800～3200m，最低一级的海拔为 1800～2200m。由于这三级夷平面处于不同的高度带，地质结构与构造物质相差悬殊，自然条件差别较大，外营力破坏程度各不相同，夷平面保存面积有很大差异，夷平面的性状也各具特色[5]。

（1）一级夷平面

一级夷平面主要分布在海拔 4000m 以上的高山地带，在地貌上由一些面积较大的平缓山顶面或齐平的山脊线组成。前者分布比较局限，后者可见于天山山系的各个地段。北天山东段的喀尔力克山，具有非常典型的平缓山顶面，因受后期构造隆升的影响，如今在形态上呈穹隆状，平坦的山顶面上，现今被平顶冰川（小冰帽）所覆盖。齐平的山脊线在天山山系各个地段分布普遍，但各地海拔有明显差异，一般都在海拔 4000m 左右。最高一级夷平面长期处于古雪线以上，寒冻风化作用极为强烈，高山冰川积雪广泛分布，古夷平面破坏严重，大多失去了原有的形态，现今多被冰川、冰缘地貌所替代。但大多数山脊（许多坚硬岩石构成的山峰除外）仍在同一高度线上，实际上为最高夷平面的残体。

（2）二级夷平面

二级夷平面分布海拔大多为 2800～3200m。这一高度带恰为亚高山带与中山带的分界段，主要为微倾斜的坡面平台和山顶面构成。前者当前在地貌上为长条带状台地，后者为比较平坦的山顶面。这级夷平面在北天山的博洛霍罗山、依连哈比尔尕山、博格达山、巴里坤山、喀尔力克山的南北坡，以及南天山的哈尔克他乌山、科克铁克山南坡，都呈条带状微倾斜的台地分布。第二级夷平面构成天山山系某些地段最高的山顶面。这在北天山的科古琴山、巴里坤山，中天山的乌孙山、比奇克山、阿吾拉勒山和那拉提山东段，以及南天山的科克铁克山东段、霍拉山一带都有清楚的显示[6]。在小尤尔都斯盆地以东，这一级夷平面至今保存很好，以微起伏的高原形态出现，夷平面各处的高差不足百米，夷平面上还保存着风化壳层。天山第二级夷平面分布的高度带，全年降水较多，一般为600mm左右，山地北坡更多，而且集中在夏季，径流易于汇集，流水侵蚀切割强烈。同时，这个高度带古冰川作用普遍存在，所以坡面破坏严重，致使地面呈现岭谷相间的地表形态，只在某些地段夷平面显现清楚。

（3）三级夷平面

三级夷平面即最低的一级夷平面，海拔为1800~2200m，主要分布于南天山南坡和北天山北坡的中山带与低山带的分界地段。这级夷平面的某些地段，由古中界或更老的地层组成，夷平面保存良好。例如，北天山博格达山东段北坡吉木萨尔县以东至木垒哈萨克自治县一带，至今夷平面保存良好。又如，南天山东段的霍拉山一带，同级夷平面的海拔较低，最低处可降至1200m，还可见到埋藏的化石夷平面。在北天山东段的喀尔力克山南坡、梅欣乌拉山，以及中天山的觉洛塔格山，南天山的柯坪塔格山和库鲁克塔格山等低山丘陵的顶面，地形相当平坦，第三级夷平面基本上保留着原始的地貌形态。天山山系第三级夷平面所在高度带的上部和下部的自然条件迥异。上部降水量较多，流水侵蚀（包括暴雨径流）切割强烈，沟谷纵横，地表支离破碎，但齐平的山顶面仍较为清楚。该级夷平面所在带的下部，自然条件严酷，干旱少雨，地表植被稀少，大部分地段岩石裸露，干燥剥蚀作用非常强烈，地表常有岩石风化碎块分布，某些地段的夷平面为后期沉积物所覆盖，而以所谓的化石夷平面被保存下来。

关于多级夷平面的成因，目前尚无统一的认识。多级夷平面的形成可能没有统一的模式，同一条山脉各个地段多级夷平面的出现原因也可能是不同的。有些山系的夷平面是在漫长的不同地质发展历史阶段形成的，有的夷平面则是后期断裂位错分解而成，有的夷平面是掀斜抬升导致其出现了明显的高度差的结果。夷平面的形成过程是漫长的，这个过程有长有短，但夷平面的发育均有起始阶段，也有最终形成时期。这就是说夷平面的形成有其下限与上限时段的问题。毫无疑问，夷平面的变形与解体是比较晚的，大多发生在新构造运动时期。现代大地貌的基本构架也就是在这一时期定型的。正是由于夷平面受后期构造运动影响而发生变形或解体，因而同一级夷平面也可能分解为几个亚级。这可能就是同一地区，不同学者分出的夷平面级数多有差异的原因所在。

　　我国天山地区普遍存在的三级夷平面，地处高海拔地带，受后期外动力，特别是第四纪以来冰川作用和冰水作用的强烈侵蚀，不仅夷平面遭到严重破坏，而且夷平面上原来存在的风化壳也几乎被剥蚀殆尽，致使其夷平面的形成时代难以准确判断。地质资料表明，天山山系高海拔的两级夷平面均发育在古生界或至老地层分布区。换言之，最高的两级夷平面可能是原来的统一夷平面，经后期断块解体或被掀斜抬升而成两级夷平面。开都河中游北部的艾尔温根乌拉山发育两级夷平面，海拔 4000m 以上为高级夷平面，自西向东掀斜，同级夷平面在西部的海拔为 4500m 左右，东部则降到 4100m。霍拉山西段中级夷平面的海拔为 3300～3400m，同样夷平面向东掀斜。这就说明，不等量的掀斜上升也是夷平面存在高度差异的主要原因之一。

　　天山地区普遍分布着与山地走向一致的众多纵向大断裂，它们大多在新构造运动时期仍有强烈活动，这种存在于夷平面分布区内纵向大断裂的活动，必然参与断块运动之中，致使夷平面发生解体，使同一级夷平面的高度出现明显差异。例如，开都河大山口附近受断裂切割的影响，同一级夷平面在断裂两侧处于不同的高度上。大山口附近东西向展布的松树达坂断裂南侧，夷平面的海拔为 2500～2700m，北侧夷平面的海拔为 1600～1700m，高差达 900～1000m。又如乌拉斯台附近，可肯达坂断裂两侧夷平面的高差达 1500m 左右。这清楚地反映了夷平面形成以后这一地区的断裂活动是非常强烈的，从而导致了夷平面的分异解体。

　　天山古夷平面上，按理应有风化壳存在，但因受后期漫长地质年代的剥蚀，都被搬运到低洼的地方，参与补偿作用。因此，现今夷平面上的风化壳层不仅很薄，而且都是很晚期的沉积。例如，霍拉山东端最低一级夷平面上，风化壳发育在前寒武纪绿泥石石英片岩之上，覆盖层为未划分的渐新统和中新统砂砾质山麓相沉积，顶部为中更新统深灰色粗砾石层，说明风化壳形成较晚。又如，巴仑台—查干努尔达板地区，风化壳发育在海西早期似斑状斜长花岗岩上，风化物有大有小，其上还有花岗岩漂砾，其下钙结皮的 ^{14}C 年代为 13915±185a，古土壤层的 ^{14}C 年代为 6675±115a，说明夷平面上的风化壳乃是很晚时期形成，只能代表夷平面最终形成的时期，也就是说它是夷平面形成的上限时段。

二、气候与水资源

（一）气候气象

　　气象数据一部分来自美国国家海洋和大气管理局气象数据网（https：//gis.ncdc.noaa.gov/）的 Hourly/Sub-Hourly Observational Data，包括 1973～2015 年巴

音布鲁克（海拔 2459m）和巴伦台（海拔 1753m）的温度、风速和相对湿度指标；另一部分来自中国气象数据网，包括 1981～2010 年巴音布鲁克、焉耆（海拔 1097m）和库尔勒（海拔 903m）的月平均降水数据。研究区域气象站点位置示意图如图 2-2 所示。

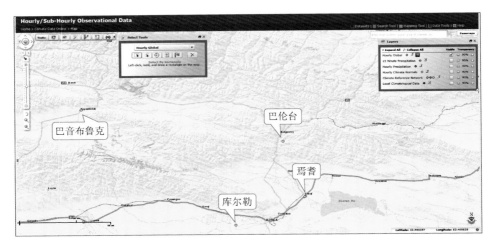

图 2-2　研究区域气象站点位置示意图

1. 气温

巴音布鲁克地处南疆暖温带干旱地区、天山南坡山区、尤尔都斯小区之中，于南北疆两大区的交界处。盆地夏季凉爽而短促，冬季寒冷而漫长，无霜期极短或不明显。流域气温垂直地带性强，年平均气温随海拔的增加而降低。巴音布鲁克海拔为 2459m，属于典型的高寒气候，其多年（1973～2015 年）平均气温较低，为–4.0℃。巴伦台海拔 1753m，其多年平均气温为 6.8℃。20 世纪 90 年代后期至 2010 年左右，巴音布鲁克和巴伦台的年平均气温均有一个明显的增高过程，最近 5 年的年平均气温又有所降低（图 2-3）。就多年平均月气温而言，巴音布鲁克和巴伦台均是 7 月平均气温最高，1 月平均气温最低（图 2-4）。巴音布鲁克 7 月平均气温为 11.2℃，1 月平均气温为–26.1℃；而巴伦台 7 月及 1 月的平均气温分别为 19.3℃和–8.9℃。

2. 风速

巴音布鲁克风速较大，多年平均风速为 3.6m/s，巴伦台多年平均风速为 2.9m/s。自 20 世纪 70 年代以来，巴伦台年平均风速有一个明显降低的趋势，而巴音布鲁克年平均风速自 70 年代末至 90 年代中期有增大的趋势，然后与巴伦台

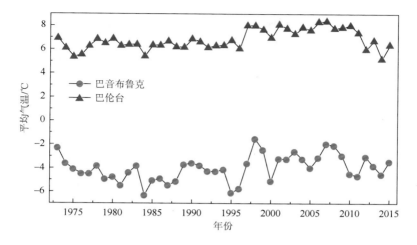

图 2-3　巴音布鲁克及巴伦台年平均气温变化图

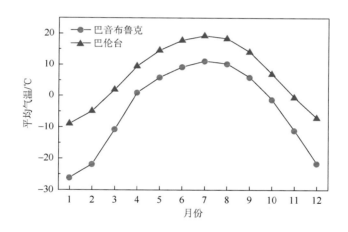

图 2-4　巴音布鲁克及巴伦台月平均气温变化图

类似，年平均风速总体趋势是降低的（图 2-5）。巴音布鲁克及巴伦台月平均风速均是 4 月最高，分别为 4.4m/s 和 3.3m/s；1 月的平均风速最低，分别为 2.4m/s 和 2.6m/s（图 2-6）。

3. 空气相对湿度

巴音布鲁克四周被雪山环绕，多年平均空气相对湿度高达 68%，而巴伦台多年平均空气相对湿度则只有 42%（图 2-7）。巴音布鲁克冬季空气相对湿度较高，4～5 月空气相对湿度最低；而巴伦台 3～5 月的空气相对湿度最低（图 2-8）。

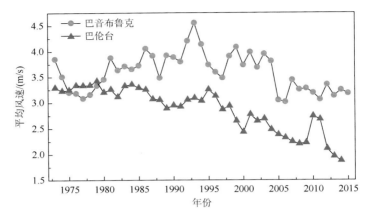

图 2-5　巴音布鲁克及巴伦台年平均风速变化图

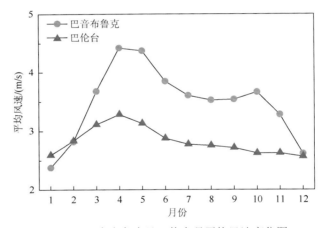

图 2-6　巴音布鲁克及巴伦台月平均风速变化图

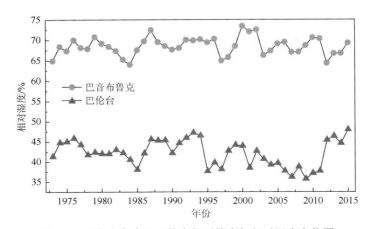

图 2-7　巴音布鲁克及巴伦台年平均空气相对湿度变化图

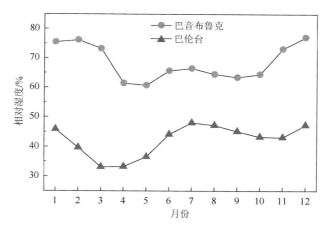

图 2-8　巴音布鲁克及巴伦台月空气相对湿度变化图

4. 降水与蒸发

降水的主要分布特点是山区多，平原少。降水主要在 5～9 月，7 月的降水量最大（图 2-9）。巴音布鲁克年均降水量约 280mm，远大于焉耆的 84mm 及库尔勒的 59mm。巴音布鲁克年均蒸发量约 1132mm。

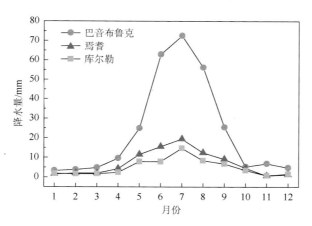

图 2-9　巴音布鲁克、焉耆及库尔勒 1981～2010 年月平均降水量变化图

降水是影响巴音布鲁克草原植被生长的重要因素。巴音布鲁克草原山区近 52 年来年降水量、降水日数及降水强度见表 2-1。巴音布鲁克山区多年平均降水量为 277.83mm，年平均降水日数为 115.67 天。降水日数与降水强度总体呈增加的趋势，尤其近 30 年来增加更为明显。巴音布鲁克山区冷季降水呈增多趋势，暖季降水有向不均衡、极端化发展的趋势[7]。

表 2-1   1960～2011 年巴音布鲁克山区年降水量、降水日数及降水强度的年代际特征[7]

年代	年降水量		年降水日数		年降水强度	
	平均值/(mm)	气候倾向率/(mm/10a)	平均值/d	气候倾向率/(d/10a)	平均值/(mm/d)	气候倾向率/((mm·d⁻¹)/10a)
1960～1969	266.77	−20.26	110.4	18.61	2.46	−0.53
1970～1979	271.95	−134.75**	113.6	12.61	2.42	−1.439**
1980～1989	253.81	−8.29	114.5	−5.03	2.22	−0.12
1990～1999	277.65	62.47	113.2	9.7	2.45	0.29
2000～2009	301.79	−12.53	121.7	−6.24	2.49	0.07
2010～2011	363.85	/	140.5	/	2.6	/
1981～2010	281.6	29.92**	117.37	6.561*	2.39	0.12
52 年平均	277.83	9.46**	115.67	3.189*	2.42	0.01

* 表示该趋势系数通过信度为 0.05 的显著性检验，** 表示该趋势系数通过信度为 0.01 的极显著性检验。

5. 降雪

巴音布鲁克降雪集中于 1～3 月，极大降雪深度达 45cm，积雪天数 160～180 天。积雪消融是夏季巴音布鲁克河流重要水源之一。

（二）水文水资源

巴音布鲁克海拔 3700m 以上的高寒山区，终年积雪，并有大面积冰川发育，这是境内河流水的主要补给来源。而降水在一些河流的补给中也占有比较重要的地位。一般来说，4～5 月河流水量稍增，6 月高山冰雪开始消融，再加上降水逐渐增多，直至 8 月为水量高峰时期。此间径流量占年径流量 70% 以上。

巴音布鲁克较大的河流有开都河、库克乌苏河、巩乃斯河三大河流，其中以开都河流量最大。开都河，《新疆图志》及《西域水道记》中均称"海都河"；《山海经》及《水经注》中称其为"敦薨之水"，又谚曰"通天河"[8]。该河发源于天山中部的依连哈比尔尕山和艾尔温根乌拉山，主源为扎格斯台河和哈尔尕特沟，源头处由东向西流经小尤尔都斯盆地，向西流至巴音布鲁克，过巴音布鲁克即折向南流入大尤尔都斯盆地，接纳由西向东流向的支流依克赛河；在大尤尔都斯盆地中，河流折转 130°，由向南改向东沿科克铁克山、霍拉山北缘偏东南流，接纳了支流察汗河和赛日木河后，过呼斯台西力，汇纳数十条溪沟，穿过峡谷地带长 170 多公里，至和静县查干赛尔以下与乌拉斯台河汇合，在拜尔基水文站下游河流出山口进入焉耆盆地。焉耆盆地内河长 100 多公里，在焉耆县城以下 11km 处河道经宝浪苏木闸分为两支，东支入博斯腾湖大湖，西支入博斯腾湖小湖。开都河分东、西两支入博斯腾湖后即告结束，河流全长 560km，流域面积 $2.2 \times 10^4 km^2$[9, 10]。

　　巴音布鲁克是开都河的源头，地表水较为丰富，各支流呈辐射状流入盆地底部，对南疆的水源地有着十分重要的影响。草原水源补给以冰雪溶水和降雨混合为主，部分地区有地下水补给，并形成了大量沼泽草地和湖泊。开都河流域源头年冰川融水量约 $4.8×10^8m^3$，主要来源于分布在其源头的 $445km^2$ 冰川，冰雪融水量占年出山径流的 14.1%[11]。

　　巴音布鲁克位于山间盆地，盆地为开都河上游汇水区，集水面积为 $1.9×10^4km^2$，四周雪山所形成的无数大、小河流汇入开都河中，九曲十八弯的河道（图 2-10）沿岸形成了大约 $1370km^2$ 的沼泽草地和湖泊，形成了著名的天鹅湖湿地。湿地内常有大天鹅、小天鹅、疣鼻天鹅、麻雁、斑头雁、黑鹳等 70 多种珍禽鸟类在栖息繁衍，1986 年被列为中国第一个国家级天鹅自然保护区（图 2-11）[8]。

图 2-10　大尤尔都斯盆地内开都河上游的九曲十八弯景色

图 2-11　开都河上游天鹅湖中的水禽

经大山口水文站历年统计[12, 13]，月平流量 7 月最大，为 212m³/s；2 月最小，为 46.0m³/s（图 2-12）。这与上游月平均降水量（图 2-9）是一致的。

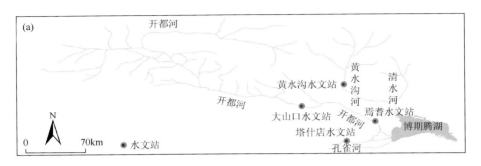

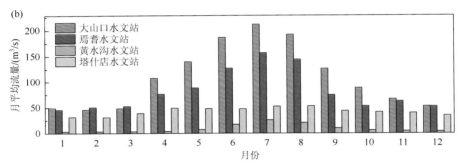

图 2-12　博斯腾湖流域四个水文站点分布图（a）及月平均流量（b）（1986～2009 年）

近 60 年（1956～2015 年）来，大山口水文站最大年径流量为 56.7×10⁸m³（2002 年），最小年径流量为 24.4×10⁸m³（1986 年），平均为 34.9×10⁸m³（图 2-13）。20 世纪 80 年代中期至 2000 年初年径流量呈增加趋势，而最近十几年则总体呈下降趋势（图 2-13）。姚俊强等的研究表明[14]：巴音布鲁克盆地变化期（1994～2010 年）内的年径流量比基准期（1960～1993 年）增加了 27.29%，其中约 66.52% 是由气候变化引起的。气候变化对径流量影响的主导因素是降水量的变化，降水量变化对巴音布鲁克盆地径流量增加的贡献率为 62.67%，而受温度升高引起冰川融水量增加对径流量的影响为 21.28%，人类活动对地表径流量的影响为 12.2%。

发源于巴音布鲁克草原的开都河，汇集了丰富的山泉蜿蜒穿行于巴音布鲁克草原，河道迂回，沼泽广泛发育，湖泊星罗棋布。巴音布鲁克草原上分布着对巴音郭楞蒙古族自治州（简称巴州）社会、生态以及国民经济有重要影响的河流，它们上连巴音布鲁克天鹅湖，尾闾是中国最大的内陆淡水湖——博斯腾湖，年均流量 35 亿 m³，由开都河形成的开-孔（孔雀河）流域，除了满足全州 80%的工农

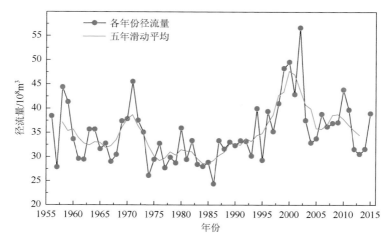

图 2-13　开都河大山口水文站年径流量（1956～2015 年）变化规律

业生产用水和 80%的人口生活用水外，每年还向塔里木河下游输送 4.5 亿 m³ 生态水，是巴州一条流淌的生命线。

博斯腾湖作为焉耆盆地地表水与地下水的承泄区，主要由开都河、黄水沟、清水河等十余条小河汇集流入（图 2-12），其中开都河是唯一能常年补给博斯腾湖的河流，入湖水量占博斯腾湖流域总径流量的近 85%[15, 16]。

三、土壤

巴音布鲁克草原湿地土壤在温带干旱区垂直气候带及充足水分条件的双重作用下，发育了以高山谷地沼泽土为主的土壤，由于地貌和水分条件的变化，土壤类型也有异，其主要类型及特点如下所述[17]。

（1）高山谷地泥沼泽土：主要分布在盆地泉水溢出带及终年积水处，千百年来茂密的挺水植物积累了大量的腐根层，厚达 20～50cm，十分松软，其下为蓝灰色潜育层，多石灰质结核层。

（2）高山谷地淤泥炭沼泽土：分布在盆地中部静水湖沼泽地明水区和河流泛滥区，土层主要由细腻的含腐殖质的淤泥组成，有些地区很厚，上部多生长眼子菜、狸藻、两栖蓼等沉水植物。

（3）高山谷地草甸沼泽土：分布在与泥炭沼泽土相邻而地势稍高的地段，在保护区面积很大，积水较浅或仅有季节性积水，大多数情况下为小丘状起伏的微地貌，有些是草墩形成，有些则是冰冻风化作用形成。这种土壤大多有 18～30cm 的棕褐色腐殖质及生草根层，下部多黄锈斑和蓝灰色潜育层，植被以莎草科为主，也有禾本科、菊科等植物。

（4）高山谷地草甸土：分布于盆地周围沼泽与草原的交接带及盆地中部低洼地中，地下水位 0.5～1.5m。生长禾本科、菊科及杂类草，土壤表层 15～25cm 为棕褐色有机质层，以下土壤中多黄锈斑，剖面深处为潜育层。这种土壤在开都河沿岸地带，土壤含盐量极少，但在没有洪水淹没的盆地边缘一带常出现轻盐化现象，地表在干旱季节出现少量盐霜。

（5）草甸草原土：主要在保护区内旱化高地上和盆地周围，地下水很深，植物水分主要靠降水供给，土壤剖面表层 10～20cm 以栗色为主，含有较多的腐殖质，下部土壤以黄棕色为主，剖面中有少量假黄丝体，下部有钙的积累作用。

土壤有机碳是全球碳循环重要的源与汇，作为土壤重要的组成部分，即使它发生较小幅度的改变也可能影响地球圈碳收支平衡，进而使全球气候发生变化。同时，它还可以改善土壤的肥力、透水性[18]，是生态系统中物质和能量的直接来源，从而影响生态系统的多样性、稳定性和抵抗力等。

巴音布鲁克草原土壤理化性质、有机碳含量的时空格局、放牧土壤有机碳的影响及土壤微生物的响应等将在第四章详细阐述。

四、植被

（一）尤尔都斯盆地植被

尤尔都斯（Joldas）为蒙古语，意为"絮好的绵羊毛毡子"，故尤尔都斯草原意为"像毡子一样的软绵绵的平坦的草原"。坐落于尤尔都斯盆地的巴音布鲁克（Bayan Bolag）草原及其湿地是开都河（Khaidgin Gol）、伊犁河源头之一库克乌苏河（Khuh Oson Gol）等天山南北侧河流的源头，湿地水源由周围雪峰冰雪融水汇集而成，地势十分平缓，开都河从湿地中穿过，河曲十分发育，留下了大量的牛轭湖，众多的泉水湖沼星罗棋布。

在新疆植被水平地带系统中，尤尔都斯盆地植被隶属于荒漠地带的塔里木荒漠亚地带；在植被区划上，为新疆荒漠区、东疆—南疆荒漠亚区、天山南坡山地草原省、尤尔都斯盆地州。该州主要包括大、小尤尔都斯两个高山盆地，四周为几座覆盖积雪的高山，水资源丰富，盆地中心有大面积的沼泽[1]。在中国草地区划系统中，隶属于西北温带、暖温带干旱荒漠和山地草原区，南疆极干旱荒漠和山地荒漠草原亚区，中天山山间盆地山地针茅草原和高寒草原亚区[19]。

根据中国植被类型分类系统，尤尔都斯草原植被具有沼泽和水生植被、草甸、草原、灌丛和阔叶林五大植被型组[1, 20]。

1. 大尤尔都斯盆地植被特征

巴音布鲁克大尤尔都斯盆地共有野生种子植物 60 科 261 属 770 种[21]；高寒草原有高等植物 16 科 26 个属 36 种[22]。巴音布鲁克草原及其湿地的沼泽和水生植被主要发育在大尤尔都斯盆地[1]。在天鹅湖（Hont Nuur）及其以北夷平面上植被分布具有一定的规律性（图 2-14）。天鹅湖实际上是由众多相互串联的小湖组成的大面积沼泽地，属于高山湖泊，海拔为 2500～3000m，位于和静县巴音布鲁克区政府约 60km 的巴音乌鲁乡西南部。

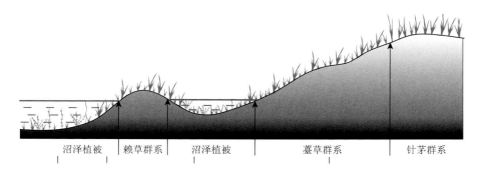

| 沼泽植被 | 赖草群系 | 沼泽植被 | 薹草群系 | 针茅群系 |

图 2-14　大尤尔都斯盆地草原及其湿地植被示意图（改自文献[23]）

（1）湿地植被

湿地植被发育在天鹅湖和开都河及其岸边。湿地植被是湿地生态系统的重要组成部分，而水文作为湿地生态系统中的主控环境因子对湿地植被有着重要的影响。沼泽湿地中植物种类丰富，约有 100 余种，其中，最主要的种类为薹草，而黑花薹草（*Carex melanantha*）是薹草中最主要的种类，此外，沼泽湿地中还有线叶嵩草（*Kobresia capillifolia*）、尖苞薹草（*Carex microglochin*）、水麦冬（*Triglochin palustre*）、海韭菜（*T. maritimum*）等伴生种，植被盖度达 50%～80%。

依据巴音布鲁克沼泽湿地的水位变化及水位稳定程度，将该区沼泽湿地分为临时性积水区、季节性积水区和常年性积水区。其中，临时性积水区分布在研究区的外缘，地势较高，仅在集中降水后地表有临时积水且积水会迅速下渗或通过地表径流排走，地表无长时间积水状况。其植被类型多为尖苞薹草、黑花薹草及木贼（*Equisetum hyemale*）等。季节性积水区在生长季降水集中的月份地表有积水，但地表积水不稳定，可在干季出现无积水现象，地势相对较高，多有草丘或藓丘发育，主要分布在积水沼泽草甸和高寒草原之间。其植被类型为黑花薹草、线叶嵩草、细果薹草及杂类草群系。常年性积水区分布在研究区的内部，地势较低，水源补给包括地下水、地表径流和大气降水，地表在整个生长季均有积水，且积水环境稳定。常年积水沼泽主要植被类型为圆囊薹草（*Carex orbicularis*）、大穗薹草（*C. rhynchophysa*）、狸藻（*Utricularia vulgaris*）、水麦冬等（表 2-2）。

表 2-2　巴音布鲁克草原及其湿地薹草群系 3 个主要群丛植被特征

样地	群落名称	群落盖度/%	优势植物	主要伴生植物	地形
临时性积水沼泽	薹草+嵩草+木贼	40～50	细果薹草、黑花薹草、线叶嵩草、木贼	暗褐薹草、海韭菜、火绒草、木贼、莲座蓟、小米草、黑麦草、水葫芦苗	有草丘发育
季节性积水沼泽	薹草-线叶嵩草-海韭菜	50～70	细果薹草、黑花薹草、线叶嵩草、海韭菜	木贼、海乳草、小米草、天山报春、拟鼻花马先蒿、梅花草、裂叶毛茛、莲座蓟	有草丘发育
常年积水沼泽	薹草-狸藻	60～80	大穗薹草、圆囊薹草、黑花薹草、狸藻	细果薹草、狸藻、水麦冬、海韭菜	地表积水、较平坦

1）薹草群系（Form. *Carex* spp.）（图 2-14）

巴音布鲁克天鹅湖湿地和开都河岸边湿地的植被属典型高寒沼泽植被，按对外界环境条件适应的特征可分为 4 个型：分布于沼泽边缘或沼泽地，旱化过程中形成的薹草+杂类草型；分布于沼泽中间，地面不平且一年四季均有积水的薹草+水麦冬+狸藻型；秋季无积水，夏秋季均可放牧的薹草+珠芽蓼（*Polygonum viviparum*）+线叶嵩草型；分布于沼泽中间大小不同的阿尔勒（Aral，为蒙古语，意为沼泽中突出的一小块陆地）地段的禾草+杂类草型[24]。

天鹅湖湿地植被以水生和湿生植物为主，植物群落可分为 5 个层次：层次 1（＞30cm），主要有草地早熟禾（*Poa pratensis*）、野黑麦（*Secale sylvestre*）和水麦冬，该层植物种类占总丰富度的 12%；层次 2（20～30cm），主要有大穗薹草、圆囊薹草、海韭菜，该层植物种类占总丰富度的 12%；层次 3（10～20cm），物种最为丰富层，主要有细果薹草、黑花薹草、木贼、扁蕾（*Gentianopsis barbata*）、辐状肋柱花（*Lomatogonium rotatum*）、珠牙蓼、梅花草（*Parnassia palustris*）、风毛菊（*Saussurea japonica*）和拟鼻花马先蒿（*Pedicularis rhinanthoides*），该层植物种类占总丰富度的 36%；层次 4（5～10cm），主要有线叶嵩草、鳞叶龙胆（*Gentiana squarrosa*）、莲座蓟（*Cirsium esculentum*）、天山报春（*Primula nutans*）、小米草（*Euphrasia pectinata*）、火绒草（*Leontopodium japonicum*）和委陵菜（*Potentilla chinensis*），占总丰富度的 28%；层次 5（0～5cm），主要有狸藻、裂叶毛茛（*Ranunculus pedatifidus*）和海乳草（*Glaux maritima*），该层植物种类占总丰富度的 12%。

主要植物有褐黄鳞薹草（*Carex vesicata*）、尖苞薹草（*C. microglochin*）、大看麦娘（*Alopecurus pratensis*）、发草（*Deschampsia caespitosa*）和灯心草（*Juncus* sp.）等，有 30～40 种[1]。

2）水麦冬群系（Form. *Triglochin palustre*）

水麦冬＋水毛茛＋胀囊薹草群丛（Ass. *Triglochin palustre* + *Batrachium* sp. + *Carex vesicaria*），分布于海拔 2391～2400m 地段，建群种为水麦冬、水毛茛（*Batrachium* sp.）及胀囊薹草。伴生种有狸藻、光叶眼子菜（*Potamogeton lucens*）、鹤甫碱茅（*Puccinellia hauptiana = P. kobayashii*）、杉叶藻（*Hippuris vulgaris*）、肋柱花（*Lomatogonium carinthiacum*）及酸模（*Rumex acetosa*）等。平均盖度约 80%，草层高 15～40cm[23, 25]。

在地势较高、地面干燥的沼泽内高地上发育着天山赖草群系（Form. *Leymus tianschanicus*），其主要伴生种有早熟禾、高山紫菀（*Aster alpinus*）、报春花（*Primula* sp.）和棘豆（*Oxytropis* sp.）等，总盖度为 40%～70%。该群系分布于含水量和含盐量变化较大、SO_4^{2-} 含量较低的土壤上[23]。据《新疆植被及其利用》[1]，在尤尔都斯盆地还有芦苇群系（Form. *Phragmites australis*）的发育。

（2）草甸植被

据新疆植被分类系统，草甸植被包括高山草甸、亚高山草甸和低地河漫滩草甸 3 个植被亚型。高山草甸包括高山真草甸和高山芜原 2 个群系纲；亚高山草甸仅有亚高山真草甸群系纲；低地河漫滩草甸也仅有低地河漫滩沼泽草甸群系纲[1]。

在 2006 年、2014 年的两次考察中，均在天鹅湖岸上发现了大面积环形分布的短芒大麦草群系（Form. *Hordeum brevisubulatum*）（图 2-15），该群系隶属于草甸（植被型组）及草甸（植被型）的盐生草甸（植被亚型）[20]。

图 2-15　短芒大麦草群系（Form. *Hordeum brevisubulatum*）

1）高山草原化草甸（群系纲）[26-29]

高山草原化草甸在阴坡海拔 2670～2770m 和阳坡海拔 2800～2900m 的山地均有发育。有以下两种高山草原化草甸：

以黑花薹草（*Carex melanantha*）为建群种的高寒草甸，在有些地方，如苏力间河（Suljiyen Gol）南岸和赛里木河（Sairim Gol）南岸山坡出现了灌丛化现象，即由金露梅（*Potentilla fruticosa*）（多数情况）和鬼箭锦鸡儿（*Caragana jubata*）为优势种的灌丛发育。

线叶嵩草＋紫花针茅（*Stipa purpurea*）群丛[27]总盖度为 60%[29]，平均地上生物量为 213（152～274）g/m²，平均物种丰富度为 29 个[26]。

2）盐生草甸

盐生草甸是由具有适盐、耐盐或抗盐特性的多年生盐中生植物（包括潜水中生植物）所组成的草甸类型。它出现地段的土壤表现出了不同程度的盐渍化，因此，广泛分布于草原和荒漠地区的盐渍低地、宽谷、湖盆边缘与河滩[3]。据本项目组研究发现，尤尔都斯盆地发育着短芒大麦草盐生草甸群系。

短芒大麦草群系（Form. *Hordeum brevisubulatum*）（图 2-15）占据着盐渍化的低湿地和河滩阶地，其土壤为盐化草甸土[20]。短芒大麦草为建群种和优势种，细果嵩草（*Kobresia stenocarpa*）为亚优势种。伴生种有莲座蓟、杭爱龙蒿（*Artemisia dracunculus* var. *changaica*）、紫花针茅（*Stipa purpurea*）、贝加尔针茅（*S. baicalensis*）、米尔克棘豆（*Oxytropis merkensis*）、黄白火绒草（*Leontopodium ochroleucum*）和新疆假龙胆（*Gentianella turkestanorum*）等。

在短芒大麦草盐生草甸内，低洼处会出现轮叶马先蒿（*Pedicularis verticillata*）占绝对优势的单一物种小群落。随着地势的增高，草原化现象出现，先出现的为杭爱龙蒿占优势的杭爱龙蒿-短芒大麦草群丛（Ass. *Artemisia dracunculus* var. *changaica-Hordeum brevisubulatum*），而在靠近沙丘地段则逐渐演变为紫花针茅＋短芒大麦草群丛（Ass. *Stipa purpurea* + *Hordeum brevisubulatum*）。

在接近高寒草甸的地段上，还会出现灌丛化现象，形成金露梅-短芒大麦草群丛（Ass. *Potentilla fruticosa-Hordeum brevisubulatum*）。

3）高山草甸

高山草甸仅出现在能够接受湿润西风气流的那拉提山的山谷一带，主要组成成分有白花老鹳草（*Geranium albiflorum*）、飞蓬（*Erigeron* sp.）、高山地榆（*Sanguisorba alpina*）、北疆风铃草（*Campanula glomerata* subsp. *glomerata*）、珠芽蓼和蓬子菜（*Galium verum*）等[1]。

高山草甸在海拔 2800～3300m 的半阴坡上发育[26-29]，面积约 88.97 万 hm²，鲜草量为 900～1700kg/hm²，平均盖度为 40%～80%，平均物种丰富度为 37 个。

4）灌丛草甸

灌丛草甸出现在海拔 2800～3000m 的山地上。在巴音布鲁克草原发育的灌丛草甸有：

鬼箭锦鸡儿群系（Form. *Caragana jubata*）（图 2-16）总盖度为 86.14%，草丛高度为 35.8cm。该群系物种组成丰富，平方米饱和度为 18 种，一般为 12～15 种，地上生物量为 264（192～444）g/m^2[28]。

图 2-16　鬼箭锦鸡儿群系（Form. *Caragana jubata*）

5）高山芜原（群系纲）[1, 27, 29]

高山芜原在海拔 2900～3400m 的高山带有广泛的分布，建群种有线叶嵩草和赤箭嵩草（*Kobresia schoenoides* = *K. pamiroalaica*）。其中有线叶嵩草 + 珠芽蓼群丛，总盖度为 74%，物种数为 11 个。

6）亚高山真草甸[26, 27, 29, 30]

亚高山真草甸在尤尔都斯盆地周围山地的阴坡 3170～3270m 和阳坡 3070～3470m 出现，平均地上生物量为 175（82～256）g/m^2，平均物种丰富度为 36/m^2。亚高山真草甸的代表群丛有：

天山羽衣草 + 细果薹草群丛（Ass. *Alchemilla tianschanica* + *Carex stenocarpa*）总盖度为 100%，物种数为 17 个。

线叶嵩草 + 细果薹草群丛（Ass. *Kobresia capillifolia* + *Carex stenocarpa*）总盖度为 100%，物种数为 16 个。

细果薹草 + 线叶嵩草群丛（Ass. *Carex stenocarpa* + *Kobresia capillifolia*）总盖度为 74%，物种数为 13 个。

7）低地河漫滩沼泽草甸[23, 26, 28-31]

低地河漫滩沼泽草甸在大尤尔都斯盆地海拔 2400～2500m 发育，面积约 11.54 万 hm^2，鲜草量为 1330～3200kg/hm^2，平均盖度为 50%～90%，平均物种丰富度为 28/m^2。

薹草-禾草沼泽草甸（Ass. *Carex vesicata* + *C. goodenoghi* + *C. microglochin*）分布在低盐多水（含水量大于 30%）且土壤中 SO_4^{2-} 含量较少的土壤上，主要伴生种有苇状看麦娘（*Alopecurus arundinaceus*）、毛茛（*Ranunculus* sp.）、二裂委陵菜（*Potentilla bifurca*）、多裂委陵菜（*P. multifida*）、早熟禾（*Poa* sp.）等，总盖度为 80%～90%，草层高度为 15～45cm（图 2-14）。

黑花薹草沼泽化草甸（Form. *Carex melanantha*）总盖度为 100%，草丛高度为 24.5cm。其物种组成简单，平方米饱和度为 13 种，一般为 8～11 种，地上生物量为 336（306～391）g/m^2。

（3）草原

根据新疆植被分类系统，在尤尔都斯盆地发育着高寒草原和高寒草甸草原[1]。

1）高寒草原

高寒草原在盆地内，海拔 2300～2600m 地段或海拔 2400～2800m 地段发育[1, 21, 23, 26, 31]。主要建群种有紫花针茅（*Stipa purpurea*）、座花针茅（*S. subsessiliflora*）、克氏针茅（*S. krylovii*）、寒生羊茅（*Festuca kryloviana*）、沟叶羊茅（*F. rupicola* = *F. sulcata*）。高寒草原面积约 17.94 万 hm^2，鲜草量为 600～1300kg/hm^2，平均盖度为 20～80%，物种丰富度平均为 25/m^2。

紫花针茅群系（Form. *Stipa purpurea*）在大尤尔都斯盆地有较大面积的分布（图 2-17），亚优势植物有矮羊茅（*Festuca coelestis*）、新疆冰草（*Agropyron sinkiangensis*）和小花潜草（*Koeleria cristatum* var. *poaeformis*）等，主要伴生植物有细果嵩草（*Kobresia stenocarpa*）、黄色早熟禾（*Poa flavida*）、绢毛委陵菜（*Potentilla sericea*）、二裂委陵菜、天山赖草（*Leymus tianschanicus*）、帕米尔黄耆（*Astragalus kuschakevitschii*）、黄白火绒草、米尔克棘豆、粗糙薹草（*Carex minutiscabra*）等 10 余种。

紫花针茅 + 羊茅（*Festuca ovina*）群丛[23]，发育在高盐少水（含水量小于 30%）、SO_4^{2-} 含量较高的土壤上，亚建群种为新疆冰草，伴生种有座花针茅（*Stipa subsessiliflora*）、黄芪（*Astragalus* sp.）、火绒草（*Leontopodium* sp.）、蒲公英（*Taraxacum* sp.）、斜升龙胆（*Gentiana decumbens*）、高山唐松草（*Thalictrum alpinum*）等，总盖度为 30%～50%，草层高度为 5～15cm。

图 2-17 紫花针茅群系（Form. *Stipa purpurea*）

紫花针茅＋羊茅群丛总盖度为 46%～54%，物种数为 11～12 个[27, 29]。

据《新疆植被及其利用》[1]，在尤尔都斯盆地周围山上发育着沟叶羊茅（狐茅）（Form. *Festuca rupicola* = *F. sulcata*）草原和线叶嵩草＋沟叶羊茅（狐茅）（Form. *Kobresia capillifolia* + *Festuca rupicola* = *F. sulcata*）高寒草原。

据本项目组研究发现，在大尤尔都斯盆地南部的沙质基质上出现了线叶嵩草＋矮羊茅＋天山赖草（Form. *Kobresia capillifolia* + *Festuca coelestis* + *Leymus tianschanicus*）沙地植被，优势种有线叶嵩草、粗糙薹草、矮羊茅、黄白火绒草、天山赖草等，主要伴生植物有小花溚草、新疆紫草（*Arnebia euchroma*）、新疆假龙草、米尔克棘豆、新疆远志（*Polygala hyrbica*）、紫花针茅、高山鹅观草（*Roegneria tschimganica*）、牻牛儿苗（*Erodium* sp.）和大戟（*Euphorbia* sp.）等。有时在其迎风坡亦分布着金露梅＋鬼箭锦鸡儿群丛（Ass. *Potentilla fruticosa* + *Caragana jubata*）。

在半固定沙丘的背风坡出现了非常稀疏的天山赖草＋粗壮嵩草＋新疆冰草群丛（Ass. *Leymus tianschanicus* + *Kobresia robusta* + *Agropyron sinkiangensis*），伴生植物有零星的矮羊茅、南疆黄耆（*Astragalus nanjiangianus*）、砾玄参（*Scrophularia insica*）、长柱琉璃草（*Lindelofia stylosa*）和蒙古白头翁（*Pulsatilla ambigua*）等。

2）高寒草甸草原[1, 26, 28, 31, 32]

高寒草甸草原介于高寒草原与高山芜原之间的狭长带。在山地阴坡海拔 2500～2700m 和阳坡海拔 2700～3000m 发育。在尤尔都斯盆地高寒草甸草原面积约为 59.87 万 hm²，鲜草量为 550～1300kg/hm²，平均盖度为 30%～70%，平均物种丰富度为 32 个。

（4）森林

在大尤尔都斯盆地南侧山坡发育着稀疏的桦树林[1]。经本书调查发现，优势种为天山桦林（*Betula tianschanica*），且以岛状分布。

2. 小尤尔都斯盆地植被特征

（1）草甸植被

在小尤尔都斯盆地，主要在察干阿日拉（Chagan Aral，意为白色的岛）发育着低地河漫滩盐化草甸（图 2-18），隶属于草甸的低地河漫滩草甸亚型[1]。

图 2-18　小尤尔都斯盆地盐生草甸

1）盐生草甸（植被亚型）

在地势较高、出现次生盐化现象的土壤上发育着天山赖草群系（Form. *Leymus tianschanicus*）的天山赖草＋矮丛蒿群丛（Ass. *Leymus tianschanicus* ＋ *Artemsia caespitosa*）（图 2-18）。土壤属于壤质盐化草甸土，地下水深为 1.5～2.5m[1]。

2）高山草甸（群系纲）

在高山草甸中，有黑花薹草占优势的群系，亚优势种有拳参（*Polygonum*

bistorta)，主要伴生种有假藓生马先蒿（*Pedicularis pseudomuscicola*）、灰毛罂粟（*Papaver canescense*）、考夫曼假龙胆（*Gentianella kaufmanniana*）和狭叶甜茅（*Glyceria spiculosa*）等。此外。其地被物有卷柏属（*Selaginella* sp.）、地衣（*Lichens* sp.）和葫芦藓（*Funaria* sp.）。

在小尤尔都斯盆地还发育着低地河漫滩沼泽草甸，在其周围山上还发育着亚高山真草甸和高山芜原[1]。

（2）草原（植被型组）

1）高寒草原

在小尤尔都斯盆地高寒草原中，占优势的是座花针茅草原（Form. *Stipa subsessiliflora*）。

在小尤尔都斯盆地的座花针茅草原中，座花针茅占绝对优势，新疆冰草为亚优势种，主要伴生种有粗糙薹草、山雀棘豆（*Oxytropis avis*）、糙叶黄芪（*Astragalus scaberrimus*）、小花滂草、黄白火绒草和天山赖草等。

据《新疆植被及其利用》[1]，在小尤尔都斯盆地还发育着高寒草原的另一个群系寒生羊茅草原（Form. *Festuca kryloviana*）。

2）高寒草甸草原

特克斯河（Tegshi Gol）上游地区发育着高寒草甸草原，在植被区域上，隶属于新疆荒漠区、北疆荒漠亚区、天山北坡山地森林-草原省、伊犁山地森林-草原亚省、特克斯州。该州气候较干旱，植被草原化较强[1]。山地植被垂直带，从上到下依次为高山垫状植被带、高山草甸带、亚高山草甸带、中山草甸草原带和山地草原带。

于2014年8月在特克斯河上游考察时，在河谷东侧的半阴坡急坡上和河谷西侧的阳坡缓坡上分别发现了 Form. *Kobresia stenocarpa*（细果嵩草群系）和 Form. *Stipa regeliana*（狭穗针茅群系）。

细果嵩草（*Kobresia stenocarpa*）为建群种的群系，在急坡上发育，而以狭穗针芽为优势的草原在平缓的阳坡上发育。

其群落盖度达 80%～100%，每平方米出现的物种数变化幅度为 6～11 种；细果嵩草分盖度为 5%～10%；莲座蓟为主要的伴生种，分盖度有时高达 10%；其他伴生种有拳参、细叶早熟禾（*Poa anguitifolia*）、狭穗针茅、黄白火绒草、蓝花老鹳草（*Geranium pseudosibiricum*）、蒙古白头翁、新疆假龙胆、短芒大麦草等。

在狭穗针茅草原植被中，群落盖度为 70%～80%，每平方米出现的物种数变化幅度为 6～8 种；狭穗针茅占绝对优势，分盖度达 60%～70%；亚优势种有黄白火绒草和新疆假龙胆；主要伴生种有细果嵩草、莲座蓟、短腺小米草（*Euphrasia regelii*）、拳参、细叶早熟禾、蒙古白头翁和点地梅（*Androsace* sp.）等。

（二）那拉提植被

那拉提（Nart，蒙古语意为"阳光充足的地方"）在植被区域上，隶属于新疆荒漠区、北疆荒漠亚区、天山北坡山地森林-草原省、伊犁山地森林-草原亚省、那拉提州，该州气候最为温和与湿润，在那拉提山北坡发育着最为丰茂的草甸和森林植被[1]。

在那拉提草原的前山带，从森林带通过草甸草原向山地草原过渡[1]。在雪岭云杉林（Form. *Picea schrenkiana*）中，林窗草地退化严重，有毒植物圆叶乌头（*Aconitum rotundifolium*）占优势，平均 6 丛/m^2，植株高达 170cm。每平方米内，圆叶乌头地上生物量平均占总生物量的 35.1%（图 2-19）。

杂类草-禾草和杂类草山地草原占优势的植物有寒生羊茅、亚洲蓍（*Achillea asiatica*）、红车轴草（*Trifolium pratense*）、巨序剪股颖（*Agrostis gigantea*）和鹅观草（*Roegneria praecaespitosus*）等。

河谷灌丛主要分布在恰甫河（Chabegtin Gol）等河谷中，由新疆锦鸡儿（*Caragana turkestanica*）占优势，亚优势种为金露梅（*Potentilla fruticosa*）。

图 2-19　雪岭云杉林林窗植被

第二节　巴音布鲁克高寒草原湿地社会经济发展概况

大、小尤尔都斯盆地合称巴音布鲁克草原，面积约 23835km^2，东西长 270km，南北宽 136km，四周山体海拔在 3000m 以上。巴音布鲁克草原，蒙古语意为"丰富的泉水"。远在 2600 年前，这里即有姑师人活动。早在清乾隆三十六年（1771 年），蒙古的土尔扈特、和硕特等部落，在渥巴锡的率领下，从俄国伏尔加河流域举义东归，清政府特赐水草肥美之地给他们，将他们安置在巴音布鲁克草原和开都河流域定居。这里面积辽阔，地势平坦，水草丰美，遍地是优质的"酥油草"。这里盛产的焉耆天山马、巴音布鲁克大尾羊、中国的美利奴羊和有"高原坦克"之称的牦牛，被誉为"草原四宝"。巴音布鲁克居住着蒙、汉、藏、哈等 9 个民族，一年一度的草原东归那达慕盛会即在此举行[8]。

一、区域行政区划

巴音布鲁克草原由和静县巴音布鲁克区管辖，巴音布鲁克区成立于 1950 年，现辖"一镇三乡"（即巴音布鲁克镇、巴音郭楞乡、额勒再特乌鲁乡、巩乃斯沟乡，共 19 个村委会）、3 个国有牧场、1 个扶贫开发农场。

二、人口及其收入变化

巴音布鲁克区 2012 年人口总数为 8637 人（表 2-3），其中，蒙古族占 95%，其他民族占 5%。

表 2-3　巴音布鲁克草原湿地区乡镇及人口数量（2012 年）

乡镇	村委会数量	村委会名称	人口/人
额勒再特乌鲁乡	4 个村委会	额勒再特乌鲁村、盖干塔克勒根村、古尔温吐勒根村、察汗乌苏村	3450
巴音郭楞乡	6 个村委会	巴音郭楞村、苏力间村、哈尔萨拉村、阿尔夏特村、奎克乌苏村、巴音塔拉村	1392
巴音布鲁克镇	6 个村委会	敖伦布鲁克村、查汗赛尔村、巴西里克村、赛里木村、赛罕陶海村、藏德图哈德村	2613
巩乃斯沟乡	3 个村委会	阿尔先郭勒村、浩依特开勒村、巩乃斯村	1182
合计		19 个村委会	8637

　　自 1980 年以来，和静县全县蒙古族人口数量呈平稳增加的趋势（图 2-20）。1980 年巴音布鲁克区人口为 12730 人；1980～2006 年，巴音布鲁克区人口呈略增长的趋势；2006 年开始，由于实施生态移民工程，2006～2009 年，1400 多户 6738 人从山上移到农区，因此，2012 年巴音布鲁克区内人口骤减为 8637 人（图 2-20）。

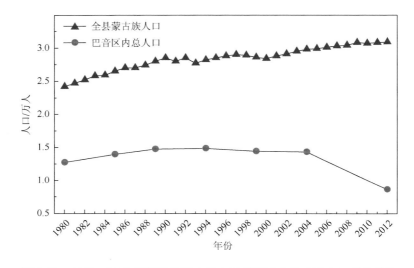

图 2-20　1980～2012 年和静县蒙古族人口及巴音布鲁克区人口变化趋势

　　巴音布鲁克区经济发展主要依靠畜牧业和种植业。牧民年人均纯收入增加较快，1980 年牧民人均收入仅为 74 元，2004 年人均收入为 1800 元，2012 年人均收入达 5330 元。但与和静县平均水平相比，巴音布鲁克区内牧民人均收入仅约为全县平均值的 1/2 左右（表 2-4 和图 2-21）。

表 2-4　巴音布鲁克区牧民年人均纯收入　　　　　　　（单位：元）

乡镇	1980 年	1985 年	1990 年	1995 年	2004 年	2011 年	2012 年
额勒再特乌鲁乡						4132	5568
巴音郭楞乡						4161	5727
巴音布鲁克镇						4740	6060
巩乃斯沟乡						3023	3963
平均	74	205	347	634	1800	4014	5330

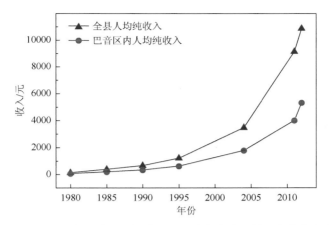

图 2-21　1980～2012 年和静县人均收入及巴音布鲁克区牧民人均收入变化趋势

三、草地退化及畜牧业发展情况

（一）巴音布鲁克草原草地退化分析

巴音布鲁克草原由大、小尤尔都斯盆地及巩乃斯沟片草地组成，草地总面积约 155.46 万 hm²，草地净面积为 138.65 万 hm²。其中，小尤尔都斯草地总面积为 53.496 万 hm²，净面积为 47.252 万 hm²；大尤尔都斯草地总面积为 97.585 万 hm²，净面积为 87.038 万 hm²；巩乃斯沟片草地总面积为 4.378 万 hm²，净面积为 4.361 万 hm²[33]。草群构成以线叶嵩草、薹草（Carex sp.）、针茅（Stipa sp.）、冰草（Agropyron sp.）等为主。尤尔都斯盆地内部各条山沟溪流汇集到盆地底部的开都河；西部山区是伊犁三大支流之一巩乃斯河的发源地，河流经过本区 50km 的峡谷以及那拉提草原后，进入巩乃斯谷地；巴音布鲁克南坡的著名渭干河经库车峡谷后流入古老的塔里木河。因此，巴音布鲁克是新疆著名的"三河源"[34, 35]。

据统计，巴音布鲁克草原"三化"（盐碱化、沙化以及草原退化）严重，草地退化面积高达 40 万 hm²，沙化面积达 14 万 hm²，盐碱化面积达 13.33 万 hm²，而且恶化程度日益加剧，"三化"面积以每年 3.3 万 hm² 以上的速度增加[36,37]。退化草地在小尤尔都斯盆地表现最为明显，退化草地总面积为 16.22 万 hm²，占小尤尔都斯盆地草地面积的 30.3%。其中，严重退化面积为 8.63 万 hm²，占退化草地总面积的 53.2%；中度退化面积为 6.34 万 hm²，占 39.1%；轻度退化面积为 1.25 万 hm²，占 7.7%。大尤尔都斯盆地草地退化相对较轻，退化草地总面积为 14.26 万 hm²，占大尤尔都斯盆地草地面积的 14.6%。其中，严重退化面积为 5560hm²，占退化草地总面积的 3.9%；中度退化面积为 3.34 万 hm²，占 23.4%；轻度退化面积为 10.36 万 hm²，占 72.7%[34, 35]。

据统计[36-38]，在严重退化的小尤尔都斯草原，21 世纪初草原年产鲜草总量由

20 世纪 80 年代的 72 亿 kg 下降到 36 亿 kg，牧草覆盖度由 60% 下降到 35%，草群高度由 30cm 下降到 10cm。沙化草原区已出现大面积的流动沙丘，水土流失面积达 4.07 万 hm²。

（二）巴音布鲁克草原畜牧业发展状况

巴音布鲁克区主要是蒙古族，畜牧业是其传统产业，其牧养的种类主要包括牛、羊、马及牦牛等。统计了巴音布鲁克区及和静县牲畜量的变化（图 2-22）（数据来源于历年巴音郭楞乡统计年鉴），发现 20 世纪 50 年代，区内牲畜存栏数只有 20 万头（只）左右，1989 年增加到 45 万头，1999 年达到 51 万头，2004 年已高至 71 万头。此外，除了草场本身的牲畜外，周围地区的牧群也被送入巴音布鲁克区放牧，如乌鲁木齐牧场、兵团及和静县的牧群等，每年数量大约有 50 万绵羊单位，从而使季节性放牧数量达 100 万头以上，实际区内畜群数量合计超过 150 万绵羊单位。绵羊单位主要指体重达 50kg，并带着哺乳羊羔的母羊。1 头牛或 1 匹马折合为 5 只绵羊；1 峰骆驼折合为 6 只绵羊；1 头驴或 1 头骡折合为 4 只绵羊；1 只山羊折合为 0.9 只绵羊。

和静县肉类总产量历年变化趋势与牲畜存栏数的变化趋势一致（图 2-23）。20 世纪 80 年代肉类每年的总产量约 3560t，2006 年达到了历史最高值，26368t，增长了约 7 倍。

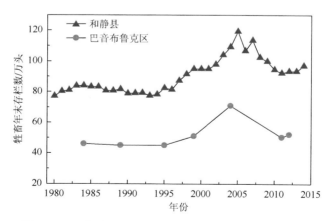

图 2-22　和静县及巴音布鲁克区历年牲畜存数变化情况

造成巴音布鲁克草地退化的原因主要是超载过牧、利用时期（主要是春季）过早和无序放牧。草地合理载畜量为：在一定的草地面积和一定的利用时间内，在适度放牧（或割草）利用并维持草地可持续生产的条件下，满足承养家畜正常生长、繁殖、生产畜产品的需要所能承养的家畜头数[39]其表达式为

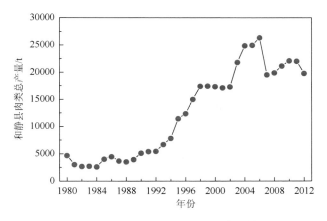

图 2-23　和静县历年肉类总产量变化情况

$$草地载畜量=\frac{年最大地上生物量(kg/hm^2)\times 草地利用率}{家畜日食量(kg/日\cdot 头)\times 放牧天数}（全年以365天计算）$$

式中，草地利用率参照农业部行业标准《天然草地合理载畜量的计算》[40]；草地利用率 = 被采食的牧草生物量/牧草总生物量×100%；家畜日食量为 1.8kg 标准干草/羊单位·日。

　　小尤尔都斯主要以夏牧场为主，在盆地实行封育的前提下，其载畜能力为 45.3 万羊单位，超载 90.48 万羊单位；大尤尔都斯全年理论载畜量 68.36 万羊单位，实际放牧牲畜量为 117.3 万羊单位，超载 48.94 万羊单位；巩乃斯沟片草地春牧场载畜能力为 4.52 万羊单位，超载 3.16 万羊单位（图 2-24）[34]。牲畜数量长期超过草原理论载畜能力，使得大部分草场发生严重退化（图 2-25）。

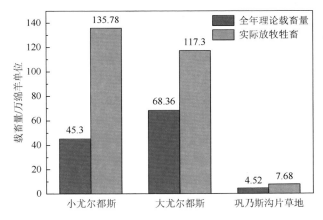

图 2-24　巴音布鲁克草场理论载畜量与实际放牧量对比

(a)   (b)

图 2-25 巴音布鲁克草原过度放牧导致草场退化及水土流失

由于季节草场载畜量不均衡，不同季节的超载程度不一样，因此，春季载畜量过高对草地退化的影响力更大。如大尤尔都斯春牧场理论载畜能力为 31.03 万羊单位，实际超载 86.27 万羊单位[34]。载畜量大大超过了草场的承载能力，再加上季节草场载畜量的不均衡，最终导致草原普遍退化。而草原退化又反过来导致草场的承载能力下降，从而形成了恶性循环。草原退化和家畜放牧头数增加，加剧了草畜矛盾，导致畜牧业生产水平大幅度下降。由于缺草，家畜长期处于半饥饿状态，致使当地优良畜种品质下降。据调查，20 世纪 80 年代，当地黑头公羊平均活重为 90kg，母羊为 55kg，而目前公羊下降为活重 70kg，母羊下降为 45kg，此外，牦牛活重也下降了 20%左右[33]。

参 考 文 献

[1] 中国科学院新疆综合考察队，中国科学院植物研究所. 新疆植被及其利用. 北京：科学出版社，1978.

[2] 中国科学院登山科学考察队. 天山托木尔峰地区的自然地理. 乌鲁木齐：新疆人民出版社，1985.

[3] 新疆维吾尔自治区区域地层表编写组. 西北地区区域地层：新疆维吾尔自治区分册. 北京：地质出版社，1981.

[4] 中国科学院新疆地理研究所. 天山山体演化. 北京：科学出版社，1986.

[5] 乔木，袁方策. 新疆天山夷平面形态特征浅析. 干旱区地理，1992，15（4）：14-19.

[6] 穆桂金. 天山西段阿拉喀尔山夷平面问题的探讨. 新疆地理，1983，6（2）：25-28.

[7] 周雪英，段均泽，李晓川，等. 1960—2011 年巴音布鲁克山区降水变化趋势与突变特征. 沙漠与绿洲气象，2013，7（5）：19-24.

[8] 王世江. 中国新疆河湖全书. 北京：中国水利水电出版社，2010.

[9] 高光，汤祥明，赛·巴雅尔图. 博斯腾湖生态环境演化. 北京：科学出版社，2013.

[10] 王水献，董新光，吴彬. 博斯腾湖流域水土资源开发与可持续发展. 北京：中国水利水电出版社，2012.

[11] 努尔比耶·艾合麦提托合提. 气候变化与人类活动对开都河径流量的影响研究. 乌鲁木齐：新疆大学，2015.

[12] 韩鑫. GIS 支持下开都河流域水文特征定量分析. 成都：四川师范大学，2014.

[13] 钟瑞森. 干旱绿洲区分布式三维水盐运移模型研究与应用实践. 乌鲁木齐：新疆农业大学，2008.

[14] 姚俊强，杨青，韩雪云，等. 气候变化对天山山区高寒盆地水资源变化的影响——以巴音布鲁克盆地为例. 干旱区研究，2016，66（6）：1167-1173.

[15]　王润, 孙占东, 高前兆. 2002 年前后博斯腾湖水位变化及其对中亚亚气候变化的响应. 冰川冻土, 2006, 28（3）: 324-329.

[16]　陈亚宁, 杜强, 陈跃滨. 博斯腾湖流域水资源可持续利用研究. 北京: 科学出版社, 2013.

[17]　新疆林科院园林绿化规划工程设计所. 新疆巴音布鲁克国家级自然保护区总体规划. 2016.

[18]　武天云, Schoenau J J, 李凤民, 等. 土壤有机质概念和分组技术研究进展. 应用生态学报, 2004, 15（4）: 717-722.

[19]　中华人民共和国农业部畜牧兽医司, 全国畜牧兽医总站. 中国草地资源. 北京: 中国科学技术出版社, 1996.

[20]　中国植被编辑委员会. 中国植被. 北京: 科学出版社, 1995.

[21]　张高, 海鹰, 楚新正, 等. 巴音布鲁克大尤尔都斯盆地野生种子植物区系研究. 西北植物学报, 2013, 33（3）: 599-606.

[22]　公延明, 胡玉昆, 阿德力·麦地, 等. 巴音布鲁克高寒草地退化演替阶段植物群落特性研究. 干旱区资源与环境, 2010, 24（6）: 149-152.

[23]　张莉. 大尤尔都斯盆地沼泽边缘植被分布与环境因子关系研究. 生态学杂志, 1991, 10（5）: 18-21+32.

[24]　于建梅, 胡玉昆, 李凯辉, 等. 巴音布鲁克高寒草地主要植物种群生态特征分析. 干旱区资源与环境, 2007, 21（7）: 155-159.

[25]　张百平, 陈晓东, 叶尔·道来提, 等. 中国西部山地发展的一般模式——以天山巴音布鲁克地区为例. 山地学报, 2002, 20（4）: 394-400.

[26]　安尼瓦尔·买买提, 杨元合, 郭兆迪, 等. 新疆巴音布鲁克高山草地物种丰富度与生产力的关系. 干旱区研究, 2006, 23（2）: 289-294.

[27]　范永刚, 胡玉昆, 李凯辉, 等. 巴音布鲁克主要草地类型表层土壤有机碳特征及其影响因素的研究. 干旱区资源与环境, 2008, 22（8）: 179-184.

[28]　胡玉昆, 李凯辉, 王鑫, 等. 巴音布鲁克高寒草甸不同群落类型的生物量. 资源科学, 2007, 29（3）: 147-151.

[29]　李凯辉, 王万林, 胡玉昆, 等. 不同海拔梯度高寒草地下生物量与环境因子的关系. 应用生态学报, 2008, 19（11）: 2364-2368.

[30]　范永刚, 胡玉昆, 李凯辉, 等. 不同干扰对高寒草原群落物种多样性和生物量的影响. 干旱区研究, 2008, 25（4）: 531-536.

[31]　徐海量, 宋郁东, 胡玉昆. 巴音布鲁克高寒草地牧草产量与水热关系初步探讨. 草业科学, 2005, 22（3）: 14-17.

[32]　高国刚, 胡玉昆, 李凯辉, 等. 高寒草地群落物种多样性与土壤环境因子的关系. 水土保持通报, 2009, 29（3）: 118-122.

[33]　吴春焕. 对巴音布鲁克草原生态保护和建设的思考. 新疆畜牧业, 2011, （8）: 56-57.

[34]　李文利. 草畜平衡是恢复巴音布鲁克草原生态的根本途径. 内蒙古农业科技, 2008, （4）: 107-108.

[35]　李文利, 何文革. 新疆巴音布鲁克草原退化及其驱动力分析. 青海草业, 2008, 17（2）: 44-47.

[36]　宋宗水. 巴音布鲁克草原生态恢复与综合治理调查报告. 绿色中国, 2005, （6）: 16-19.

[37]　宋宗水. 巴音布鲁克草原生态恢复与综合治理已迫在眉睫. 中国农业资源与区划, 2006, 27（1）: 21-25.

[38]　李毓堂. 巴音布鲁克草原生态破坏调查和治理对策. 草原与草坪, 2006, 26（2）: 12-14.

[39]　张存厚, 赵杏花, 杨丽萍, 等. 基于 CENTURY 模型的内蒙古草地载畜量时空动态模拟. 干旱区资源与环境, 2016, （11）: 197-202.

[40]　中华人民共和国农业部. NY/T 635-2002. 天然草地合理载畜量的计算. 北京: 中国标准出版社, 2003-03-01.

第三章　巴音布鲁克水环境观测

第一节　巴音布鲁克水质观测

水是生命的源泉，是动植物赖以生存的基础。河流、湖泊及其承纳的水体是巴音布鲁克草原湿地的一个重要组成部分。开都河是巴音布鲁克草原湿地中最重要的一条河流，河流长 560km，最终注入下游的博斯腾湖。黄水沟是博斯腾湖另一条重要的入湖河流，水量较大，最终注入博斯腾湖的西北角。为了解巴音布鲁克草原及其流域的水环境质量，于 2014 年 6～10 月在研究区设置了 42 个采样位点，其中，15 个采样点位于开都河支流，10 个采样点位于开都河及黄水沟干流，17 个采样点位于下游的博斯腾湖（表 3-1 和图 3-1）。

表 3-1　巴音布鲁克流域河流及湖泊水环境观测采样位点信息

序号	样点名称	样点代码	样点类型	纬度（北纬）	经度（东经）	海拔/m
1	开都河源头	A01	支流	43.110008°	85.612600°	2953
2	赛仁乌苏	A02	支流	43.114005°	85.504446°	2909
3	敦德铁矿桥	A03	支流	43.089313°	85.183410°	2675
4	察汗阿日勒	A04	支流	43.064783°	84.777108°	2505
5	乌拉苏河	A05	支流	42.954015°	83.941262°	2489
6	伊克赛大桥	A06	支流	42.862555°	83.720816°	2457
7	巴音一河大桥	A07	支流	42.689496°	83.690487°	2598
8	温泉	A08	支流	42.713714°	84.018311°	2413
9	吾兰吾逊	A09	支流	42.703341°	84.100389°	2417
10	察汗赛河	A10	支流	42.712890°	84.292911°	2405
11	南岸湿地	A11	支流	42.661255°	84.381834°	2400
12	德尔比勒金	A12	支流	42.661913°	84.420052°	2423
13	赛楞木乌苏	A13	支流	42.718801°	84.578694°	2412
14	阿里腾朵松	A14	支流	42.806763°	84.513412°	2513
15	伊克扎克斯台	A15	支流	42.838608°	84.344530°	2410
16	开都河 1	B01	干流	43.058515°	84.460845°	2493
17	开都河 2	B02	干流	43.013178°	84.134928°	2442

续表

序号	样点名称	样点代码	样点类型	纬度（北纬）	经度（东经）	海拔/m
18	开都河3	B03	干流	42.820000°	84.090139°	2390
19	开都河4	B04	干流	42.777052°	84.192107°	2390
20	开都河5	B05	干流	42.760227°	84.243217°	2389
21	开都河6	B06	干流	42.772917°	84.289111°	2389
22	开都河7	B07	干流	42.766036°	84.411847°	2389
23	开都河8	B08	干流	42.679385°	84.530261°	2388
24	开都河大桥	B09	干流	42.263158°	86.131950°	1118
25	黄水沟上游	B10	干流	42.862422°	86.351729°	1997
26	博斯腾湖1	C01	湖泊	41.888889°	86.850000°	1048
27	博斯腾湖2	C02	湖泊	41.913889°	86.983333°	1048
28	博斯腾湖3	C03	湖泊	41.952778°	87.133333°	1048
29	博斯腾湖4	C04	湖泊	42.000000°	87.133333°	1048
30	博斯腾湖5	C05	湖泊	42.045798°	87.142823°	1048
31	博斯腾湖6	C06	湖泊	42.049931°	87.001527°	1048
32	博斯腾湖7	C07	湖泊	42.094128°	86.847126°	1048
33	博斯腾湖8	C08	湖泊	42.072222°	86.900000°	1048
34	博斯腾湖9	C09	湖泊	42.041667°	86.872222°	1048
35	博斯腾湖10	C10	湖泊	42.005556°	86.905556°	1048
36	博斯腾湖11	C11	湖泊	41.983333°	86.844444°	1048
37	博斯腾湖12	C12	湖泊	41.950000°	86.772222°	1048
38	博斯腾湖13	C13	湖泊	41.903100°	86.772067°	1048
39	博斯腾湖14	C14	湖泊	41.890017°	86.755800°	1048
40	博斯腾湖15	C15	湖泊	42.000278°	86.963333°	1048
41	博斯腾湖16	C16	湖泊	41.959444°	87.236667°	1048
42	博斯腾湖17	C17	湖泊	41.918611°	87.275278°	1048

一、样品采集及理化因子测定

分别于2014年6～10月，用采水器采集巴音布鲁克草原湿地流域开都河干流、支流及博斯腾湖各采样点（表3-1）表层水样各5L，然后将水样置于预先洗净过的塑料桶中，进行营养盐含量分析。采样点水体的水温、pH、矿化度（total dissolved

---

① 1mi≈1609.344m。

图 3-1　巴音布鲁克流域河流及湖泊水环境观测采样位点位置图

solids，TDS）、浊度（NTU）、叶绿素 a（chlorophyll a，Chl a）及溶解氧（dissolved oxygen，DO）含量用多参数水质测定仪（YSI 6600V2）现场测量。总磷（total phosphorus，TP）、总氮（total nitrogen，TN）、高锰酸盐指数（COD_{Mn}）的分析按照《水和废水监测分析方法》进行。水质评价参照《地表水环境质量标准》（GB 3838—2002）进行。

二、水质监测结果

（一）水温

　　水的物理化学性质与水温有着密切的关系（陈伟民等，2005）。水温的变化影响着水体中溶解氧浓度、盐度、pH 等参数的变化。总体而言，巴音布鲁克流域从上游到下游，随着海拔的降低水温有逐渐升高的趋势（图 3-2 和图 3-3）。上游支流不同河流的水温变化幅度较大，如 6 月水温的变化范围为 5.3~22.7℃，开都河干流水温在 10℃左右，至下游的博斯腾湖水温均值为 21.7℃。6~8 月各采样位点的水温变化较小，至 10 月后水温迅速下降，上游支流与干流水温均值降到 5℃以下，博斯腾湖水温也降至 14.6℃左右。

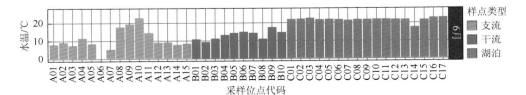

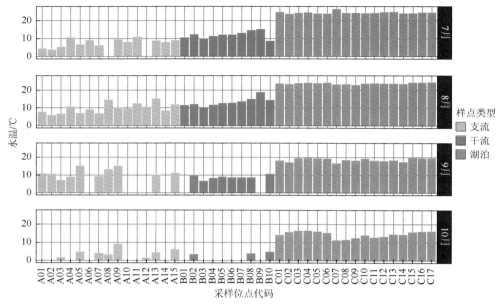

图 3-2　2014 年 6～10 月巴音布鲁克流域各采样点水温比较

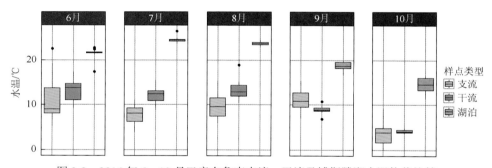

图 3-3　2014 年 6～10 月巴音布鲁克支流、干流及博斯腾湖水温均值比较

（二）pH

　　巴音布鲁克流域水体的 pH 均高于 8.0，呈弱碱性，从上游至下游水体 pH 有升高的趋势（图 3-4 和图 3-5）。上游支流中南岸湿地（A11）的 pH 明显低于其他样点，下游博斯腾湖的 pH 均值高于 9.0。

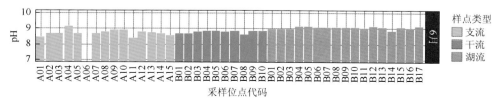

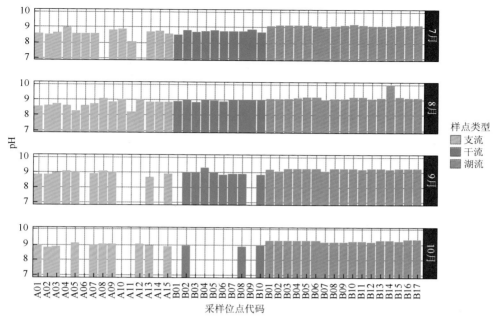

图 3-4　2014 年 6～10 月巴音布鲁克流域各采样点 pH 比较

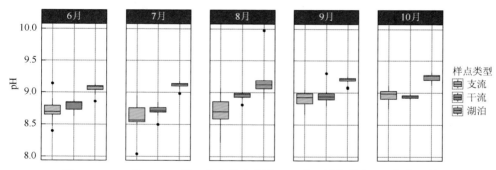

图 3-5　2014 年 6～10 月巴音布鲁克支流、干流及博斯腾湖 pH 均值比较

（三）电导率、矿化度及盐度

电导率是用数字来表示溶液传导电流的能力，溶液的电导率等于溶液中各种离子的电导率之和。电导率常用于间接推测水中离子成分的总浓度。矿化度又称为溶解性总固体（TDS），是用来衡量水中所有离子总含量的指标，通常用 ppm 或 mg/L来表示。盐度一词来自海洋学，是指海水内盐的含量，习惯用千分之一（‰）来表示，世界大洋的平均盐度为 35‰。目前，盐度的基本定义为每一千克水内溶解物质的克数。人们通常把水体盐度小于 1‰，或矿化度小于 1g/L 的水称为淡水；盐度在1‰～3‰，或矿化度在 1～3g/L 的水叫微咸水；含盐量在 3‰～35‰，或矿化度在

3～35g/L 的水叫咸水。电导率、矿化度及盐度三者之间关系密切。

巴音布鲁克流域上游支流及开都河干流电导率、矿化度及盐度均较低（图 3-6 和图 3-7），其中，电导率均小于 500μS/cm，矿化度均小于 500mg/L，盐度均小于 0.3‰。而下游的博斯腾湖除河口区（C14）外，电导率均值超过 2200μS/cm，矿化度均值超过 1500mg/L，盐度均值超过 1.1‰。因此，博斯腾湖已成为一个微咸水湖。

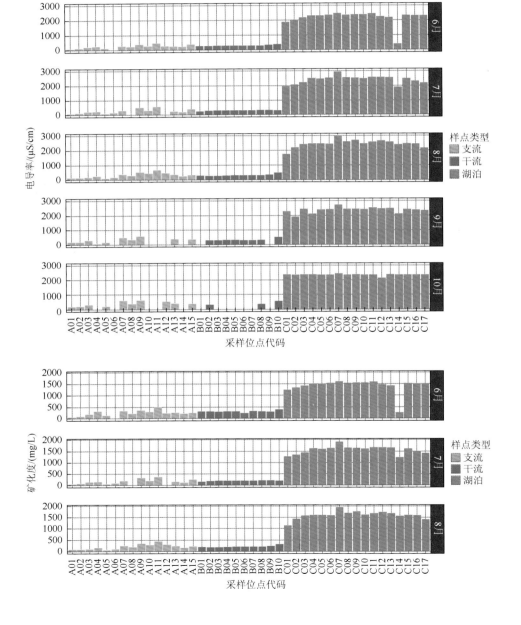

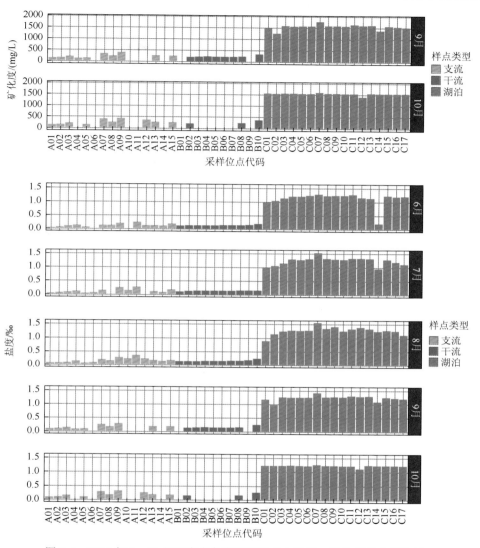

图 3-6 2014 年 6～10 月巴音布鲁克各采样点电导率、矿化度及盐度比较

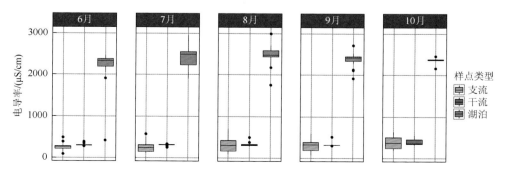

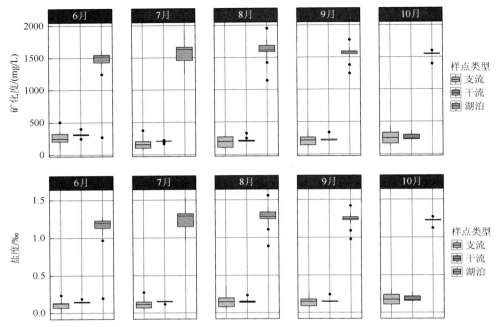

图 3-7　2014 年 6～10 月巴音布鲁克支流、干流及博斯腾湖电导率、矿化度及盐度均值比较

（四）浊度

浊度是指水中悬浮物对光线透过时所发生的阻碍程度。水中含有的泥土、粉砂、微细有机物、无机物、浮游生物等悬浮物和胶体物都可以使水质变浑浊而呈现一定的浊度。浊度是反映水质的一个重要表观指标，现代仪器显示的浊度是散射浊度，单位为 NTU。

巴音布鲁克上游支流河流的浊度变化非常大（图 3-8），有些河流水较清澈，如开都河源头（A1）、察汗阿日勒（A4）等，其浊度一般在 10NTU 以下；有些河流的浊度则很高，如 2014 年 6 月察汗赛河（A10）的浊度高达 1159NTU，伊克赛大桥（A6）的浊度也比较高，在 2014 年 8 月达到了 485NTU。开都河干流不同采样点的浊度都比较稳定，一般为 30～200NTU，且从上游到下游浊度有减小的趋势。位于小尤尔都斯盆地的开都河干流 1 号点（B01）有时浊度较高，如在 2014 年 7 月时，其浊度高达 338NTU。位于开都河末端的博斯腾湖除入湖河口区（C14）的浊度相对较高外，其他水域的浊度均较低。

从均值比较结果（图 3-9）中可以发现，流域按浊度从高到低排列的顺序为：开都河干流＞支流＞博斯腾湖。博斯腾湖的浊度一般比开都河干流和支流的浊度小 1～2 个数量级。从季节上来看，6～7 月由于是巴音布鲁克的雨季，各支流及开都河干流的浊度均要高于其他月份的。

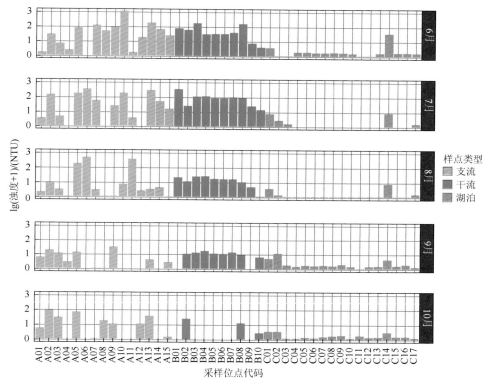

图 3-8 2014 年 6～10 月巴音布鲁克流域各采样点浊度比较

　　巴音布鲁克上游支流及开都河干流较高的浊度一方面是由降水集中而导致河水径流量大增而引起的；另一方面也与上游草原部分地段的生态环境密切相关。由于过度放牧，巴音布鲁克草原部分地段植被稀少，水土流失严重，下雨天泥沙入河导致水体浑浊。

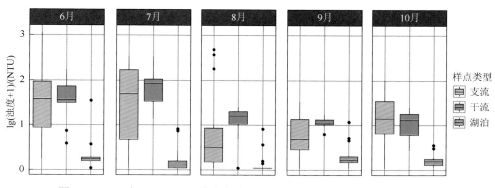

图 3-9 2014 年 6～10 月巴音布鲁克支流、干流及博斯腾湖浊度均值比较

（五）叶绿素 a

巴音布鲁克水体中叶绿素 a 的浓度较小（均值小于 10μg/L），且总体差异不大（图 3-10 和图 3-11）。上游部分支流叶绿素 a 的浓度较高，这可能与其水体的浊度较高有关。水体中叶绿素 a 用多参数水质测定仪进行现场测量，因此，高浊度引起叶绿素 a 的测量误差将会大大增加。通过均值比较结果可以发现，6～7 月从上游到下游叶绿素 a 的浓度有逐渐降低的趋势，这可能与这两个月上游降水较多有关。河水径流量增大导致其浊度增大，进而导致叶绿素 a 的浓度升高。8～9 月下游博斯腾湖水体中叶绿素 a 的浓度高于上游的，可能与此时上游降水减少及湖中浮游藻类的生长增殖有关。

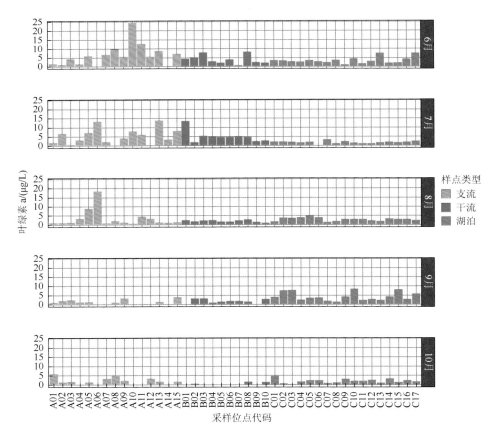

图 3-10　2014 年 6～10 月巴音布鲁克流域各采样点叶绿素 a 的浓度比较

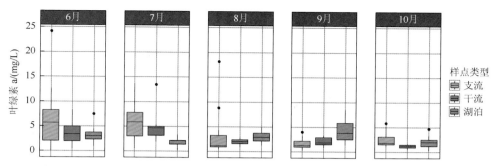

图 3-11　2014 年 6~10 月巴音布鲁克支流、干流及博斯腾湖叶绿素 a 均值比较

（六）溶解氧

溶解氧指溶解在水中氧的量，在水中以分子状态存在，通常记作 DO，用每升水里氧气的毫克数表示。溶解氧是水质好坏的重要指标之一，水中溶解氧的多少是衡量水体自净能力的一个指标。

巴音布鲁克上游支流水体的溶解氧较高，但南岸湿地（A11）的溶解氧则低于其他样点的，最低溶解氧值为 2014 年 8 月的 5.21mg/L（图 3-12）。南岸湿地

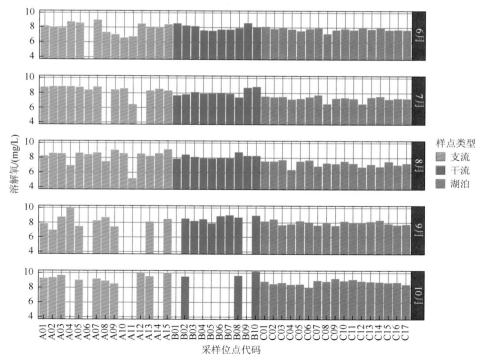

图 3-12　2014 年 6~10 月巴音布鲁克流域各采样点溶解氧比较

水体流动慢，水中有机质含量高，而夏季由于异养细菌活性增强，因此，其分解有机质导致水体中氧气相对较少。

从均值比较结果（图 3-13）中可以发现，巴音布鲁克按溶解氧浓度从高到低排列的顺序为：开都河支流＞干流＞博斯腾湖。这可能与上游水体中的流速较高有关，较大的流速易于大气中的氧气向水体中扩散。

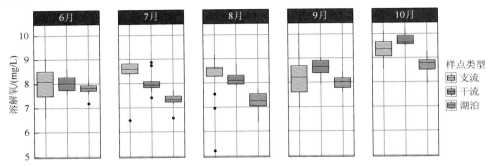

图 3-13　2014 年 6～10 月巴音布鲁克支流、干流及博斯腾湖溶解氧均值比较

（七）总氮

总氮（TN）是包括有机氮与各种无机氮的总和。水中含氮物质过高时会造成水体富营养化（陈伟民等，2005）。从监测结果可以发现，博斯腾湖的总氮明显高于上游水体的总氮（图 3-14 和图 3-15），且 8 月的均值超过了 1mg/L，属于地表水Ⅳ类水平。上游南岸湿地的总氮较高，7 月高达 2.72mg/L，这可能与水中较高的有机质含量有关。

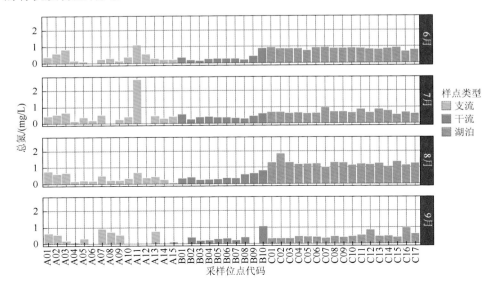

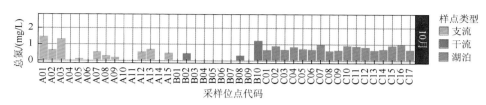

图 3-14　2014 年 6～10 月巴音布鲁克流域各采样点总氮比较

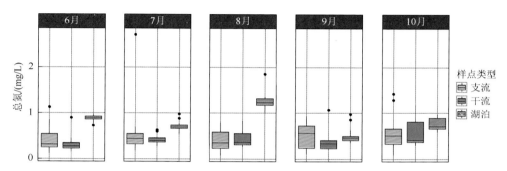

图 3-15　2014 年 6～10 月巴音布鲁克支流、干流及博斯腾湖总氮均值比较

（八）总磷

　　巴音布鲁克上游水体中的总磷（TP）含量在 6～7 月相对较高，而在其他月份则较低（图 3-16 和图 3-17）。总磷的均值为 0.1mg/L，属于地表水 II 类水平。6～7 月总磷含量偏高的原因可能与降水导致地表径流携带的磷流入河流有关。

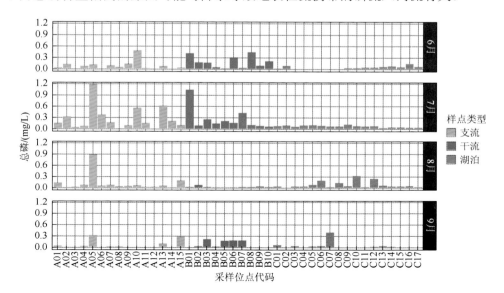

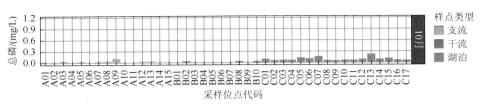

图 3-16 2014 年 6～10 月巴音布鲁克流域各采样点总磷比较

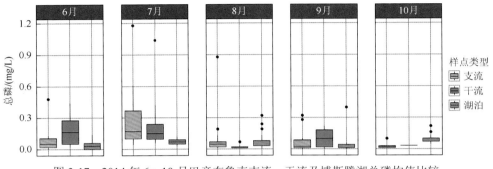

图 3-17 2014 年 6～10 月巴音布鲁克支流、干流及博斯腾湖总磷均值比较

（九）高锰酸盐指数

高锰酸盐指数（COD_{Mn}）指水样在给定条件下被氧化剂氧化时所消耗的高锰酸根离子的浓度，用于反映水体受还原性物质污染的程度。从监测结果可以发现，巴音布鲁克上游水体的高锰酸盐指数在 6～10 月逐步减小，而下游博斯腾湖的高锰酸盐指数的变化幅度则较小（图 3-18 和图 3-19）。总体而言，虽然博斯腾湖的高锰酸盐指数的均值大于上流水体的，但其高锰酸盐指数均值小于 7.5mg/L。巴音布鲁克水体的高锰酸盐指数介于《地表水环境质量标准》的Ⅰ类～Ⅳ类，表明其水体受还原性物质污染的程度较低。

三、巴音布鲁克水质时空变化规律及总体评价

2014 年 6～10 月的观测结果表明，巴音布鲁克上游支流及开都河干流水体的盐度、总氮、高锰酸盐指数均低于下游的博斯腾湖，水质多介于《地表水环境质量标准》的Ⅱ类～Ⅲ类。博斯腾湖的盐度较高，近 50 年来博斯腾湖水质的演变过程表明，博斯腾湖已经由新疆最大的淡水湖转变为微咸水湖。其水体的总氮、高锰酸盐指数已介于《地表水环境质量标准》的Ⅲ类～Ⅳ类水平。博斯腾湖水质的变化受自然和人为两种因素制约，且近十年来，人为因素加剧了博斯腾湖的咸化和富营养化。

从季节上来看，巴音布鲁克上游水质受降水的影响较大。6～7 月的雨季，降水较多，地表径流大，加之部分地区水土流失严重，导致水体浊度偏高。巴音布

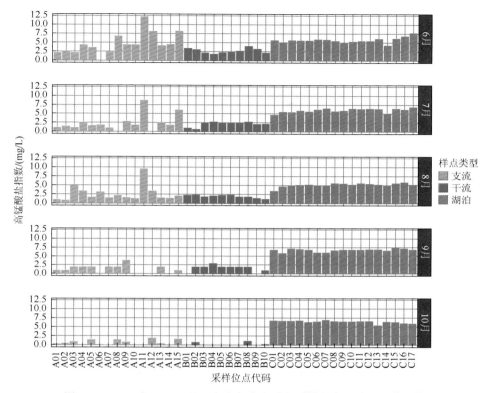

图 3-18　2014 年 6～10 月巴音布鲁克流域各采样点高锰酸盐指数比较

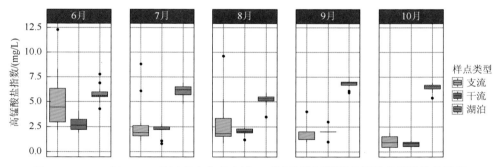

图 3-19　2014 年 6～10 月巴音布鲁克支流、干流及博斯腾湖高锰酸盐指数均值比较

鲁克上游支流和开都河干流水体的浊度远大于博斯腾湖，但矿化度却远小于博斯腾湖。浊度与矿化度可作为指示开都河流域水质状态的重要指标。

2014 年 7 月巴音布鲁克流域各采样点的水质聚类结果表明，博斯腾湖的水质明显不同于上流支流及开都河干流的水质（图 3-20）。南岸湿地由于其相对较低的溶解氧、较高的矿化度及溶解性有机碳含量，因此，在聚类时与其他上游样点的距离最远。赛楞木乌苏、伊克赛大桥及开都河 1 由于浊度高（287～340NTU）而聚成一个小类。以上结果表明，不同尺度下水质分异的机制不同。小尺度下（巴音布鲁克上游支流和开都河干流位点），局地自然环境的影响较大；大尺度下（巴音布鲁克整个流域），自然及人类活动（导致博斯腾湖咸化及轻度富营养化）共同影响巴音布鲁克水体的水质。

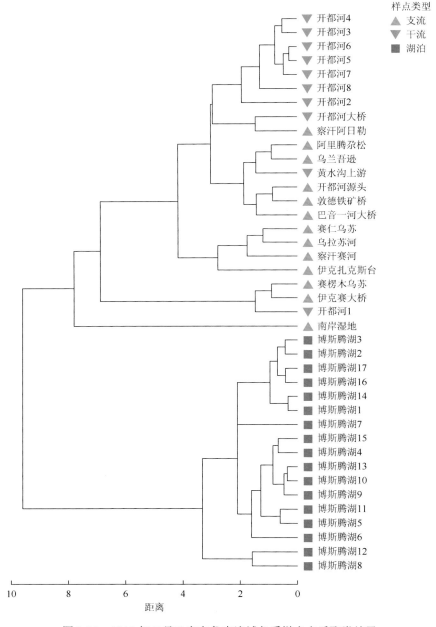

图 3-20　2014 年 7 月巴音布鲁克流域各采样点水质聚类结果

第二节　巴音布鲁克河流细菌群落组成及多样性

开都河流域作为巴音布鲁克草原生态系统的重要组成部分，它对物质循环和能量流动具有十分重要的意义[1]。一方面，它对巴音布鲁克草原生态系统的物种组成、生物多样性以及生态健康均具有重要的作用；另一方面，开都河及其支流对下游博斯腾湖的生态系统也具有不可忽视的意义，它将草原生态系统中的营养物质输送至博斯腾湖，为其提供资源和能量[2]。

开都河流域位于新疆天山焉耆盆地背缘，地势由西北向东南倾斜，海拔为2400~3800m，年均降水为270mm，无绝对无霜期，年均温为–4.8℃。该区域气候条件较为恶劣，生态环境十分脆弱，极易受到自然和人为活动的影响。开都河是博斯腾湖流域的主要水源涵养区，是南北疆重要的生态节点。近年来，开都河流域水环境变化较大，其水质和水量的改变直接影响着博斯腾湖生态系统的结构和功能。细菌是微食物网中最重要的组成之一，对促进水体中的物质循环及保持水环境的生态平衡具有重要的意义。同时，细菌对环境变化最为敏感，是极易受到环境影响的微生物类群之一[3]。因此，通过对细菌群落结构与组成的分析可以了解环境的变化特征。

一、野外调查及实验方法

为了解巴音布鲁克草原水生态系统中细菌群落的结构和组成，于2014年7月在开都河上设置8个采样点，支流上设置9个采样点（图3-21）。利用采水器采集河流表层50cm处的水样500mL，然后将其放入预先洗净灭菌的塑料瓶中，再放入带有冰块的保温箱，运回实验室进行处理。利用多功能水质分析仪（YSI 6600V2，USA）对温度、pH、盐度（salinity）、浊度、溶解氧等水质参数进行了现场测定。水质参数（TN、TP、NH_4^+-N、NO_3^--N、PO_4^{3-}-P、DOC）的分析按照《湖泊生态系统观测方法》《水和废水监测分析方法》进行[4, 5]。

取500mL水样通过聚碳酸酯膜（0.2μm、47mm，Millpore）真空抽滤，然后将滤膜取出剪成碎片装入1.5mL的无菌离心管中，放入–80℃保存。利用DNA提取试剂盒（FastDNA® SPIN Kit for Soil，美国MPBIO公司）提取水样的总DNA。使用扩增细菌的一对引物789F（5'TAGATACCCSSGTAGTCC3'）和1068R（5'CTGACGRCRGCCATGC3'）从水样基因组总DNA中扩增16S rDNA V5-V6区基因片段。PCR反应体系：10×PCR buffer（含25mmol/L MgCl₂）5μL，引物789F和1068R各15pmol，dNTPs12.5pmol，基因组DNA25ng，Taq酶5μL，加milli-Q水至50μL。采用降落PCR方法，反应参数：94℃预变性4min，94℃变性

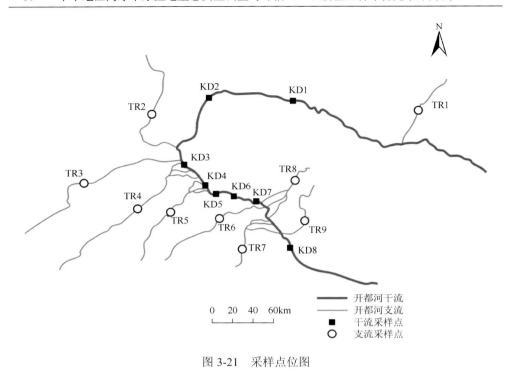

图 3-21 采样点位图

1min，65℃退火 1min，然后以每一循环降低 1℃进行 10 个循环，72℃延伸 1min，最后以 55℃退火进行 23 个循环，72℃延伸 10min。扩增后的 DNA 采用 Illumina MiSeq 方法测序。

二、开都河干流及支流理化因子比较

开都河干流水体中各项理化指标的变幅比其支流水体的都要小（图 3-22），这说明开都河干流水体的环境性质较为稳定。在开都河水体中，总氮（TN）、总磷（TP）以及硝态氮（NO_3^--N）的浓度分别为 0.31mg/L、0.17mg/L 和 0.12mg/L，而在支流水体中则分别为 0.29mg/L、0.12mg/L 和 0.06mg/L。显而易见，开都河水体中 TN、TP 以及 NO_3^--N 的浓度比支流的都要高。在开都河水体中，温度、pH、浊度以及溶解氧（DO）、有机碳（DOC）和氨氮（NH_4^+-N）的浓度分别为 11.91℃、8.78、66.51mg/L、7.88mg/L、0.80mg/L 和 0.04mg/L；而在支流水体中则分别为 12.26℃、8.81、197.40mg/L、8.01mg/L、1.03mg/L 和 0.17mg/L。从上面的数据可以发现，在营养物质方面，开都河水体要高于支流水体。而在物理参数方面，例如，浊度、DO 等，支流水体要高于开都河水体。

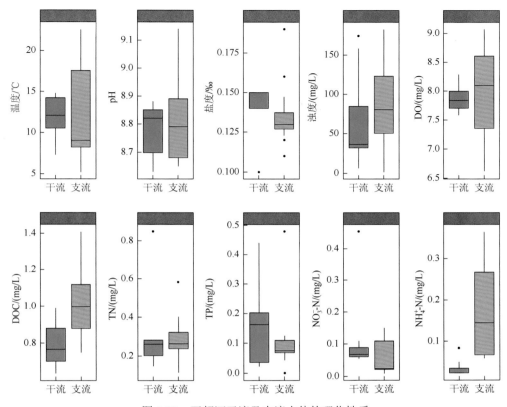

图 3-22 开都河干流及支流水体的理化性质

三、开都河及其支流上细菌群落多样性特征

研究结果表明，开都河及其支流上细菌群落的演替过程具有很明显的差异（图 3-23）。对于开都河来讲，细菌群落大致可以分为三类：第一类包括 KD1 到 KD3，第二类包括 KD4 到 KD7，最后一类仅包括 KD8。这三类分别代表了开都河的不同河段，其中，第一类代表了上游区域，第二类代表了中游区域，而第三类则代表了下游区域。值得注意的是，这三个区域在排序图中具有十分显著的方向性：即从左上角向右下角分布。这说明细菌群落在开都河中呈现出了连续变化的演替过程。通过 Mantel 检验可以发现，细菌群落的 β 多样性与地理距离之间具有显著的关系（$R = 0.70$，$P < 0.01$）。这个结果也直接证明了开都河水体中细菌群落的连续演替过程。而对于支流而言，其细菌群落结构似乎并不存在这种连续演替的过程。例如，TR1 与 TR8、TR9 在排序图中较为接近，而实际上它们在地理距离上却并非如此。Mantel 检验结果也表明，支流上细菌群落的 β 多样性与地理距离之间不存在显著的关系（$R = 0.23$，$P > 0.05$），所以支流上的细菌群落近似为一种随机分布。

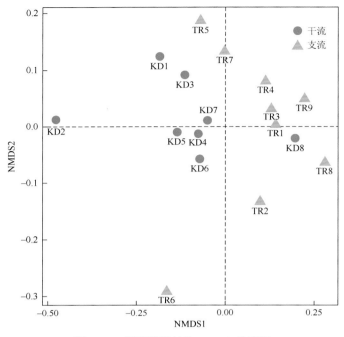

图 3-23　细菌群落结构 NMDS 排序图

除了 β 多样性外，我们还研究了开都河干流及其支流上细菌群落 α 多样性的变化特征（图 3-24）。选取物种均匀度指数、香农指数以及丰富度作为 α 多样性的代表。这三个指数在开都河干流上分别为 0.65 ± 0.03、4.10 ± 0.21 及 539 ± 37；在支流上分别为 0.61 ± 0.06、3.86 ± 0.44 及 547 ± 97。通过 Student's t-test 检验可以发现，多样性指数在开都河和支流上均没有显著性差异（$P>0.05$）。值得注意的是，即使 α 多样性的数值在开都河和支流上差异不显著，但是它们在这两个生境的空间格局上具有十分明显的差别。例如，沿着开都河方向，KD1 处丰富度指数为 398，而在 KD8 处为 712，增加了 314，呈明显的上升趋势（$P<0.01$）。与此类似，香农指数和 Pielou 指数均表现出相同的变化特征。这说明在开都河生态系统中，α 多样性随着距离的增加而增加，具有显著的生物地理格局。而在支流生态系统中，其变化趋势却并非如此，其 α 多样性（丰富度、香农指数、均匀度指数）并没有随着距离的变化而变化，这也说明在支流生态系统中，细菌群落 α 多样性不存在任何生物地理格局。

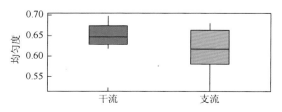

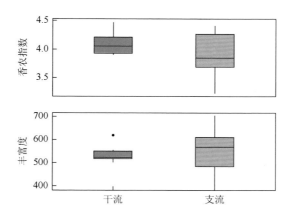

图 3-24　开都河干流及支流上细菌群落 α 多样性的变化特征

四、开都河及其支流中细菌群落的影响因素

利用典范对应分析（CCA）模型来探究开都河干流及其支流中细菌群落的影响因素，结果表明，这两个生境具有不同的生态因子（图 3-25）。对于开都河干流而言，CCA 模型的第一轴和第二轴分别解释了细菌群落方差变化的 28.0% 和 12.8%。蒙特卡罗（Monte Carlo）置换检验结果显示温度是控制细菌群落结构的最主要因素（$P<0.05$）。对于支流而言，CCA 模型的第一轴和第二轴分别解释了细菌群落方差变化的 25.6% 和 11.5%，NH_4^+-N 是控制细菌群落结构的最主要因素（$P<0.05$）。另一方面，Mantel 检验结果还表明，在开都河干流中，地理距离与细菌群落之间具有十分显著的关系；而在支流中，地理距离与细菌群落之间并无显著关系。

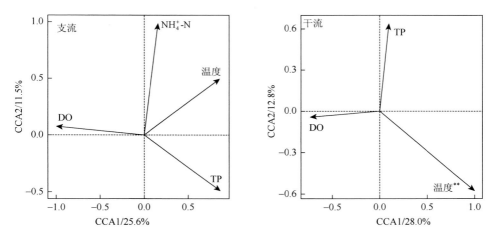

图 3-25　开都河干流及支流细菌群落结构与环境因子的 CCA

** 代表显著性水平 $P<0.01$

五、开都河及其支流中细菌群落组成

调查发现（图 3-26），在开都河水体中，α-变形菌和 β-变形菌是最主要的优势菌群，它们的平均相对丰度分别为 28.2% 和 21.8%，几乎占据了细菌群落组成的一半。放线菌是其中的次优势菌群，其平均相对丰度为 10.4%。值得注意的是，虽然 β-变形菌一直保持着优势地位，但是它们的相对丰度沿河流方向呈持续下降的趋势。譬如，在 KD1 处的相对丰度为 52.8%，在 KD3 处的相对丰度为 28.8%，最后在 KD8 处的相对丰度仅为 21.8%；而 α-变形菌和放线菌的相对丰度则沿河流方向逐渐增加，分别从 7.14% 和 6.44% 上升至 15.53% 和 14.71%。在支流水体中，α-变形菌和 β-变形菌依然是优势菌群，其平均相对丰度分别为 26.8% 和 15.8%，Unclassified Candidate division OD1 是次优势菌群，其平均相对丰度为 9.6%。这些菌群的丰度并未表现出与开都河类似的变化趋势，它们的相对丰度较为稳定。

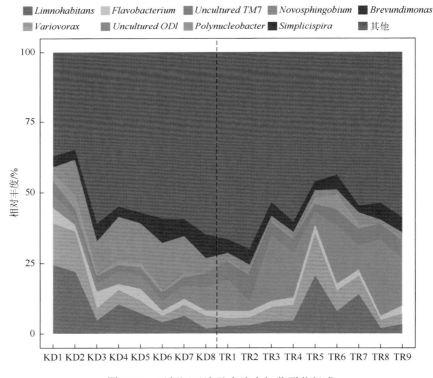

图 3-26　开都河干流及支流中细菌群落组成

在属的水平上，*Limnohabitans*、*Variovorax*、*Unclassified TM7* 以及 *Brevundimonas*

是开都河水体细菌群落组成中最主要的优势属,它们的平均相对丰度分别为18.4%、13.4%、12.5%和9.6%。与上述优势菌群表现特征类似,它们在河流方向上均有不同程度的上升和下降。譬如,作为第一优势属的 *Limnohabitans*,它在KD1处的相对丰度为29.2%,在KD4处的相对丰度为20.53%,最后在KD8处的相对丰度仅为9.36%。作为第二优势属的 *Variovorax*,它在KD1处的相对丰度为22.0%,在KD4处的相对丰度为12.3%,最后在KD8处的相对丰度仅为9.5%。与此相反,*Brevundimonas* 在KD1处的相对丰度为3.6%,在KD4处的相对丰度为11.3%,最后在KD8处的相对丰度为11.8%。

六、讨论

上述结果表明,在物理参数方面,如浊度、溶解氧等,支流水体要高于开都河干流水体。支流水体的流速比开都河干流的要快,导致其冲刷作用更为强烈。一方面,较快的水流侵蚀了沿岸两侧的土壤,将碎屑、动植物残体等一些粗大的颗粒带入水体中;另一方面,较快的水流还加强了沉积物的再悬浮[6]。这两个因素可能是支流水体的浊度高于开都河的原因。与此同时,由于支流河道的水深普遍较小,水流过程中的复氧过程也可能较为明显,导致支流河道中的溶解氧浓度大于干流的。而在营养盐方面,开都河干流水体高于支流水体。这可能主要是由于支流经过水流汇入主河道时,还将水体中的溶解态和颗粒态的营养物质一起携带进入开都河中,使得开都河成为支流及其沿岸带的"接收器",最终导致开都河水体中营养盐浓度较高。

温度是影响开都河水体中细菌群落最主要的环境因子。沿着开都河水流方向,水体温度从 7.39℃上升至 14.44℃。温度影响开都河水体中细菌群落的机制可能有两个方面。一方面,温度通过物种筛选作用[7],使得细菌群落发生了连续的演替。这种作用使得适应能力较强的物种会代替适应能力较差的物种[8]。基于该原理,推测细菌群落的演替是从适合低温生长的细菌群落逐渐向适合较高温度生长的细菌群落,且物种数据信息也提供了强有力的支撑。譬如,有研究表明,当温度上升时,Actinobacteria 的竞争能力要比 Betaproteobacteria 的竞争力强,所以在上游水体中,Betaproteobacteria 是最主要的优势纲;但沿着河流方向温度上升时,Actinobacteria 的丰度则逐渐增加。另一方面,在上游区域,较高的海拔导致水体中昼夜温差较小;但相反,在下游区域,其昼夜温差则相应地增大[9]。根据中度干扰理论,沿着河流方向,水体中细菌群落多样性会逐渐增加,这与调查的结果(细菌群落的 α 多样性沿着水流方向增加)相符。

地理距离与细菌群落的 β 多样性之间具有较强的相关性,这似乎与传统的微生物生态学原理相悖。根据 Bass-Becking 的"everything is everywhere"观点,细菌的个体十分微小,繁殖速度极快[10],且更为重要的是它们具有极宽的生态幅,因此，地理距离并不能成为影响细菌群落分布的影响因子。但是越来越多的研究发现地理距离是调控细菌群落分布的重要因子之一，即 distance-decay 格局[11, 12]。细菌群落从上游至下游可能具有源与汇的关系。在上游区域，适应能力较差的物种无法占据有利的生境，因此，在水流的作用下，被携带至下游。在这种情况下，上游水体中的细菌成了下游水体中细菌的源，下游水体中的细菌成了上游水体中细菌的汇。这种关系随着地理距离的增加而逐渐减弱，因此，沿着河流方向，地理距离的增加使得细菌群落的 β 多样性也相应地增加[13]。

此外，调查还发现在开都河方向，优势种与稀有种之间也具有明显的演替过程。譬如，Betaproteobacteria 是开都河中细菌的主要纲类，而 *Limnohabitans* 和 *Variovorax* 是其最主要的属，它们的丰度沿河流方向分别从 29.2%和 14.7%下降至9.36%和 6.6%，呈现出明显的持续性下降趋势。而稀有纲类的相对丰度则持续上升，从 23.3%逐渐增加至 37.2%。这说明在开都河中，细菌群落组成均表现出连续性地演替过程。这可能是由不同生活策略者之间的竞争引起的[14]。在上游区域，由于其环境条件较为严酷，温度较低和营养物质不足，因此，该区域的资源和能源都较少。在这种条件下，机会主义者（r-strategistis）占据着优势地位。随着河流的冲刷作用，沿岸的碎屑颗粒和动植物残体被带入水体中，使得营养物质不断增加，同时逐渐降低的海拔也导致了温度缓缓上升。在这种条件下，沿着河流方向，能量和资源不断增加，相应地水体的生态环境压力也逐渐减轻，因此，保守主义者（k-strategistis）逐渐增加。

第三节 博斯腾湖细菌群落结构及影响因素

博斯腾湖是巴音布鲁克草原生态系统的重要组成部分。通过开都河的输送，大量营养物质和能量从巴音布鲁克草原进入博斯腾湖中，因此，博斯腾湖是巴音布鲁克草原生态系统的重要蓄库。通过对博斯腾湖水生态系统的研究，可以更加全面、系统地了解巴音布鲁克草原生态系统的组成和结构。

博斯腾湖是干旱、半干旱地区最具代表性的湖泊之一，曾是我国最大的内陆淡水湖。由于博斯腾湖所处的地理位置和气候条件，以及日益严重的水环境失衡问题，博斯腾湖受到了越来越多的关注。事实上，博斯腾湖具有一些十分独特的性质。首先，博斯腾湖正在经历着快速的咸化过程。过去 50 年来，博斯腾湖水体的矿化度从 0.38g/L 迅速上升至 1.46g/L[15]。同时，博斯腾湖由于常年接纳新疆天山山脉融雪，因此，在其西部开都河入湖口形成了明显的淡水湖区，这使得博斯腾湖水体呈现了从淡水到微咸水的盐度梯度[16]。另外，博斯腾湖水体的营养盐水平正日益增加，但由于其水体中浮游植物的优势类群仍为贫-中营养型浮游藻类，因此，其初级生产力较低[17]。这些特征均导致博斯腾湖水体中的微生物群落更容易受到营养盐输入的影响[18]。因此，为了深度了解博斯腾湖中细菌群落的特征，本节重点研究了博斯腾湖水体中细菌群落的组成、结构及其构建过程。

一、野外调查及实验方法

根据上述研究目的，于 2014 年 6 月在博斯腾湖中设置 12 个点位（B1～12）（图 3-27），其中，B1～B5 位于小湖区，B6～B12 位于大湖区。通过 Schindler 采水器（5L）收集河流每个点位表层 50cm 处的水样，并存放于预先用酸浸泡、去离子水冲洗干净的 500mL 聚乙烯瓶中。然后，取 300mL 水样经 0.22μm 的聚碳酸酯膜负压（Millipore，Cork，Ireland）过滤，过滤后收集的滤膜用预先经 75%酒精擦拭过的医用剪刀剪碎后，放入 2mL 的无菌离心管中，置于–80℃条件下保存至 DNA 提取。另外，剩下的 200mL 水样保存于 4℃条件下，并立即带回实验室进行水质化学分析。

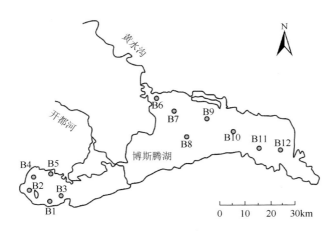

图 3-27　博斯腾湖采样点位图

利用多功能水质分析仪（YSI 6600V2，USA）对温度、pH、盐度（salinity）、浊度、DO 等水质参数进行了现场测定。水质参数（TN、TP、NH_4^+-N、NO_3^--N、PO_4^{3-}-P、DOC）的分析按照《水和废水监测分析方法》进行。利用 DNA 提取试剂盒（FastDNA® SPIN Kit for Soil，美国 MPBIO 公司）提取水样的总 DNA。使用扩增细菌的一对引物 789F（5'TAGATACCCSSGTAGTCC3'）和 1068R（5'CTGACGRCRGCCATGC3'）从水样基因组总 DNA 中扩增 16S rDNA V5-V6 区基因片段。PCR 反应体系：10×PCR buffer（含 25mmol/L MgCl₂）5μL，引物 789F 和 1068R 各 15pmol，dNTPs12.5pmol，基因组 DNA25ng，Taq 酶 5μL，加 milli-Q 水至 50μL。采用降落 PCR 方法，反应参数：94℃预变性 4min，94℃变性 1min，65℃退火 1min，

然后以每一循环降低 1℃进行 10 个循环，72℃延伸 1min，最后以 55℃退火进行 23 个循环，72℃延伸 10min。扩增后的 DNA 采用 Illumina MiSeq 方法测序。

二、博斯腾湖理化因子空间差异

博斯腾湖水质理化因子具有显著的空间差异（图 3-28）。博斯腾湖水体中盐度的最小值出现在小湖区中的 B1 处，为 0.49mg/L；之后沿着大湖区方向盐度持续升高，并在 B6 处达到最大值 1.53mg/L；随后向东逐渐下降，最后降至 1.11mg/L。博斯腾湖水体为弱碱性，pH 为 8.90～9.15。与盐度变化趋势类似，pH 最小值也出现在小湖区中的 B1 处，为 8.90mg/L；随后向大湖区方向逐渐增加，于 B5 处达到最大值。TSS 在 B8 处出现最小值，为 3.6mg/L，在 B5 处达到最大值，为 7.2mg/L。TN 的变化特征与盐度基本保持一致，最小值为 B1 处的 0.44mg/L，最大值为 B6 处的 0.98mg/L。TP 与 TN 的变化特征则相反，最大值为 B1 处的 0.10mg/L，最小值出现在 B11 和 B12。

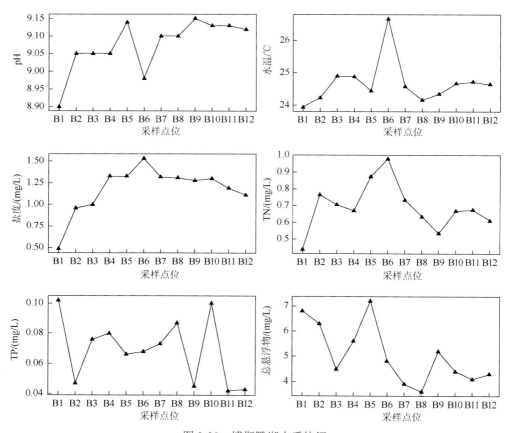

图 3-28　博斯腾湖水质特征

三、博斯腾湖空间格局分析

利用主轴邻距法（principal coordinates of neighbor matrices，PCNM），通过一系列的空间向量构建出了采样区域的空间向量，提取出了博斯腾湖空间尺度的格局特征。由于正的特征向量能够很好地重建和解释生态空间结构，因此，本书不考虑负的特征向量，仅保留 Moran 指数 $> E$ (I) 的特征函数，通过上述方式得到的正特征向量作为空间变量进行分析。分析结果显示，截尾距离为 28.13km，Moran 指数的期望值为–0.09。因此，在 12 个样方中产生了 7 个 PCNM 变量（图 3-29），其中前 5 个 PCNM 变量表现出了明显的正相关关系。因此，确定 PCNM1-5 为空间尺度变量。

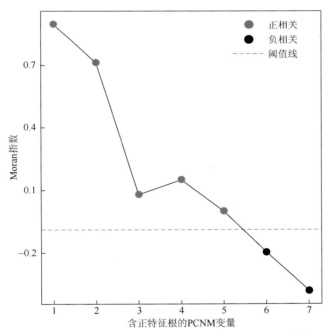

图 3-29　博斯腾湖的主轴邻距法中各变量的 Moran 指数

四、博斯腾湖细菌群落多样性

在本书的测序中，每个点位平均获得了 1769138 条序列。经过剪切、拼接以及去除嵌合体后，可获得 59664 条高质量序列。其覆盖度（good's coverage）较高，为 98.9%～99.7%，说明本节的测序已经基本捕获了微生物群落的多样性信息。另外，从稀疏曲线中可以发现（图 3-30），它们基本都已接近渐近线，这也直接说明本节测序足以反映细菌群落的多样性信息。

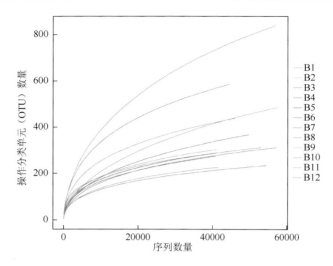

图 3-30　博斯腾湖中细菌群落的稀疏曲线

　　为了解博斯腾湖水体中细菌群落的多样性特征，选取 Shannon 指数、Simpson 指数、系统发育多样性指数以及 Chao1 作为指标（图 3-31）。从结果中可以发现，在小湖区中，Shannon 指数和 Simpson 指数的最大值均出现在 B3 处，分别为 4.16 及 0.83。在大湖区中，Shannon 指数和 Simpson 指数的最大值均出现在 B8 处，分别为 4.23 和 0.88；最小值均出现在 B7 和 B9 处，分别为 2.41 及 0.60。通过显著性检验分析，发现大、小湖区的 Shannon 指数及 Simpson 指数均无显著性差异（$P>0.05$）。系统发育多样性指数及 Chao1 的变化趋势较为相似，其最大值均出现在小湖区的 B2 处或 B3 处，随后向大湖区方向急剧下降。通过显著性检验分析，发现小湖区的系统发育多样性和 Chao1 显著大于大湖区（$P>0.05$）。

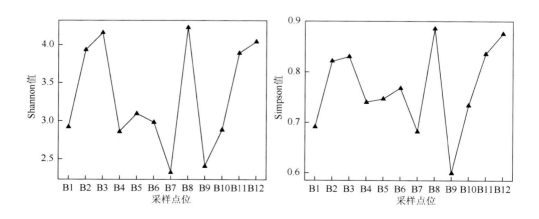

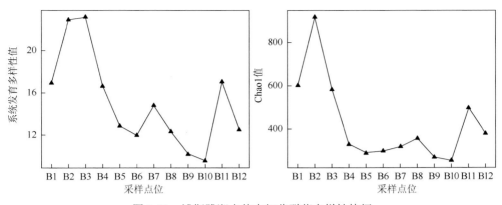

图 3-31　博斯腾湖水体中细菌群落多样性特征

五、博斯腾湖细菌群落影响因素

对博斯腾湖水体中的细菌群落进行去趋势分析，结果显示第一轴长度仅为 1.67，因此，选用冗余分析（RDA）作为限制排序的方法。RDA 结果表明，第一轴和第二轴分别解释了细菌群落变异的 33.71% 和 17.70%（图 3-32）。蒙特卡罗置换检验显示，盐度（$P = 0.009 < 0.01$）以及 pH（$P < 0.01$）与细菌群落之间具有显著的相关性。除此之外，还利用 Mantel 检验研究了细菌群落与地理空间尺度之间的关系（图 3-33）。结果显示，随着距离的增加，细菌群落之间的相似性并未发生显著性的变化（$P > 0.05$，$R = 0.01$）。由此可以说明，在博斯腾湖水体中，环境因子与细菌群落之间的关系更为密切。

通过方差分解，进一步揭示了环境因子和空间距离对细菌群落的影响特征（图 3-34）。从结果中可以发现，在细菌群落变异中，环境因子单独解释了 2.77%，空间距离单独解释了 4.81%，二者共同解释了 30.65%，仍有 61.77% 尚未被解释。这说明环境因子和空间距离之间存在强烈的自相关作用，因此，二者共同解释的部分增大了。

六、博斯腾湖细菌群落结构特征

在博斯腾湖水体中，*Verrucomicrobia*（58.16%）是细菌群落中相对丰度最大的类群，超过了所有操作分类单元（operational taxohomic unit，OTU）的一半。但是在 B1 处、B2 处以及 B8 处，其相对丰度远小于其平均值，仅为 33.93%。博斯腾湖水体中的次优势种为 *Proteobacteria*（11.94%），它们在水体中的相对丰度波动较大，其相对丰度最大值出现在 B1 处及 B8 处，为 37.95%，是第一优势种，最小值出现 B6 处，仅为 2.19%。在 *Proteobacteria* 中，*Alphaproteobacteria* 是第一优势类群，其

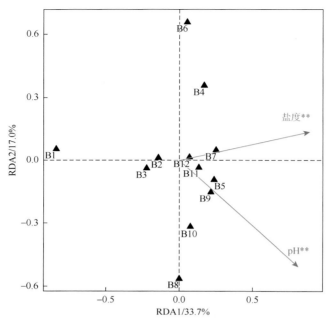

图 3-32　细菌群落与环境因子之间的 RDA 分析

＊＊代表显著性水平 $P＜0.01$

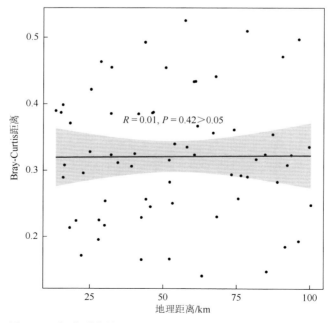

图 3-33　细菌群落的 Bray-Curtis 距离与地理距离之间的关系

阴影部分为 95%的置信区间

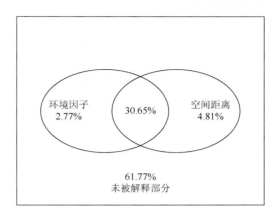

环境因子
2.77%

30.65%

空间距离
4.81%

61.77%
未被解释部分

图 3-34 基于空间和环境距离的微生物群落方差分解

相对丰度为 9.46%。*Planctomycetes*（7.49%）作为第三优势种，其相对丰度在 B1 处、B2 处、B11 处以及 B12 处最大，为 14.14%，而在靠近黄水沟入口处（B6）则显著降低，仅为 4.17%。在属水平上，*Xiphinematobacter* 是第一优势种，平均相对丰度为 76.40%，其中，最大值出现在 B7 处，高达 95.32%，最小值出现在 B8 处，为 52.23%。*Luteolibacter* 是细菌群落中的第二优势种，平均丰度为 2.87%，其中，最大值出现在 B8 处，为 14.90%，最小值出现在 B2 处，为 0.22%。

七、讨论

本书研究表明，盐度与博斯腾湖细菌群落之间的相关性十分显著。已有大量研究表明，盐度是造成全球细菌分布格局的首要驱动因子[19, 20]，这一结果与本书的结果基本保持一致[21]。在西北干旱-半干旱地区，降水量小而蒸发量大，导致该区域水量严重失衡，且加剧了咸化作用[22]。最终，这一过程使得盐度逐渐成为这一地区水生态系统中细菌群落的第一影响因素。譬如，曾有研究发现，在博斯腾湖旁边的相思湖中，仅盐度就能解释细菌群落 21.6% 的变异[23]。

在博斯腾湖水体中，细菌类群的空间分布差异较大（图 3-35）。但 *Verrucomicrobia* 在所有点位中均为优势种，平均相对丰度为 58.16%。这与前人对博斯腾湖的研究结果有所差异。譬如，有文献报道，博斯腾湖沉积物中 *Betaproteobacteria* 的相对丰度最高[24]。此外，不仅在沉积物中，亦有研究发现 *Betaproteobacteria* 也是博斯腾湖水体中的第一优势种[25]。这一现象不仅仅局限于博斯腾湖，在我国西北地区大部分水体中，*Betaproteobacteria* 均是最为重要的优势种[26, 27]。事实上，*Betaproteobacteria* 是迄今研究最多的菌群之一，广泛存在于各种淡水水体中[28]。*Betaproteobacteria* 类群对盐度极度敏感，且随着盐度的增加，由于受到渗透压胁迫的影响，其相对丰度

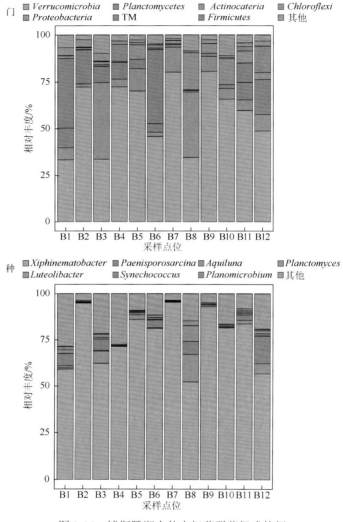

图 3-35 博斯腾湖水体中细菌群落组成特征

会迅速下降[29, 30]。因此，可以推断近年来随着博斯腾湖的咸化作用逐渐加剧，*Betaproteobacteria* 的丰度逐渐下降。事实上，越来越多的研究结果表明，*Verrucomicrobia* 是微咸水中细菌群落的重要组成部分。譬如，Freitas 等发现 *Verrucomicrobia* 在全球范围的咸水中均为优势种[31]；Bergen 等发现不仅 *Verrucomicrobia* 是波罗的海水体中的优势种，*Spartobacteria* 也是其优势种，且占据了整个细菌群落的 12%[32]。在本书调查中，*Spartobacteria* 的相对丰度为 36.74%，远远高于上述研究中的结果。此外，除了 *Betaproteobacteria* 和 *Verrucomicrobia*，从 *Alphaproteobacteria* 的空间分布中还可以看出盐度对细菌群落的影响。在博斯腾湖中，*Alphaproteobacteria* 的平均丰度为 9.46%，其最大值出现在 B6～B8 处，为 12.32%，远远高于其平均值。这是因为 B6～B8 处靠近黄水沟入水口。黄水沟入水口主要接纳博斯腾湖北四县大量的工农业污水及生活污水（主要为番茄厂、辣椒厂、发电厂等），而这些废水的盐度极高。虽然部分废水被湖滨芦苇湿地拦截，但是仍有大量高浓度的废水进入湖体[33]，且有研究表明，微咸水中的盐度能够刺激 *Alphaproteobacteria* 的生长代谢[34, 35]。

　　研究结果显示，除了盐度，pH 也是博斯腾湖水体中细菌群落的另一个重要的驱动因子。已有大量研究报道了 pH 对细菌群落组成和结构的作用及其机制。譬如，Huang 等在华山流域中发现 pH 是唯一影响该区域细菌群落组成的环境因子[21]。然而，在博斯腾湖的相关研究中，这是首次发现 pH 与细菌群落之间的密切关系。具体地说，*Acidobacteria* 作为最典型的嗜酸菌，较高的 pH 会显著降低其相对丰度[36, 37]。本书调查显示，博斯腾湖水体的 pH 为 8.90～9.15，属于中强碱性。虽然 *Acidobacteria* 的相对丰度与 pH 之间的关系并不显著，但由于它们在博斯腾湖中的相对丰度不足 1%，这也证明了 pH 对博斯腾湖水体细菌群落的影响。

　　盐度和 pH 对细菌群落在博斯腾湖水体中的分布具有显著的作用，这与前文的调查结果在生态学过程的本质上是相似的，即在土壤生态系统中 TOC 和 TP 以及在河流生态系统中的温度对细菌群落的影响。总而言之，这说明环境生态因子通过物种筛选过程在湖泊生态系统中控制着细菌群落的组成和结构。然而地理空间尺度在湖泊生态系统中的影响机制与之前的研究却有所区别。虽然 Mantel 检验结果显示地理空间尺度与博斯腾湖中细菌群落之间的关系并不显著，但方差分析结果却表明地理空间尺度能够解释细菌群落的 35.64%；而在巴音布鲁克土壤生态系统中，地理空间尺度与细菌群落之间无显著关系，且其解释率极低（0.03%）。

　　事实上，大量研究指出，地理空间尺度在湖泊生态系统微生物群落的构建过程中扮演着极其重要的角色。譬如，在海洋中地理距离能够解释微生物群落 7%～19% 的变异[38]。与此类似，在湖泊沉积物中也发现地理距离能够解释细菌群落 12.2% 的变异，甚至高于任何一种其他的环境因子[39]。正如上文在河流生态系统中论述的，地理距离通过扩散过程来影响微生物群落的迁入和迁出过程[40]。当这种扩散过程足够强烈，使得微生物群落之间形成"源"与"汇"的关系时，即可出现质量效应[41]，表现出空间距离尺度对微生物群落的影响。然而，在巴音布鲁克草原中，细菌的扩散主要是通过风和动物等媒介间接引起的被动扩散。在这种情况下，媒介无显著的规律导致其具有强烈的随机性[42]，因此，无法体现质量效应。然而在博斯腾湖中，虽然湖流方向不像河流水体那样保持着单向性，但是博斯腾湖水体基本上是从西北方向的开都河、黄水沟以及清水河流入博斯腾湖，然后通过西南角的扬水站大坝将湖水排出。在这种情况下，博斯腾湖水体存在一定的流向，进而可能使得细菌群落之间出现质量效应。

参 考 文 献

[1]　杨青, 崔彩霞. 气候变化对巴音布鲁克高寒湿地地表水的影响. 冰川冻土, 2005, 27 (3): 397-403.

[2]　刘强吉, 武胜利. 新疆博斯腾湖流域风沙环境特征. 中国沙漠, 2015, 35 (5): 1128-1135.

[3]　冯胜, 秦伯强, 高光. 细菌群落结构对水体富营养化的响应. 环境科学学报, 2007, 27 (11): 1823-1829.

[4]　陈伟民. 湖泊生态系统观测方法. 北京: 中国环境科学出版社, 2005.

[5]　国家环保局. 水和废水监测分析方法. 北京: 中国环境科学出版社, 1997.

[6]　李一平, 逄勇, 李勇. 水动力作用下太湖底泥的再悬浮通量. 水利学报, 2007, 38 (5): 558-564.

[7]　Langenheder S, Székely A J. Species sorting and neutral processes are both important during the initial assembly of bacterial communities. ISME Journal, 2011, 5 (7): 1086-1094.

[8]　Staley C, Gould T J, Wang P, et al. Species sorting and seasonal dynamics primarily shape bacterial communities in the Upper Mississippi River. Science of the Total Environment, 2015, 505 (505): 435-445.

[9]　Vannote R L, Minshall G W, Cummins K W, et al. The river continuum concept. Canadian Journal of Fisheries & Aquatic Sciences, 1980, 37 (2): 130-137.

[10]　Soininen J, Korhonen J J, Karhu J, et al. Disentangling the spatial patterns in community composition of prokaryotic and eukaryotic lake plankton. Limnology & Oceanography, 2011, 56 (2): 508-520.

[11]　Winter C, Matthews B, Suttle C A. Effects of environmental variation and spatial distance on Bacteria, Archaea and viruses in sub-polar and arctic waters. ISME Journal, 2013, 7 (8): 1507-1518.

[12]　Xiong J, Liu Y, Lin X, et al. Geographic distance and pH drive bacterial distribution in alkaline lake sediments across Tibetan Plateau. Environmental Microbiology, 2012, 14 (9): 2457-2466.

[13]　Domenico S, Lucas S, Ijaz U Z, et al. Bacterial diversity along a 2600 km river continuum. Environmental Microbiology, 2015, 17 (12): 4994-5007.

[14]　Read D S, Gweon H S, Bowes M J, et al. Catchment-scale biogeography of riverine bacterioplankton. ISME Journal, 2015, 9 (2): 516-526.

[15]　谢贵娟, 张建平, 汤祥明, 等. 博斯腾湖水质现状 (2010-2011 年) 及近 50 年来演变趋势. 湖泊科学, 2011, 23 (6): 837-846.

[16]　Tang X, Xie G, Shao K, et al. Influence of salinity on the bacterial community composition in Lake Bosten, a large oligosaline lake in arid northwestern China. Applied & Environmental Microbiology, 2012, 78 (13): 4748-4751.

[17]　李红, 马燕武, 祁峰, 等. 博斯腾湖浮游植物群落结构特征及其影响因子分析. 水生生物学报, 2014, (5): 921-928.

[18]　Hayden C J, Beman J M. Microbial diversity and community structure along a lake elevation gradient in Yosemite National Park, California, USA. Environmental Microbiology, 2016, 18 (6): 1782-1791.

[19]　Lozupone C A, Knight R. Global patterns in bacterial diversity. Proceedings of the National Academy of Sciences of the United States of America, 2007, 104 (27): 11436-11440.

[20]　Nemergut D R, Costello E K, Hamady M, et al. Global patterns in the biogeography of bacterial taxa. Environmental Microbiology, 2011, 13 (1): 135-144.

[21]　Tang X, Xie G, Shao K, et al. Bacterial community composition in oligosaline Lake Bosten: low overlap of *Betaproteobacteria* and *Bacteroidetes* with freshwater ecosystems. Microbes & Environments, 2015, 30 (2): 180-188.

[22]　赵景峰, 秦大河, 长岛秀树, 等. 博斯腾湖的咸化机理及湖水矿化度稳定性分析. 水科学进展, 2007, 18 (4): 475-482.

[23] Zhang L，Gao G，Tang X，et al. Bacterial community changes along a salinity gradient in a Chinese wetland. Canadian Journal of Microbiology，2013，59（9）：611-619.

[24] Dai J，Tang X，Gao G，et al. Effects of salinity and nutrients on sedimentary bacterial communities in oligosaline Lake Bosten，northwestern China. Aquatic Microbial Ecology，2013，69（2）：123-134.

[25] Pedrós-Alió C，Calderón-Paz J I，Maclean M H，et al. The microbial food web along salinity gradients. FEMS Microbiology Ecology，2000，32（2）：143-155.

[26] Zhang Y，Jiao N，Cottrell M T，et al. Contribution of major bacterial groups to bacterial biomass production along a salinity gradient in the South China Sea. Aquatic Microbial Ecology，2006，43（3）：233-241.

[27] Newton R J，Jones S E，Eiler A，et al. A guide to the natural history of freshwater Lake Bacteria. Microbiology & Molecular Biology Reviews，2011，75（1）：1-12.

[28] Freitag T E，Chang L，Prosser J I. Changes in the community structure and activity of betaproteobacterial ammonia-oxidizing sediment bacteria along a freshwater-marine gradient. Environmental Microbiology，2006，8（4）：684-696.

[29] Roesser M，Müller V. Osmoadaptation in bacteria and archaea：common principles and differences. Environmental Microbiology，2001，3（12）：743-754.

[30] Freitas S，Hatosy S，Fuhrman J A，et al. Global distribution and diversity of marine Verrucomicrobia. Isme Journal，2012，6（8）：1499-1505.

[31] Bergen B，Herlemann D P，Labrenz M. Distribution of the verrucomicrobial clade Spartobacteria along a salinity gradient in the Baltic Sea. Environmental Microbiology Reports，2014，6（6）：625-630.

[32] 徐海量，陈亚宁，李卫红. 博斯腾湖湖水污染现状分析. 干旱区资源与环境，2003，17（3）：95-97.

[33] Kirchman D L，Dittel A I，Malmstrom R R，et al. Biogeography of major bacterial groups in the delaware estuary. Limnology & Oceanography，2005，50（5）：1697-1706.

[34] Demergasso C，Casamayor E O，Chong G，et al. Distribution of prokaryotic genetic diversity in athalassohaline lakes of the Atacama Desert，Northern Chile. FEMS Microbiology Ecology，2004，48（1）：57-69.

[35] Huang R，Zhao D，Zeng J，et al. pH affects bacterial community composition in soils across the Huashan Watershed，China. Canadian Journal of Microbiology，2016，62（9）：726-734.

[36] Jones R T，Robeson M S，Lauber C L，et al. A comprehensive survey of soil acidobacterial diversity using pyrosequencing and clone library analyses. ISME Journal，2009，3（4）：442-453.

[37] Dimitriu P A，Grayston S J. Relationship between soil properties and patterns of bacterial β-diversity across reclaimed and natural boreal forest soils. Microbial Ecology，2010，59（3）：563-573.

[38] Winter C，Matthews B，Suttle C A. Effects of environmental variation and spatial distance on Bacteria，Archaea and viruses in sub-polar and arctic waters. ISME Journal，2013，7（8）：1507-1518.

[39] Xiong J，Liu Y，Lin X，et al. Geographic distance and pH drive bacterial distribution in alkaline lake sediments across Tibetan Plateau. Environmental Microbiology，2012，14（9）：2457-2466.

[40] Siron R，Pelletier E，Roy S. Effects of dispersed and adsorbed crude oil on microalgal and bacterial communities of cold seawater. Ecotoxicology，1996，5（4）：229-251.

[41] Leibold M A，Holyoak M，Mouquet N，et al. The metacommunity concept：a framework for multi‐scale community ecology. Ecology Letters，2004，7（7）：601-613.

[42] Green J，Bohannan B J M. Spatial scaling of microbial biodiversity. Trends in Ecology & Evolution，2006，21（9）：501-507.

第四章　巴音布鲁克草原湿地土壤环境观测

第一节　巴音布鲁克高寒草原土壤理化指标

　　土壤是生态系统中诸多生态过程（如营养物质循环、水分平衡、凋落物分解等）的参与者和载体，土壤的结构和养分状况是度量退化生态系统生态功能恢复与维持的关键指标之一[1]。土壤的质量状况直接影响着植物群落的生态演替过程，决定着生态系统的结构、功能和生产力水平。而土壤的理化性质作为控制草原植物生长发育的关键生态因子，是决定土壤肥力和土壤质量的重要指标[2]。研究土壤理化性状的异质性，有利于了解土壤与植物的关系、植被空间格局以及土壤侵蚀、土地利用变化、生态过程等。

　　不同草地类型高寒草原土壤，由于土壤退化程度、利用方式等原因，土壤的紧实度不同，继而引发土壤水分等其他理化性质也发生了变化。因此，研究巴音布鲁克高寒沼泽、高山草原和高寒草甸三大草场土壤的理化性状以及植被状况的关系，既能阐明不同生境下的生态学后果，又有助于揭示高寒草原由于利用方式、退化程度等原因导致土壤退化和植被退化的机理。

　　为了解干旱高寒湿地区土壤的空间特征及与植被退化和沙化间的关系，于2014 年 6～8 月，以巴音布鲁克草原湿地为重点研究对象开展了研究工作，进行了土壤特征指标的化验，并根据已获取的数据进行了初步分析与对比研究。

一、2014 年 6 月调查结果

（一）土壤样品采集及指标测定

　　2014 年 6 月，于北纬 42°18′～43°34′，东经 82°27′～86°17′，以巴音布鲁克草原的三大草原类型为研究对象，在 1m×1m 的样方内用洛阳铲取 3 个样点的土壤（采用"V"字形法）混合为 1 个土壤样品，每个采样点分四层取样，四层分别是 0～5cm、5～10cm、10～15cm、15～20cm。样品经冷冻干燥后测定土壤的有机碳含量。每个样地挖土壤剖面 1 个，采集用于测定土壤容重和土壤含水量的土样。各采样点采用 GPS 进行定位。最终获得了采样点位地理位置、植被群落状况、土壤理化性质、退化程度等（图 4-1 和表 4-1）。

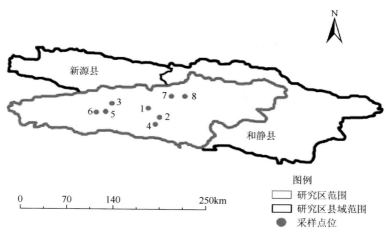

图 4-1　巴音布鲁克草原点位布设图

表 4-1　巴音布鲁克草原各采样样地的基本情况

编号	海拔/m	经纬度	群落类型	草地类型	退化程度
1	2450	42°51′51.01″N, 84°15′06.73″E	芨芨草 + 羊草		轻度
2	2408	42°41′07.61″N, 84°30′37.13″E	紫花针茅	高山草原	中毒
3	2506	42°55′28.14″N, 83°47′31.01″E	紫花针茅 + 赖草		重度
4	2420	42°40′50.86″N, 84°31′50.60″E	赖草		极度
5	2588	42°43′23.27″N, 83°42′25.04″E	紫花针茅 + 莎草科 + 白头翁		正常
6	2589	42°43′23.29″N, 83°42′24.02″E	紫花针茅 + 莎草科 + 白头翁	高寒草甸	中度
7	2500	43°04′25.97″N, 84°36′27.43″E	紫花针茅 + 赖草 + 蒲公英		轻度
8	2502	43°04′29.87″N, 84°46′49.09″E	赖草	高寒沼泽	重度

土壤有机碳的测定采用《土壤有机碳的测定重铬酸钾氧化-分光光度法》（HJ 615—2011）。土壤容重和土壤含水率的测定使用《土壤农化分析》中规定的测试方法[3]。土壤容重又叫作土壤假比重，是指田间自然状态下，每单位体积土壤的干重，通常用 g/cm³ 表示。用一定容积的钢制环刀，切割自然状态下的土壤，使土壤恰好充满环刀容积，然后称量。根据土壤的自然含水率计算每单位体积的烘干土重即土壤容重。土壤容重的计算公式为

$$环刀内干土重(g) = 100 \ 环刀内湿土重/100 \ 土含水率 \qquad (4\text{-}1)$$

$$土壤容重(g/cm^3) = 环刀内干土重/环刀容积 \qquad (4\text{-}2)$$

土壤水分含量的多少，将直接影响土壤固、液、气三相的比例，以及土壤的适耕性和作物的生长发育。烘干法是测定土壤含水量的常用方法，操作步骤如下所述。

（1）准备工作，在室内将铝盒编号并称重，重量记为 $W1$。

（2）取样，在田间用土钻钻取有代表性的土样，取土钻中段土壤样品约 20g，迅速装入已编号的铝盒内，称量铝盒与新鲜土壤样品的重量，记为 W2，带回室内。

（3）烘干，打开铝盒盖子（盖子放在铝盒旁边），放在 105℃的恒温烘箱内烘干 6h，盖好盖子，将铝盒置于干燥器内冷却 30min，称重。

（4）恒重，打开铝盒盖子，放在 105℃的恒温烘箱内再次烘干 3～5h，盖好盖子，将铝盒置于干燥器内冷却 30min，称重。若前后两次称重相差不超过 0.05g 即可认为已达到恒重。重量记为 W3。

结果计算如下所述。

以烘干土为基准的水分百分数计算公式为

$$W\% = \frac{W2 - W3}{W3 - W1} \times 100\% \qquad (4\text{-}3)$$

以新鲜土为基准的水分百分数计算公式为

$$W\% = \frac{W2 - W3}{W2 - W1} \times 100\% \qquad (4\text{-}4)$$

式中，W 为土壤含水量，%；$W1$ 为铝盒质量，g；$W2$ 为铝盒及新鲜土壤样品的质量，g；$W3$ 为铝盒及烘干土壤样品的质量，g。

（二）不同草地类型土壤特性比较

巴音布鲁克草原主要类型包括高山草原、高寒草甸和高寒沼泽。研究结果（图 4-2 和图 4-3）表明，不同草地类型表层土壤特性存在一定的差别。高山草原

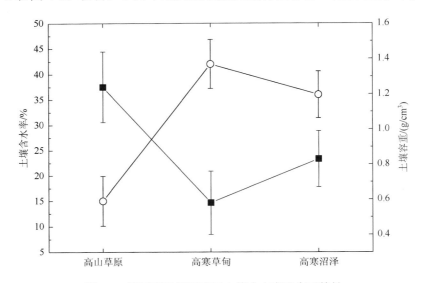

图 4-2　不同草地类型表层土壤含水率和容重特性

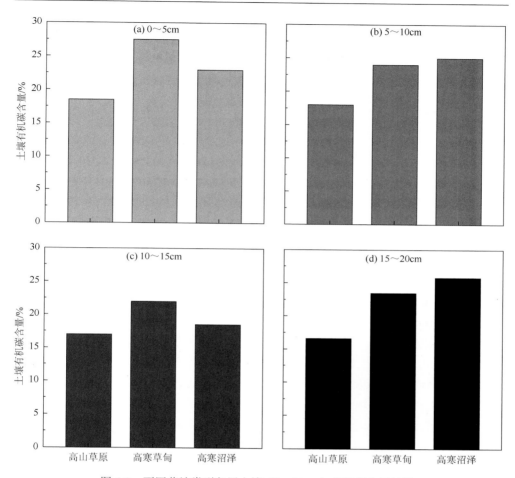

图 4-3 不同草地类型各层土壤（0～20cm）有机碳含量特性

表层土壤含水率为 15%，容重为 1.24g/cm³；高寒草甸表层土壤含水率为 42%，容重为 0.58g/cm³；高寒沼泽表层土壤含水率为 36%，容重为 0.83g/cm³。三种草地类型中表层土壤含水率的大小顺序为：高寒草甸＞高寒沼泽＞高山草原；表层土壤容重的大小顺序为：高山草原＞高寒沼泽＞高寒草甸（图 4-2）。不同草地类型中表层土壤含水率与容重之间基本呈相反的变化趋势，即含水率越小，容重越大。

不同草地类型土壤（0～20cm）有机碳含量差异明显（图4-3）。在 0～5cm 分层中，高山草原的土壤有机碳含量为 15～20g/cm³，高寒草甸的为 25～30g/cm³，高寒沼泽的为 20～25g/cm³，最大值与最小值之间相差 5g/cm³ 左右。在 5～10cm 分层中，高山草原土壤的有机碳含量为 15～20g/cm³，高寒高甸和高寒沼泽的为

$20\sim25g/cm^3$，最大值与最小值之间相差 7g/cm³ 左右。在 10～15cm 分层中，高山草原和高寒沼泽的土壤有机碳含量为 15～20g/cm³，高寒草甸的为 20～25g/cm³，最大值与最小值之间相差 4.5g/cm³ 左右。在 15～20cm 分层中，高山草原的土壤有机碳含量为 15～20g/cm³，高寒草甸的为 20～25g/cm³，高寒沼泽的为 25g/cm³ 左右，最大值与最小值之间相差 9g/cm³ 左右。不同草地类型各分层土壤的有机碳含量大小顺序都表现为：高寒草甸＞高寒沼泽＞高山草原。高寒草甸与高寒沼泽在不同土壤分层中的有机碳含量呈波动性变化。

（三）不同退化程度对草地土壤特性的影响

高寒草原退化程度可划分为正常草地、轻度退化草地、中度退化草地、重度退化草地和极度退化草地。不同退化程度草地类型的表层土壤特性存在着显著差异（图 4-4 和图 4-5）。随着退化程度的加重，表层土壤含水率迅速降低，不同退化程度土壤含水率的大小顺序为：正常草地（51%）＞轻度退化草地（43%）＞中度退化草地（25%）＞重度退化草地（11%）＞极度退化（6%）草地；表层土壤容重随退化程度的加重呈增大的趋势，土壤容重在 0.66～2.20g/cm³ 的范围内变化。不同退化程度表层土壤容重的大小顺序为：极度退化草地（2.20g/cm³）＞重度退化草地（0.89g/cm³）＞中度退化草地（0.79g/cm³）＞轻度退化草地（0.78g/cm³）＞正常草地（0.66g/cm³）。高山草地的土壤含水率普遍低于高寒草甸的和高寒沼泽的，相应地，高寒草甸和高寒沼泽的土壤容重也普遍较低。8 号为高寒沼泽地，由于过度放牧其退化严重，几乎不生长植被，其表层土壤含水率较低，土壤容重高于 1g/cm³。

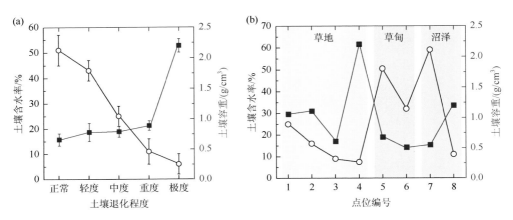

图 4-4　不同退化程度草地（a）及不同草地类型（b）表层土壤含水率和容重特性

不同退化程度草原的土壤有机碳含量在各分层存在着不同的变化规律（图4-5）。0～5cm 分层中，土壤有机碳含量随着草原退化程度的提高而逐渐降低，正常草地的有机碳含量为最大值30%，而极度退化草地的有机碳含量为最小值9.5%。在5～10cm 和10～15cm 分层中，轻度退化草地的有机碳含量均稍高于正常草地的，这两个分层中有机碳含量的大小顺序为：轻度退化草地（27%、24%）＞正常草地（26%、23%）＞中度退化草地（23%、22.5%）＞重度退化草地（20%、14%）＞极度退化（8%、6%）草地。在15～20cm 分层中，重度退化草地的有机碳含量稍高于中度退化草地的，该分层有机碳含量的大小顺序为：正常草地（27%）＞轻度退化草地（22.3%）＞重度退化草地（22%）＞中度退化草地（21%）＞极度退化（6%）草地。由上述分析可知，不同分层中极度退化草地的有机碳含量较其他退化程度草地的都大幅度降低，与最大值间的降幅比例分别为68%、71%、75%和77.5%。

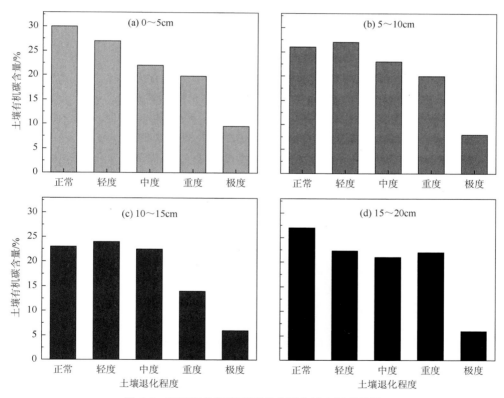

图4-5 不同退化程度草原各分层土壤有机碳特性

（四）土壤有机碳垂向分布特性

不同草地类型土壤有机碳含量的垂向变化不同（图4-6（a））。高山草原的土壤有机碳含量随土层深度的增加（0～20cm）由 18.3%降为 16.5%；高寒草甸的土壤有机碳含量在 0～15cm 的范围内时，随着深度的增加由 27.4%降至 21.9%，在 15～20cm 的范围内时，升高至 23.5%；高寒沼泽的土壤有机碳含量在 0～10cm、15～20cm 的范围内时，随着深度的增加而逐渐升高，在 15～20cm 的范围内时较大，土壤有机碳含量为 20%～30%，在 10～15cm 的范围内时较低，土壤有机碳含量为 18%。土壤有机碳含量在不同草原类型垂向降幅的大小顺序为：高寒沼泽（29.5%）＞高寒草甸（20%）＞高山草原（9.8%）。

不同退化程度草地土壤有机碳含量的垂向变化存在一定的规律性（图 4-6（b））。正常草地、轻度退化草地和中度退化草地的土壤有机碳含量为 20%～30%，正常草地在 0～15cm 的范围内时，随着深度的增加有机碳含量由 29.5%降为 23.4%，在 15～20cm 的范围内时，升高至 27%；轻度退化草地和中度退化草地在 0～10cm 的范围内时，有机碳含量分别由 27%升高到 27.5%、由 21.5%升高到 23.3%，在 10～20cm 的范围内时，分别逐渐降低到 22.3%和 21.4%。重度退化草地的土壤有机碳含量为 10%～30%，在 0～15cm 的范围内时，随着深度增加而由 19.5%降低到 14%，在 15～20cm 的范围内时，大幅度升高到 22.3%。极度退化草地的土壤有机碳含量为 0～10%，随着土层深度的增加（0～20cm）土壤有机碳含量由 9.5%降到 6%。

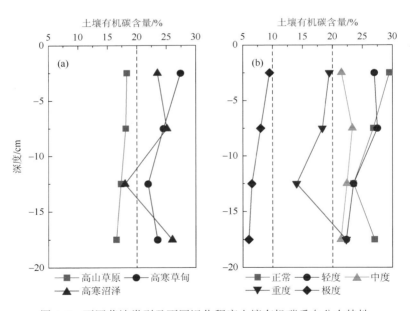

图 4-6　不同草地类型及不同退化程度土壤有机碳垂向分布特性

过度放牧会破坏土壤的结构，加大土壤的沙化程度，使土壤系统的微环境恶化，从而造成土壤物理、化学肥力的明显下降，导致土壤退化。土壤退化首先改变土壤的紧实度，继而引发土壤水分等其他理化性质的变化。土壤水分作为土壤的三相之一，是土壤环境的重要组成部分。土壤有机碳是表征土壤肥力及环境质量状况的重要指标，是制约土壤理化性质的关键因素。

草地类型是影响土壤特性的一个重要因素。研究结果显示，高寒草甸和高寒沼泽的表层土壤含水率和表层（0~5cm）土壤有机碳均高于高山草原的，而对应的土壤容重则正好相反。不同草地类型表层土壤含水率与容重之间呈相反的变化趋势，即含水率越小，容重越大。在草地生态系统中，土壤有机碳主要来源于植被地上部分的凋落物及其地下部分根的分泌物和细根周转产生的碎屑[4]。高山草甸土壤因受其高寒生态条件的影响，其成土过程中的生物化学作用相对较弱，但在夏季的温湿条件下，高寒草甸生长旺盛，从而导致植物残落物和死亡根系得不到完全分解，并在土壤表层和亚表层累积形成根系盘结的草皮层。草毡层持水能力较强，土壤孔隙度以毛管孔隙度为主，死亡根系多以有机残体和腐殖质的形式保存下来，所以高寒草甸的土壤含水率和有机碳含量较高，而土壤容重则相对较低。高山草原是半干旱气候条件下的地带性植被，以旱生草本植物为优势植被类型，根系分布较浅，表明高山草原水分分布条件较差，根系薄弱，因此，根系残体及其分泌物较少，所以相较于高寒草甸和高寒沼泽，其土壤有机质输入量少，不易蓄存。

草地土壤的退化程度是影响土壤特性的另一个重要因素。研究结果显示，表层土壤含水率和有机碳含量随着草原退化程度的增加而逐渐降低，但表层土壤容重则正好相反。正常草地植被盖度大，草毡层保存完整，土壤保水能力较强，微生物生命活动较弱，大量有机残体难分解转化，土壤有机碳的形成和积累速率缓慢。由于过度放牧导致出现了重度和极度退化草原，其植被遭到了严重的破坏，土壤涵养水分的能力急剧下降，同时还造成进入土壤的凋落物大量减少，牲畜的践踏导致有机碳严重损失，土壤容重增加。在5~15cm的土壤范围内，轻度退化草地的土壤有机碳含量略高于正常草地的，轻度退化草地的土壤微生物活性和功能均有所提高，有利于土壤有机碳的形成和累积。不过轻度退化草地土壤有机碳含量的提高并不是土壤肥力提升的标志，此阶段土壤有机碳的增加，意味着土壤有机残体的分解加速，草毡层逐渐损毁和消失。对于处于高寒环境的巴音布鲁克草原，草地土壤一旦沙化，原生植物的自然恢复极为困难，甚至不可逆转，而其他植物也难以自然定植。

研究结果表明，极度退化草地在0~20cm的范围内时，有机碳含量持续降低，为0~10%；而其他退化程度相对较小的草地在0~15cm的范围内时，有机碳含量显示呈下降的趋势，在15~20cm的范围内时，有机碳含量已有所回升，为20%~30%，说明极度退化草地的土壤肥力可恢复性小，草原退化程度越大，土壤的涵养能力就越小。少量的水汽条件不适合有机碳的转化，因此，有机碳很难向土壤深层迁移和积累。在 0~10cm 的范围内时，土壤有机碳的来源主要为根系分泌物及上层有机质的淋滤物，而极度退化草地的有机碳累积来源则大大减少，从而导致土壤有机碳含量随着土层深度的增加而不断减少。

　　土壤有机碳的变化与土壤的物理特性有着十分密切的关系。结果（图 4-7）显示，表层土壤有机碳含量与土壤含水率存在显著的正相关关系（$R^2 = 0.76$），与土壤容重存在显著的负相关关系（$R^2 = 0.79$）。研究结果表明，土壤有机碳随着土壤退化程度的增加而减小，即土壤退化越严重土壤有机碳含量就越小。土壤退化很大程度上取决于土壤的水分条件，随着土壤退化程度的增加土壤含水率逐渐降低，这与土壤有机碳的变化规律一致，符合二者之间呈正相关关系的规律。作为土壤紧实度的主要指标，土壤容重是表征土壤质量的一个重要参数[5]。一般来说，随着放牧强度和牲畜践踏作用的增加，土壤孔隙度逐渐减小，土壤容重逐渐增加，渗透阻力逐渐加大[6]。土壤容重大则表明土壤存在着退化的趋势，且容重越大，土壤退化越严重[7]，这符合土壤有机碳与土壤容重之间呈负相关关系的规律。

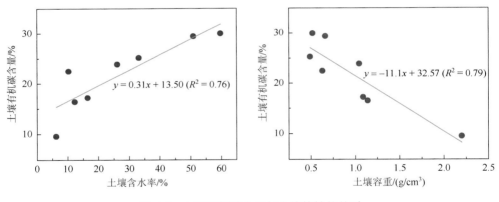

图 4-7　土壤有机碳含量与土壤特性的关系

（五）小结

　　研究表明，巴音布鲁克草原不同草地类型和不同退化程度下土壤容重、土壤含水率和土壤有机碳含量的大小有显著的差别。

　　1）巴音布鲁克草原的主要类型包括：高山草原、高寒草甸和高寒沼泽。三种草地类型表层土壤含水率的大小顺序为：高寒草甸（42%）＞高寒沼泽（36%）＞高山草原（15%）；表层土壤容重的大小顺序为：高山草原（1.24g/cm³）＞高寒草甸（0.83g/cm³）＞高寒沼泽（0.58g/cm³）。高寒沼泽和高寒草甸四个分层的土壤有机碳含量都大于高山草原的，在 5~10cm 和 15~20cm 的范围内，不同类型草原土壤有机碳含量的差异性较大。

2）草原的退化程度分为正常草地、轻度退化草地、中度退化草地、重度退化草地和极度退化草地。表层土壤含水率随着退化程度的增加而由51%逐渐降低为6%；表层土壤容重随着退化程度的增加而由0.66g/cm³升高到2.20g/cm³；土壤有机碳在0~5cm的范围内时，随着退化程度的增加而由30%降为9.5%，在5~15cm的范围内时，轻度退化草地的（27%、24%）高于正常草地（26%、23%）的，在15~20cm的范围内时，重度退化草地（22%）的略高于中度退化草地的（21%）。

3）高山草原的土壤有机碳含量随土层深度的增加由18.3%降为16.5%，高寒沼泽和高寒草甸土壤有机碳的垂向分布呈波动性变化。极度退化草地的土壤有机碳含量在0~20cm的范围内由9.5%降到6%；而其他退化程度相对较小的草地在0~15cm的范围内时，呈下降的趋势，在15~20cm的范围内时，有机碳含量回升至20%~30%。

4）草地类型和草地退化程度是影响土壤特性的两大重要因素。表层土壤有机碳含量与土壤容重存在显著的负相关关系，R^2为0.79，与土壤含水率存在显著的正相关关系，R^2为0.76。

二、2014年8月调查结果

（一）土壤样品采集及指标测定

2014年8月，以巴音布鲁克草原的三大草原类型为研究对象，在1m×1m的样方内用洛阳铲取了每个采样点0~5cm土层的土壤（采用"V"字形法）混合为1个土壤样品。样品经冷冻干燥后测定土壤有机碳含量。每个样地挖土壤剖面1个，采集用于测定土壤容重和土壤含水量的土样。获得了采样点位地理位置、植被群落状况、生境类型、退化程度等（草地退化程度的划分以李博[8]和马玉寿等[9]的分级标准为依据）（表4-2）。

表4-2　巴音布鲁克草原各观测样地的基本情况

样地号	草原类型	生境类型	群落类型	植被盖度/%	海拔/m	经纬度	利用方式	退化程度	地表特征
1	高寒草原草场	高寒沼泽化草原	座花针茅	100	2686	42°52′21.05″N 82°58′45.95″E	适度放牧	无退化	土壤湿润，采样点附近有泉眼
2	高寒草原草场	高寒草原	座花针茅	100	2408	42°43′23.43″N 84°11′47.08″E	围封	无退化	土壤湿润，保水能力好
3	高寒草原草场	高寒草原	紫花针茅	95	2527	42°43′33.03″N 84°48′46.06″E	围封	无退化	轻度风蚀，有大量灌木丛
4	高寒草原草场	高寒草原	紫花针茅	90	2736	42°52′38.29″N 82°58′28.21″E	适度放牧	轻度退化	灌木丛盖度100%距离水源100m,迎风坡

续表

样地号	草原类型	生境类型	群落类型	植被盖度/%	海拔/m	经纬度	利用方式	退化程度	地表特征
5	高寒草原草场	高寒草原	紫花针茅	80	2754	42°52′38.40″N 82°58′22.17″E	围封	轻度退化	有少量枯落物，迎风坡
6	高寒草甸草场	高寒山地草甸	大麦草＋金露梅	80	2736	42°52′18.12″N 82°58′52.85″E	轻度放牧	轻度退化	土壤为黑土，迎风坡
7	高寒草甸草场	高寒山地草甸	大麦草＋金露梅	82	2696	42°53′33.25″N 83°28′25.16″E	轻度放牧	轻度退化	有枯落物，轻微虫害
8	高寒草甸草场	高寒沙丘沙化草甸	大麦草	40	2372	42°42′49.00″N 84°11′24.20″E	中度放牧	中度退化	半固定沙丘，土壤有轻微沙化
9	高寒草甸草场	高寒沙丘沙化草甸	高山薹草	10	2437	42°42′51.87″N 84°11′28.46″E	重度放牧	重度退化	固定沙丘，土壤沙化严重
10	高寒草甸草场	高寒砂砾质草甸	大麦草	40	2837	43°06′45.11″N 85°27′59.86″E	放牧轻度	轻度退化	土壤保水能力差
11	高寒草甸草场	高寒砂砾质荒漠	高山薹草	10	2520	43°04′56.56″N 84°38′56.41″E	放牧重度	重度退化	土壤沙化严重，保水能力差
12	高寒草甸草场	高寒盐碱化荒漠	高山薹草	30	2506	43°03′59.52″N 84°46′07.70″E	放牧中度	中度退化	土壤盐渍化，保水能力差
13	高寒草甸草场	高寒盐碱化荒漠	无	0	2505	43°03′59.61″N 84°46′08.20″E	放牧重度	重度退化	土壤盐渍化严重，土壤保水能力差

（二）不同草地类型植被特性和地表特征

从结果（表4-2）可以看出，高寒草原草场的五个样地均处于适度或轻度放牧状态，植被群落以座花针茅和紫花针茅为主，草场水资源丰富，土壤湿润，保水能力好，植被群落类型丰富，植被盖度均在80%。其中，样地1号和2号均属于座花针茅群落，采样点附近有泉眼，土壤湿润，土壤无退化，植被盖度高达100%。高寒草甸草场在轻度放牧下植被群落以大麦草和金露梅为主，在中度和重度放牧状态下土壤退化及土壤沙化、盐渍化严重，土壤保水力差，植被群落以高山薹草为主。13号样地土壤盐渍化过于严重，寸草不生。

（三）不同草地类型及退化程度下土壤含水率及容重的差异分析

由结果（图4-8）可见，草原草场和草甸草场表层土壤容重的大小顺序为：高寒草甸草场＞高寒草原草场，且两大草场土壤容重差异性显著。其中，高寒草原草场在围封、适度放牧、轻度放牧状态下草场土壤基本无退化，1号样地的土壤容重最小，与其他几个高寒草原草场样地的土壤容重差异性不显著（$P > 0.05$）。

高寒草甸草场在中度放牧状态下，土壤容重差异性不显著，但是与重度放牧草场的土壤容重差异性显著（$P<0.05$）。重度退化的高寒沙丘沙化草甸的土壤容重最大，与重度退化的高寒盐碱化荒漠的土壤容重差异性不显著（$P>0.05$），但与其他生境的土壤容重差异性显著（$P<0.05$）。高寒沙丘沙化草甸的两个样地，土壤退化越严重其土壤容重则越大，增幅为 0.97g/cm³。同时，高寒盐碱化荒漠的 2 个样地，也有同样的趋势，增幅为 0.60g/cm³。

各样地土壤含水率差异性显著，且基本呈现为：高寒草原草场＞高寒草甸草场，含水率变幅为 1.42%～64.96%，且两大草场的土壤含水率差异性显著。在高寒草原草场中，1 号样地的土壤含水率最大，与其他几块样地的土壤含水率差异性显著（$P<0.05$），同时与其他几块高寒草原草场样地的土壤含水率差异性不显著（$P>0.05$）。在高寒草甸草场中，重度退化的高寒砂砾质荒漠与重度退化的高寒盐碱化荒漠的含水率最小，二者差异性不显著（$P>0.05$），但与其他生境的土壤含水率差异性显著（$P<0.05$）。

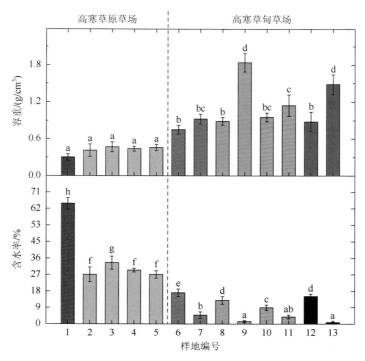

图 4-8　不同草地类型及退化程度下土壤含水率及容重的变化

同列数据小写字母不同表示处理间差异达到 $P<0.05$ 显著水平；
柱状图不同颜色代表不同生境类型样地（详见表 4-2），下图同

作为土壤紧实度的敏感指标，土壤容重是表征土壤质量的一个重要参数。容

重的大小主要受土壤有机质含量、土壤质地及放牧家畜践踏程度的影响[10, 11]。试验结果表明，高寒沼泽化草原周围水资源丰富，植被覆盖度大，放牧强度小，所以土壤容重最小；但相同立地条件下，随着放牧压力的增强，牲畜对土壤的压实作用愈来愈强烈，土壤的容重亦随着土壤退化程度的加剧而逐渐增加[12-15]。

土壤含水率是研究土壤透水性和土壤饱和导水率的重要参数，是衡量土壤渗透能力的重要指标。土壤含水率的大小反映了土壤水分和养分保蓄能力的大小，土壤含水率还影响土壤的通气状况和水分利用情况，因此，也是衡量土壤肥力状况的指标之一[16]。试验结果表明，草地状况越好，草原周围环境水资源越丰富，土壤渗透率则越大，土壤含水率也越大[17]。但是，过度放牧导致土壤容重的改变和土壤不同程度的退化，必将影响土壤的渗透性和蓄水能力。

因此，当土壤容重大，土壤含水率小时，通常表明土壤存在着退化的趋势，且容重越大，含水率越小，土壤退化越严重[18, 19]，这与 Gifford 和 Hawkins 的结论是相矛盾的[20]。

（四）不同草地类型及退化程度下土壤 pH、有机质的差异分析

从结果（图 4-9）可以看出，两种草场土壤的 pH 均为 6.25～9.2。高寒盐碱化荒漠的 pH 最大，与各样地土壤的 pH 差异性显著（$P<0.05$）；1 号高寒草原草场土壤的 pH 最小，与高寒山地草甸的 pH 差异性不显著（$P>0.05$），与其他样地的 pH 差异性显著（$P<0.05$）。在高寒草甸草场中，高寒砂砾质草甸和高寒盐碱化荒漠土壤退化的程度越大，其土壤 pH 越大，两者差异性不显著（$P>0.05$）。

从结果（图 4-9）可以看出，两种草场表层土壤有机质含量的大小顺序为：高寒草原草场＞高寒草甸草场，不同草地类型的土壤有机质含量为 3.95%～54.83%。其中，高寒草原草场五个样地的土壤有机质含量差异性不显著（$P>0.05$），但与高寒草甸草场的则呈显著性差异（$P<0.05$）。在高寒草甸草场中，高寒山地草甸的土壤有机质含量偏高，且随着放牧压力的增加高寒沙丘沙化草甸、高寒砂砾质荒漠、高寒盐碱化荒漠三种生境类型草地的土壤有机质含量逐渐降低，重度退化的高寒盐碱化荒漠的土壤有机质含量最低，其与重度退化的高寒沙丘沙化草甸、高寒砂砾质荒漠的土壤有机质含量差异性不显著（$P>0.05$）。

土壤酸碱度是草地土壤质量演变的主要标志[21, 22]，也是土壤结构的关键影响因子[23]。由研究结果可知，高寒盐碱化荒漠土壤的 pH 最高，这可能因为过度放牧，高寒草原气候干旱等，导致草地退化、植被覆盖率降低，进而使得土壤保水力下降，土壤含盐量升高，土壤 pH 偏高。

土壤有机质（主要指土壤碳素）是陆地生物圈生物地球化学循环的主要成分之一，是指示土壤健康的关键指标[24]，是最大的有机碳库，占整个系统有机碳含

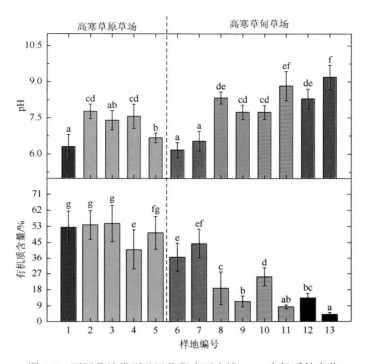

图 4-9 不同草地类型及退化程度下土壤 pH、有机质的变化

量的 90%左右[25, 26]。土壤有机质影响土壤的水分关系和侵蚀潜力，是土壤结构中的一个关键因子[27]，由其变化状况可知土壤退化与否。根据研究结果可知，高寒沼泽化草原和高寒草原在适牧条件下，动物的践踏可使凋落物破碎并与土壤充分接触，而这有助于凋落物的分解，也有助于有机质和养分元素转移到土壤中[28]；高寒草甸草场由于地面枯落物较少，因此使得土壤表层温度升高，植物冠层草量增强，光合效率提高，而这些都有助于土壤有机质的积累[29]，但是对于高寒盐碱化荒漠，由于过度放牧等原因导致土壤退化严重，土壤板结与肥力下降，这些均不利于植被吸收养分，且会阻碍地上植被生长。

受高原冷湿环境的强烈影响，不同草地类型土壤有机质含量均随草地退化加剧而显著下降[30-32]。可见，由于草地退化过程中土壤沙化程度的提高、土壤通透性的增强，以及不同生境草原植被、土壤环境及其变化成因的不同，导致土壤有机质矿化分解量增大[33]。

（五）不同草地类型及退化程度下土壤 TP 与水溶性盐的差异分析

由结果（表 4-3）可知，两种草场样地间的土壤 TP 差异性显著，且随着草地退化程度的加大，土壤 TP 在逐渐减少。不同生境草地的土壤 TP 含量均为 38.24～145.77mg/kg，基本为高寒草原＞高寒草甸。高寒草原放牧压力小且无退化，土壤 TP 相对较高，样地间的土壤 TP 差异性不显著（$P>0.05$），但与高寒草甸草场样地的差异性显著（$P<0.05$）。高寒沙丘沙化草甸、高寒砂砾质草甸、高寒盐碱化荒漠三种生境类型草地的土壤 TP 差异性不显著。同时，不同退化程度对高寒草甸草原土壤 TP 含量的影响为：重度退化的高寒沙丘沙化草甸比中度退化的高寒沙丘沙化草甸的土壤 TP 含量高，且高寒砂砾质荒漠、高寒盐碱化荒漠四个样地也有相同的变化规律。

表 4-3　不同草地类型及退化程度下土壤 TP 与水溶性盐的变化

样地号	生境类型	TP/(mg/kg)	水溶性盐/(g/kg)
1	高寒沼泽化草原	105.40±10.74c	2.08±0.1a
2	高寒草原	131.57±14.66de	1.95±0.14a
3	高寒草原	144.71±7.16e	2.05±0.22a
4	高寒草原化草甸	107.91±10.06c	2.10±0.25a
5	高寒草原化草甸	117.46±15.94cd	3.85±0.92ab
6	高寒草原化草甸	145.77±4.83e	4.82±0.87ab
7	高寒山地草甸草原	68.32±14.45a	2.99±0.16a
8	高寒沙丘沙化草甸	47.80±5.68b	5.05±0.45ab
9	高寒沙丘沙化草甸	35.41±3.72a	19.95±1.25d
10	高寒砂砾质草甸	69.23±8.19b	3.68±0.3ab
11	高寒砂砾质草甸	41.33±3.07a	10.54±2.45c
12	高寒盐碱化荒漠	38.24±1.73a	8.94±0.49bc
13	高寒盐碱化荒漠	39.33±8.83a	33.56±9.72e

注：同列数据小写字母不同表示处理间差异达到 $P<0.05$ 显著水平，下同。

土壤水溶性盐变幅为 1.95～33.56g/kg，基本为高寒草原＜高寒草甸。其中，高寒盐碱化荒漠水溶性盐含量最高，且随着植被盖度、利用方式、退化程度和地表特征等的不同，不同生境间的土壤水溶性盐差异性显著，且植被覆盖度越高，土壤退化程度越低，其水溶性盐含量越低。

土壤 TP 包括速效磷、有机磷、无机磷和微生物磷。世界上多数草地普遍缺磷，但巴音布鲁克草原草地含磷量却很高，且远远高于所推荐的磷含量 0.14%～0.3%[34]，说明该区域磷储备丰富。但是草地的 TP 含量却随生境的恶化而下降，这可能是因为放牧强度加大，使得地上植被减少，而地下根系也随之减少，因此，其对土壤中全量养分的富集作用也减弱。盐碱土中可溶性盐含量高，所以高寒盐碱化荒漠比其他立地条件的可溶性盐高出几倍，甚至几十倍。

（六）各土壤因子间相关性分析

土壤的物理、化学和植被特性之间彼此联系、相互作用，共同影响并决定着高寒草原土壤肥力的演化方向。其中，土壤水分、土壤容重等土壤物理因子的变化是高寒草原土壤退化发生、发展的重要前提，而植被特性的变化则对土壤肥力的演化起着主导作用，其相互作用机制对土壤有机物质的转化过程、转化效率和土壤肥力的演化方向等具有显著的影响。

由结果（表 4-4）可以看出，不同类型草地的退化程度与容重、pH 和水溶性盐呈正相关关系，且相关性达到显著水平（$P<0.05$），与含水率、总磷、有机质和植被覆盖度呈极显著负相关关系，相关系数最高达–0.907。容重与含水率、总 P、有机质和植被盖度呈极显著负相关关系（$P<0.01$），与 pH 呈显著相关关系，与其他因素呈极显著正相关关系。含水率与总 P、有机质和植被盖度呈极显著正相关关系（$P<0.01$），与 pH 和水溶性盐呈显著负相关关系（$P<0.05$）。pH 与有机质、植被盖度呈极显著负相关关系（$P<0.01$）。总 P 与含水率、有机质、植被盖度呈极显著正相关关系（$P<0.01$）。有机质与含水率、总磷和植被盖度呈极显著正相关关系（$P<0.01$），与植被盖度的相关系数高达 0.946。水溶性盐与植被盖度、有机质、含水率呈显著负相关关系（$P<0.05$）。

表 4-4　不同草地类型及退化程度下草地植被盖度、退化程度与土壤肥力因子的相关系数矩阵

土壤因子	退化程度	容重	含水率	pH	TP	有机质	水溶性盐	植被盖度
退化程度		.751**	–.691**	.573*	–.826**	–.890**	.563**	–.907**
容重	.751**		–.776**	.509*	–.787**	–.797**	.703**	–.807**
含水率	–.691**	–.776**		–.497*	.651**	.716**	–.513*	.705**
pH	.573*	.509*	–.497*		–.555*	–.685**	.551*	–.727**
TP	–.826**	–.787**	.651**	–.555*		.888**	–.581**	.864**
有机质	–.890**	–.797**	.716**	–.685**	.888**		–.696**	.946**
水溶性盐	.563*	.703**	–.513*	.551*	–.581**	–.696**		–.737**
植被盖度	–.907**	–.807**	.705**	–.727**	.864**	.946**	–.737**	

**表示相关性达到 $P<0.01$ 极显著水平；*表示相关性达到 $P<0.05$ 显著水平，下同。

在巴音布鲁克草原高寒、干燥的恶劣气候条件下，土壤表层更易受到由草原退化导致的土层变薄、理化性状恶化、有机物来源减少、土壤侵蚀等产生的不利影响，使表层土壤的养分含量以及植被群落随退化程度的加剧而显著下降。本书

的研究中，不同立地条件间，土壤物理、化学特性和植被盖度均随草地退化程度的加剧而呈明显的下降趋势。研究结果表明，草地盖度越高，其凋落物和死亡的根系进入土壤的养分含量就会增加越显著；另外，草地盖度增加能有效地保护地表，从而使风蚀减少，有效地缓解了土壤的沙化程度[35-37]。

大量研究表明，高寒草原生境极为脆弱、极端，草地土壤一旦沙化，原生植被的自然恢复将极为困难甚至不可恢复，且其他植物亦难以自然定植。因此，在日趋严重的过度放牧、风蚀等因素的综合影响下，草地沙漠化的进一步发生、发展将不可避免。而随着草地退化的加剧，土壤沙化程度明显提高，土壤含水量急剧下降，适于微生物生存的土壤环境严重恶化，土壤有机残体的转化受到了强烈的影响，且最终导致土壤的物理、化学特性和植被群落的显著退化。

（七）小结

（1）巴音布鲁克草原两种高寒草地类型表层土壤含水率、有机质和 TP 含量基本为高寒草原草场＞高寒草甸草场，而土壤容重和土壤可溶性盐则呈相反的趋势。

（2）巴音布鲁克草原在高寒、干旱的生态条件下，草地放牧强度对土壤的物理、化学肥力具有相对一致的影响。高寒草原土壤物理性质的变化对植被特征、土壤化学性质具有重要的调控作用，土壤肥力的差异性对植被状态具有关键的影响，土壤肥力因子与植被状态均呈显著性差异。

（3）高寒沼泽和高寒草原由于草地利用方式合理，草地未退化，土壤养分含量高，植被状态良好。但是，随着生境环境的逐步恶劣，放牧压力越大，土壤退化程度也越大，高寒草甸中高寒沙丘沙化草甸、高寒砂砾质草甸和高寒盐碱化荒漠这三个生境类型草地的土壤容重增大、含水率减少，土壤 TP、有机质、植被盖度等含量也逐渐减少。

（4）高寒盐碱化荒漠，具有健康恶化、土壤 pH 偏大、土壤可溶性盐偏大、土壤养分含量偏低等特点；同时也面临产草量下降，生物多样性丧失，生态平衡失调等严重后果。因此，建议相关部门对该牧场进行围封，土壤恢复刻不容缓。

（5）不同草地类型的退化程度与含水率、TP、有机质和植被覆盖度呈极显著负相关关系，有机质与含水率、TP 和植被盖度呈极显著的正相关关系。土壤有机碳含量可以指示草地的退化程度，可作为干旱地区高寒草原湿地生态安全评估指标之一。

第二节　巴音布鲁克草原土壤微生物多样性及影响因素

高寒草原在高海拔地区长期受寒冷、干旱气候的影响，其陆地生态系统主要由耐旱耐寒的多年生密丛型禾草、根茎型薹草以及垫状的小半灌木植物为建群种构成的植物群落和与之相适应的动物、微生物组成的。它是人类赖以生存的重要环境条件，也是畜牧业生产的基本要素和资源，具有保持水土、防风固沙、维持生物多样性的重要功能[38]。土壤是陆地生态系统的基础，而微生物作为陆地生态系统中种类最多、代谢最为活跃的一个生物类群，广泛地分布于各种类型的土壤中，担负着分解动植物残体的重要使命，在有机物质的分解转化过程中起着主导作用[39]，它们具有巨大的生物化学活性，从而影响着草原生态系统的能量流动和物质转化过程[40, 41]。因此，对高寒草原土壤中微生物群落的地理分布格局及其构建机制的研究，不仅是微生物演变和进化的基础科学问题，也是预测微生物及其介导的草原生态功能对环境条件变化响应、适应和反馈的理论依据[42]。

长期以来，研究者对陆地生态系统的动植物空间分布格局进行了深入的观测和研究，结果发现，它们都呈现出了显著的地带性和区域性分布特征[43, 44]，譬如，种-面积关系（taxa-area relationship）或岛屿效应（the small island effect，SIE），距离-衰减格局（distance-decay pattern）以及广域种-稀有种的分布等[45-47]。与动植物相比，微生物体积小、数量多、代谢速率快以及变异性强，长期以来一直被认为是不存在地理分布格局的。其分布特征也一度以荷兰微生物学家 Bass-Becking 提出的"Everything is everywhere，but the environment selects."为指导依据[48, 49]。Finlay 等在 Priest Pot 的水体中发现了世界上已知 50 种 *Paraphysomonas* 中的 40 多种，以至于他说："There's no convincing evidence for endemic species，I see the same ones in Scotland，New Zealand，and central Africa."[50]然而近些年来，越来越多的证据表明微生物群落也展现出了动植物所表现出来的生物地理格局现象[51, 52]。例如，Cho 和 Tiedje[53]发现 *pseudomonads* 的遗传距离与地理距离之间具有显著的关系。与此类似，Oda 等[54]也证实了在沼泽生态系统中，即使是在 10m 的尺度范围内 *Rhodopseud- omonas palustris* 也具有明显的遗传差异。

此外，在探究微生物群落分布格局的过程中，生态模型常被用来模拟和诠释生态系统的空间分布结构。空间分析需要清晰地描述预测变量或共变量的空间关系，大多学者利用 Mantel 检验计算空间自相关，用多项式函数作为回归量产生的趋势面[55, 56]。然而，趋势面分析只适合于粗略的大尺度分析[57, 58]。于是，在趋势面分析中引入了多项式的随机选择，但是高次的多项式在解释趋势面上具有一定的难度[59]。因此，基于上述原因，数量生态学家近年来开发了一种新的方法，即主轴邻距法。该方法可以提取采样点之间的空间关系，通过一系列的空间向量构建采样区域的空间尺度[60, 61]，从而为微生物群落的空间格局分析提供新的视角。

随着现代分子生物学技术的发展，特别是高通量测序技术在土壤微生物生态学研究中的应用，使得对微生物生物地理格局的研究从需要对其进行培养鉴定的限制中解放出来，直接从基因水平上考查其多样性，大量未被认知的微生物新物种及其功能得到了鉴定和应用，从而使得对微生物分布格局及其成因的深入研究成为可能。因此，为了探讨草原生态系统中微生物的空间分布特征及其构建机制，选取了巴音布鲁克高寒草原作为研究对象，分析了该高寒草原土壤中微生物群落的分布特征，并探究了其空间分布格局。同时，通过结合空间尺度特征以及环境因子，探究了微生物群落的构建过程，为进一步阐明干旱半干旱地区微生物群落构建机制提供了基础资料和理论依据。

一、材料与方法

（一）样点布设及采样

巴音布鲁克草原（42°10′~43°30′N，82°32′~86°15′E）是我国干旱区最大的亚高山高寒草原，位于新疆巴音郭楞蒙古自治州和静县内，天山南坡中部。该区域气候属于典型的高寒气候类型，年均降水量为 265.7mm，主要集中在夏季；年均气温为-4.8℃，其中，最低气温出现在 1 月，为-27.4℃，最高气温出现在 6 月，为 11.2℃[62]。在巴音布鲁克草原上选取 16 个点位（B1~B6）（图 4-10）。采样时间为 2014 年 6 月 15 日。采样时，去除表面浮土，使用乙醇火烧的铲子挖取地下 5~20cm 处的土层，去除可见根后，土壤过 2mm 筛网。每个点位重复收集三次土壤样品，充分混合均匀后，将样品保存于无菌离心管中，置于车载冰箱内。待样品收集完毕后，立刻运回实验室，用于后续分析。在实验室中，将土壤样品分为两部分，一部分用于微生物基因组 DNA 的提取；另一部分用于土壤理化性质的检测。

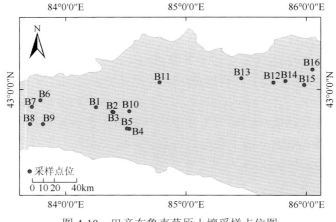

图 4-10　巴音布鲁克草原土壤采样点位图

（二）理化指标的测定

利用重量法来测定土壤含水率：称取一定质量的土壤，放入铁质容器中，在105℃的条件下烘烤 24h 至土壤恒重，再称量干燥后土壤的重量。根据公式 $(M_a-M_b)\div M_a\times 100$ 计算，式中，M_a 表示烘烤之前样品的重量；M_b 表示烘烤后样品的重量[63]。称取 4g 土壤样品放入 50mL 的烧杯中，加入 20mL 蒸馏水，用玻璃棒搅拌 3min，静置半小时，利用 pH 计（PT-10，Sartorius）测定其 pH。土壤 TOC 含量通过 CNHO-S 元素分析仪（Leeman）测定。土壤中 TN 的测定采用凯氏法测定（HJ 717—2014），TP 的测定采用碱熔-钼锑抗分光光度法（HJ 632—2011）。

（三）微生物基因组 DNA 的提取与 PCR 扩增

称取 0.5mg 土样放入 PowerBead Tubes 中，按照 MO BIO Power Soil 试剂盒中的具体步骤进行 DNA 的提取（MO BIO Laboratories，Carlsbad，CA），并利用 E.Z.N.A® cycle Pure Kit 对 DNA 进行纯化。提取后的 DNA 立即放入–80℃的超低温冰箱中，以备后续测序使用。

以纯化后的 DNA 为模板，针对 16S rRNA V5-V6 高变区进行 PCR 扩增，使用引物为 789F（5'-TAGATACCCSSGTAGTCC-3'，前向引物）以及 1068R（5'-CTGACGRCRGCCATGC-3'，后向引物）。PCR 扩增程序在 50μL 的反应体系中进行，其中包含：5μL 的 10×PCR 缓冲液、4μL 的 MgCl$_2$（25mmol/L）、0.5μL 的前向和后向引物，浓度为 10μmol/L，30ng 的 DNA 模板以及 0.4μL 的 Taq 聚合酶。其反应体系如下：95℃预变性 5min；95℃变形 30s，55℃退火 30s，72℃延伸 90s，共 25 个循环；最后 72℃终延伸 10min。

利用 Illumina MiSeq 对 PCR 扩增后的 DNA 进行双端测序（测序工作由上海派森诺生物科技股份有限公司完成）。对每个样品中的 DNA 添加特异的标签，将扩增后的每条序列进行拼接，其中最小重合碱基个数为 100，最大错配个数为 8。经过去除前后引物及标签后，控制质量得分在 20 以上的序列。使用 FLASH 软件（http：//www.genomics.jhu.edu/software/FLASH/index.shtml）对序列进行拼接，并对其进行下游分析。利用 UCHIME 确认并去除嵌合体。使用 QIIME 软件调用 UCLUST 对序列进行聚类，将相似度大于 0.97 的序列归为 1 个操作分类单元（operational taxonomic unit，OTU），并挑选最大长度的序列作为代表序列。最后将这些代表序列与 Silva 数据库（SILVA version 106；http：//www.arb-silva.de/documentation/background/release-106/）进行比对，获取其最相近的种属信息。

（四）主轴邻距法

PCNM 的基本函数主要分为 3 个步骤。

（1）计算 n 个样点间的欧几里得距离，组成距离矩阵 $\boldsymbol{D} = [a_{ij}]$

（2）选取一个距离阈值 t，建立截尾矩阵：

$$\boldsymbol{D}^* = \begin{cases} d_{ij} \cdots d_{ij} < t \\ 4t \cdots d_{ij} > t \end{cases}$$

（3）用主轴分析法（PCoA）对截尾矩阵进行分析，这将产生对角矩阵：

$$\delta = -\frac{1}{2}(d_{ij}^2 - d_i^2 - d_j^2 + d^2)$$

$$d_i^2 = -\frac{1}{n}\sum_{j=1}^{n} d_{ij}^2, \quad d_j^2 = -\frac{1}{n}\sum_{i=1}^{n} d_{ij}^2, \quad d^2 = -\frac{1}{n}\sum_{i=1}^{n} d_i^2$$

Borcard 和 Legendre（2002）的研究结果显示，正的特征向量能够很好地重建和解释生态空间结构。因此，在本书研究中将不考虑负的特征向量，仅保留 Moran 指数 $> E(\boldsymbol{I})$ 的特征函数，通过上述方式得到的正特征向量作为空间变量进行分析。以上所有计算均利用 R 语言中的 PCNM 程序包，通过 PCNM 函数构建显著的 PCNM 变量。

（五）数据分析

所有统计分析及可视化分析均利用 R 语言中 vegan、psych 以及 ggplot2 程序包（version 3.2.2，http：//www.r-project.org）。在利用高通量数据计算 α 多样性前，根据每个样点中最少的序列数进行重采样（re-sample），以保证每个样点中的高通量数据均在相同的水平上。利用 diversity 功能计算 Shannon 指数（Shannon index）和皮尔洛指数（Pielou index）。计算 β 多样性前，利用 decostand 对物种数据进行 Hellinger 转化。利用 vegdist 计算微生物群落之间的相似性矩阵，即 Bray-curtis 距离。利用 cca 对环境因子与微生物群落进行典范对应分析，其中，通过 envfit 对环境因子进行蒙特卡罗置换检验（999 次）。利用 ppPlot 对数据进行正态性分布检验，并通过 t.test 对微生物 α 多样性进行显著性检验。同时，利用 corr.test 对群落 α 多样性与环境因子和空间向量进行相关性检验。

二、结果与分析

（一）土壤的理化性质

通过分析获得了巴音布鲁克草原土壤各理化指标的空间变化特征（图 4-11）。

土壤含水率差异较大，B8 处的土壤含水率最大，为 51%，B4 处的土壤含水率最小，仅为 8%。土壤有机碳含量最大值出现在 B8 处，为 29.5%，最小值出现在 B2 处，为 14.62%。TN 差异较小，含量最大值出现在 B5 处，为 402.1mg/kg，最小值出现在 B12 处，为 397.6mg/kg。TP 含量最大值出现在 B8 处，为 101.9mg/kg，最小值出现在 B2 处，为 60.3mg/kg。NH_4^+-N 差异较大，含量最大值出现在 B8 处，为 1.50mg/kg，最小值为 0.15mg/kg。巴音布鲁克草原土壤表现为弱碱性，pH 为 7.99～8.15。

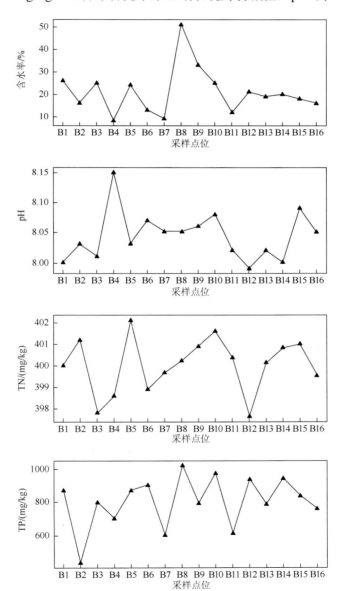

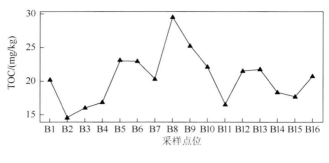

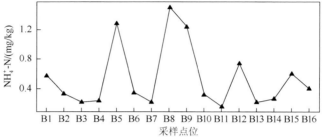

图 4-11　巴音布鲁克草原土壤各理化指标的空间变化

（二）巴音布鲁克草原的 PCNM 分析

在进行主轴邻距法分析之前，先对变量数据进行中心化处理，使之尽可能呈现正态分布。分析结果表明，截尾距离为 55.42km，Moran 指数的期望值为–0.07。因此，在 16 个样方中产生了 10 个 PCNM 变量（图 4-12），其中只有前两个 PCNM 变量表现出了明显的正相关关系。因此，确定 PCNM1 和 PCNM2 为空间尺度变量。

（三）微生物群落多样性

经过质量控制后，共获得 432820 条高质量序列。经过剪切、拼接以及去除嵌合体后，利用 UCLUST，发现所有点位中的细菌群落共有 7738 个 OTUs，古菌群落共有 253 个 OTUs。此次测序的覆盖度（good's coverage）较高，为 86.7%～97.8%，说明此次测序已经基本捕获了微生物群落的多样性信息。另外，从稀疏曲线中可以发现（图 4-13），它们基本都已接近了渐近线，这也证明此次测序足以反映群落中的生物信息。

比较了巴音布鲁克草原土壤中细菌群落和古菌群落的 α 多样性特征（图 4-14），发现细菌群落比古菌群落具有更高的多样性。细菌群落的 Pielou 指数为 0.92 ± 0.03，显著高于古菌群落的 0.68 ± 0.11（$P=2\times10^{-7}$，双侧 t 检验）；细菌群落的 Shannon 指数为 7.04 ± 0.34，显著高于古菌群落的 3.73 ± 0.61（$P=1\times10^{-5}$，双侧 t 检验）；

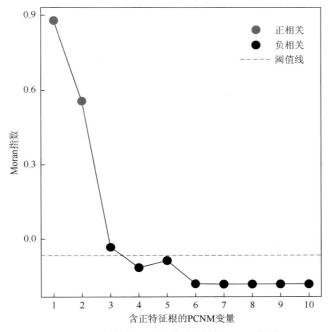

图 4-12　主轴邻距法中各变量的 Moran 指数

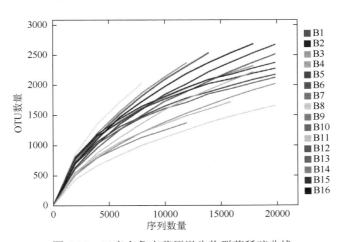

图 4-13　巴音布鲁克草原微生物群落稀疏曲线

细菌群落的 Richness 指数为 2143.00±259.44，显著高于古菌群落的 238.50±7.10（$P = 8 \times 10^{-14}$，双侧 t 检验）。同时，还对微生物群落的 α 多样性与环境因子和 PCNM 变量进行了相关性检验（表 4-5）。在细菌群落中，Shannon 指数和 Pielou 指数均与 TP 之间具有显著性相关，但是各多样性指数与 PCNM 变量之间的相关性均不显著；在古菌群落中，Shannon 指数与含水率、PCNM1 保持显著的相关性，Pielou

指数与含水率、TOC 以及 PCNM2 之间具有显著性相关，Richness 指数与 TOC 保持显著的相关关系。

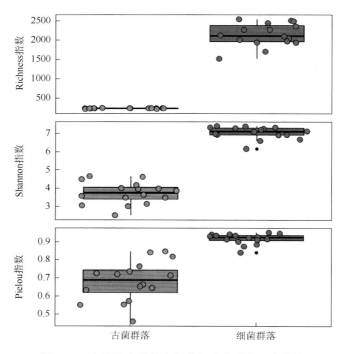

图 4-14　土壤生态系统中细菌与古菌群落 α 多样性

表 4-5　细菌群落和古菌群落的 α 多样性与环境因子之间的相关性检验

环境变量	细菌群落			古菌群落		
	Shannon 指数	Pielou 指数	Richness 指数	Shannon 指数	Pielou 指数	Richness 指数
PCNM1	0.03	0.14	−0.17	0.56*	0.56*	−0.07
PCNM2	−0.08	−0.14	0.06	−0.36	−0.36	−0.07
Moisture	0.28	0.33	0.13	−0.56*	−0.58*	0.30
pH	0.01	−0.04	0.12	−0.03	−0.03	−0.11
TN	−0.10	−0.07	−0.14	−0.07	−0.08	0.13
TP	0.63**	0.72**	0.36	−0.37	−0.38	0.21
TOC	0.23	0.24	0.18	−0.51	−0.51*	0.03*
NH_4^+ −N	0.40	0.41	0.32	−0.33	−0.34	0.38

*表示在 0.05 置信水平下具有显著性相关；**表示在 0.01 置信水平下具有显著性相关。

（四）影响微生物群落空间分布的环境因素

对微生物群落与环境因子之间的典范对应分析的结果表明，第一轴和第二轴分别解释了细菌群落变异的 16.53% 和 11.80%（图 4-15）。在环境因子中，TOC 以及 TP 与细菌群落之间具有显著的相关性（$P<0.05$）。利用方差分解揭示了环境因子和空间距离对细菌群落的贡献率大小（图 4-16）。可以发现，在细菌群落变异中，环境因子单独解释了 28.30%，空间距离单独仅解释了 0.01%，二者共同解释了 0.02%，还有 71.70% 仍然未被解释。通过 Mantel 检验，其结果也与上述发现相同，地理空间格局与细菌群落之间的关系不显著（$R=0.09$，$P=0.07$）。

微生物群落与环境因子之间的典范对应分析的结果表明，第一轴和第二轴分别解释了 12.04% 和 8.65%（图 4-15），其中，TOC 与古菌群落之间具有显著的相关关系（$P<0.05$）。方差分解结果显示（图 4-16），环境因子单独解释了 21.00%，空间距离单独解释了 0.08%，二者共同解释了 0.03%，还有 78.90% 尚未被解释。综上所述，可以发现：在土壤生态系统中，环境因子是微生物群落中最主要的驱动力，而空间距离对其作用则十分微小。通过 Mantel 检验，其结果也与上述发现相同，地理空间格局与古菌群落之间的关系不显著（$R=0.13$，$P=0.13$；图 4-17）。

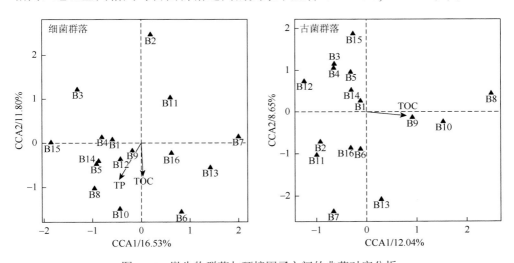

图 4-15　微生物群落与环境因子之间的典范对应分析

（五）微生物群落的组成

高通量测序结果表明，巴音布鲁克草原土壤古菌群落共有 251 个 OTUs，它们主要由奇古菌（Thaumarchaeota）以及广古菌（Euryarchaeota）组成，其中，

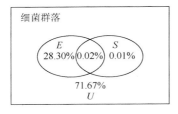 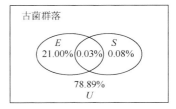

图 4-16　基于空间距离和环境因子的微生物群落方差分解

E 代表环境变量解释的部分；S 为空间距离解释的部分；U 代表尚未解释的部分；
椭圆形公共区域为二者共同解释的部分

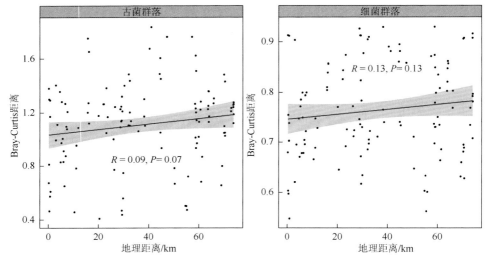

图 4-17　微生物群落的 Bray-Curtis 距离与地理距离之间的关系

有 118 个 OTUs 属于 Thaumarchaeota，133 个 OTUs 属于 Euryarchaeota。值得注意的是，虽然这两个门类的 OTUs 数量相差不大，但是 Thaumarchaeota 的相对丰度为 84.62%，而 Euryarchaeota 的相对丰度仅为 15.37%，说明在巴音布鲁克草原土壤生态系统中，古菌群落主要由 Thaumarchaeota 组成。在纲的水平上（图 4-18），可以发现 *Halobacteria* 是最为主要的优势种，其平均丰度为 76.21%。Soil Crenarchaeotic Group（SCG）为次优势种，其平均丰度为 12.84%，其中，Deep Sea Hydrothermal Vent Gp 6（DHVEG-6）的相对丰度最大。甲烷微菌纲（Methanomicrobia）、热原体纲（Thermoplasmata）以及 Miscellaneous Crenarchaeotic Group（MCG）的相对丰度分别为 4.18%、4.23% 以及 1.55%。其他纲类的相对丰度均未超过 1%。

在巴音布鲁克草原土壤的细菌群落中共发现 7738 个 OTUs。这些 OTUs 主要由 Chloroflexi、Planctomycetes、Proteobacteria、Acidobacteria 以及 Actinobacteria 组成。其数量分别为 1511，1169，1069，961 以及 873；其相对丰度分别为 9.12%、

4.99%、3.85%、49.47%以及 15.61%。在纲的水平上，Acidobacteria 是最为主要的优势种，其相对丰度为 46.66%；其次为 Actinobacteria 以及 Acidimicrobiia，其相对丰度分别为 5.06%以及 4.52%（图 4-18）。

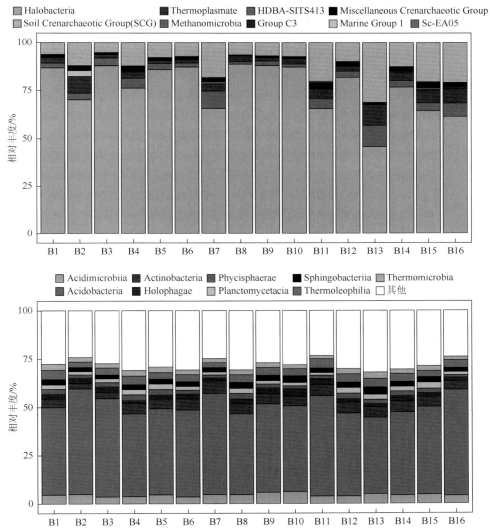

图 4-18 巴音布鲁克草原土壤中微生物群落在纲水平上的组成（上为古菌群落，下为细菌群落）

三、讨论

本章节的主要目的是研究巴音布鲁克草原土壤中微生物群落的分布格局，并探讨其与环境因子、空间因子之间的相互关系，进而深入分析其构建机制。

　　通过高通量测序发现，巴音布鲁克草原土壤中的古菌丰度远大于细菌，其中，古菌的相对丰度高达 63.44%，而细菌的相对丰度仅为 36.56%。这与之前的认知具有一定的区别。因为之前大量的研究表明在已探索的环境中，细菌的相对丰度均是远远大于古菌的，即使是在一些曾经被认为是仅有古菌可以生存的极端环境中。譬如，Sievert 等使用狭缝印迹法对米洛斯岛附近深海热泉的细菌群落和古菌群落进行比较分析时发现，古菌的比例仅为 9%～11%，而细菌的平均相对丰度高达 95%[64]。这个发现与前人的研究结果具有很大的区别。之所以会出现这种情况，可能是因为 V5～V6 高可变区的通用引物对古菌具有一定的偏向性。通过 Silva 数据库对测序引物的覆盖度进行测试时，高通量测序中建库所使用的前向引物 S-*-Univ-0789-a-S-18（5′-TAGATACCCSSGTAGTCC-3′）和后向引物 S-*-Univ-1053-a-A-16（5′-CTGACGRCRGCCATGC-3′）对古菌群落的覆盖度为 52.4%，而对细菌群落的覆盖度仅为 5.2%，这也验证了前文所述的引物扩增偏差的假设[65, 66]。这种情况的发生与近些年来数据库数据量的突然增大具有十分密切的关系[67, 68]。

　　尽管如此，巴音布鲁克草原土壤中的细菌和古菌仍然表现出了其各自的变化特征。古菌主要由奇古菌（Thaumarchaeota）以及广古菌（Euryarchaeota）组成。值得注意的是，虽然这两个门类的种类组成相差不大，但是 Thaumarchaeota 的相对丰度为 84.62%，而 *Euryarchaeota* 的相对丰度仅为 15.37%。Thaumarchaeota 是古菌群落的第三个主要类群，最近已被划分为一个新的门。最初，这些在中温环境中大量广泛存在着的未培养的古菌因在 16S rRNA 基因系统发育上与泉古菌关系较密切而被称作中温泉古菌（non-thermophilic Crenarchaeota）。而近年来，对更多新发现的中温泉古菌核糖体 RNA 基因序列和其他分子标记物进行的分析，均不支持中温泉古菌由嗜热泉古菌进化而来的假设，且揭示其可能代表古菌群落中一个独立的系统发育分支。基因组学和生理生态特征等分析也显示，中温泉古菌与嗜热泉古菌具有明显不同的特征。通过 16S rRNA 基因序列分析发现，奇古菌可能参与到全球碳、氮等生物地球化学循环中，这预示着其在整个生态系统中起着重要的作用，其生态功能不可忽视[69, 70]。从更低的分类水平上看，巴音布鲁克草原土壤中的 Euryarchaeota 以 Soil Crenarchaeote Group（SCG）为主，其相对丰度占 Thaumarchaeota 序列总数的 80.99%，这与许多土壤中古菌群落组成的研究结果基本一致[65, 71]。Euryarchaeota 是古菌群落中的一个重要门类，它们在海洋、淡水、高盐分沉积物、水稻田、动物的消化道和厌氧发酵反应器中均有广泛存在[72-75]。虽然 Euryarchaeota 门类中的细菌大部分具有嗜冷、嗜盐、嗜热和嗜碱的特性，或者偏向于参与到厌氧发酵产生甲烷的过程，或者常生活在极寒、热泉或是盐湖以及严格厌氧的“极端环境”中[76, 77]。但也有一些报道表明，Euryarchaeota 在氧气充足或者是温度适宜的草原、耕地中也可以大量存在并成为优势种[78]。从更低的分类水平上看，巴音布鲁克草原土壤中的 Euryarchaeota 主要包括嗜盐菌纲（Halobacteria）、热原体纲

（Thermoplasmata）、甲烷微菌纲（Methanomicrobia）和甲烷杆菌纲（Methanobacteria）。其中，Halobacteria 的相对丰度高达 Euryarchaeota 序列总数的 90.65%，这与其他 Euryarchaeota 占优势的生境中以 Methanomicrobia 为优势菌的情况完全不同[78]。通常情况下，Halobacteria 需要在 2.0 M①NaCl 浓度以上的盐度条件下才能生存，甚至有些种属的最低生长盐度高达 3.1 M NaCl[79, 80]。因此 Halobacteria 在高寒草原中占据优势的情况鲜有报道。但是由于巴音布鲁克草原本身属于干旱-半干旱气候，水量不平衡严重，另外，由于近些年放牧强度日益加剧，草原的"三化"（盐碱化、沙化以及草原退化）过程亦逐渐加剧[81]，土壤中存在的高盐微环境给 Halobacteria 提供了较为合适的生态位，并且抑制了 Methanomicrobia 和 Methanobacteria 的生长，因此，最终表现为 Halobacteria 占据优势[82]。

巴音布鲁克草原土壤细菌群落主要由绿弯菌门（Chloroflexi）、浮霉菌门（Planctomycetes）、变形菌门（Proteobacteria）、酸杆菌门（Acidobacteria）以及放线菌门（*Actinobacteria*）组成。在纲的水平上，酸杆菌纲（Acidobacteriia）是最主要的优势种；其次为放线菌纲（Actinobacteria）以及酸微菌纲（Acidimicrobiia）。Acidobacteria 作为土壤中分布最为广泛的优势菌群之一，在巴音布鲁克草原的土壤中占据优势这并不奇怪[83]。这可能是因为巴音布鲁克草原属于高海拔草原，受其较低温度的影响，土壤的生产力和有机物矿化速度并不快，从而使得 Acidobacteria 这种贫营养、生长周期长的细菌在竞争中获得优势[84]。更重要的是，Acidobacteria 有很强的利用葡萄糖和木糖的能力，从而使得他们在降解纤维素和木聚糖上更具优势[85]。Actinobacteria 同样是土壤中常见的微生物类群，其基因组能够编码分泌降解纤维素、半纤维素以及几丁质的酶组，使其能够降解植物碎屑有机物[86]。Tveit 等发现在北极的泥炭土壤中，Actinobacteria 和 Bacteriodetes 是多糖类有机物的主要分解者[87]。这说明 Actinobacteria 在寒冷的低温条件下仍然可以高效地分解有机物获取能量，同时为微生物群落中的其他菌种提供小分子降解产物[88]。巴音布鲁克草原的高寒气候、微碱性土壤以及大量的植物源有机物，均为 Actinobacteria 提供了适宜的生态环境[89]。

本书的研究结果发现，在巴音布鲁克草原土壤中，无论是对于细菌群落还是古菌群落，环境因子的贡献均比地理距离要大得多，空间地理距离对微生物群落组成和分布的作用极其微小（它们对细菌群落和古菌群落的贡献率分别为 0.01% 和 0.08%）。与此一致的是，Mantel 检验结果也发现，空间距离与微生物群落之间的关系并不显著。这说明在土壤生态系统中，空间距离尺度对微生物的贡献要远小于环境因子，与环境相关的生态位才是决定微生物群落组成和分布的重要因素，即物种筛选机制。这一影响机制在其他的研究中也被大量证实。譬如，Staley 等通过调查发现，地理距离对细菌群落的解释率不足 1%；Foster 等甚至认为地理距

---

① M 为摩尔浓度，即 mol/L。

离之所以能够影响微生物群落的结构和组成，都是因为地理距离与环境因子之间的自相关关系，即生态位的变化才是地理距离背后的真实驱动力。但是，也有一些研究发现，通过去除地理距离与环境因子之间的自相关关系[61]，地理距离对微生物群落的影响仍然不容忽视。譬如，Winter 等发现虽然地理距离与细菌群落的关系不显著，但是它们对病毒的作用却十分明显[90]。另外，Triphathi 等在区域尺度条件下，发现地理距离并不是细菌群落组成的驱动因子；然而，在局部尺度条件下，地理距离无论是与整个细菌群落还是与优势种之间的关系均十分显著。综合上述现象，这说明地理距离是否会对微生物群落造成影响取决于两个因素：地理距离尺度和微生物自身的特征[91]。

根据 Metacommunity 概念，地理空间距离和微生物扩散能力之间的关系十分密切[92]。当微生物的扩散能力足够强烈且能造成质量效应时，微生物群落与地理距离尺度之间就会表现出显著的相关关系。事实上，微生物的扩散主要分为两种，其一是主动扩散，其二是被动扩散。在第一种情况下，微生物只能通过自身鞭毛的摆动而迁移，但是这种摆动产生的动力所造成的扩散十分有限，很难跨过地理上的障碍物[93, 94]。这也是众多研究者支持微生物群落具有区域性的重要原因之一。在第二种情况下，微生物的扩散主要是借助一些媒介的运动而产生的间接扩散，譬如，附着在基质表面、动物的携带以及风的吹送等[95]。从以上分析中可以发现，在巴音布鲁克草原土壤中，微生物的扩散主要属于被动扩散。在这种情况下，其扩散充满无方向性，导致微生物可能迁入某一新的群落中，随后又迁移回旧的群落中。这样就会导致微生物群落之间难以产生质量效应，从而无法表现出地理空间格局，即与地理距离无明显关系。

四、小结

（1）主轴邻距法分析结果表明，巴音布鲁克草原土壤存在着显著的空间尺度格局。

（2）在门的水平上，细菌优势种群主要为 Chloroflexi、Planctomycetes、Proteobacteria、Acidobacteria 以及 Actinobacteria。在纲的水平上，Acidobacteria 是主要优势种；其次为 Actinobacteria 以及 Acidimicrobiia。在门的水平上，古菌优势种群为奇古菌（Thaumarchaeota）以及广古菌（Euryarchaeota）。在纲的水平上，*Halobacteria* 是主要优势种，其次为 Soil Crenarchaeotic Group（SCG）。

（3）在巴音布鲁克草原土壤中，细菌群落主要受环境因子的影响，它们解释了细菌群落变异的 28.30%；地理空间尺度与细菌群落之间无显著关系，它们仅解释了细菌群落变异的 0.01%。与此类似，古菌群落主要也是受到环境因子的影响，它们共解释了细菌群落变异的 21.00%，地理空间尺度仅解释了 0.08%。

（4）在环境因子中，细菌群落与 TOC 和 TP 之间的关系十分显著；而古菌群落则与 TOC 的关系十分显著。

参 考 文 献

[1] 冉潇. 鹫峰地区松栎混交群落特征及城市模拟建植研究. 保定：河北农业大学，2006.

[2] 韩路，王海珍，彭杰，等. 塔里木荒漠河岸林植物群落演替下的土壤理化性质研究. 生态环境学报，2010，19（12）：2808-2814.

[3] 鲍士旦. 土壤农化分析. 3 版. 北京：中国农业出版社，2013.

[4] Post W M，King A W，Wullschleger S D. Soil organic matter models and global estimates of soil organic carbon. Evaluation of soil organic matter models. Berlin：Springer Berlin Heidelberg，1996：201-222.

[5] 蔡晓布，张永青，邵伟. 不同退化程度高寒草原土壤肥力变化特征. 生态学报，2008，3（28）：1034-1044.

[6] 周华坤，赵新全，周立. 青藏高原高寒草甸的植被退化与土壤退化特征研究. 草业学报，2005，14（3）：31-40.

[7] 高英志，韩锌平，汪诗平. 放牧对草原土壤的影响. 生态学报，2004，24（4）：790-797.

[8] 李博. 中国北方草地退化及其防治对策. 中国农业科学，1997，6（2）：1-9.

[9] 马玉寿，郎百宁，李青云，等. 江河源区高寒草甸退化草地恢复与重建技术研究. 草业科学，2002，19（9）：1-5.

[10] 贾树海，崔学明，李绍良. 牧压梯度上土壤物理性质的变化. 草原生态系统研究，1997，5：12-16.

[11] Acosta-Martinez V，Reicher Z，Bischoff M，et al. The role of tree leaf mulch and nitrogen fertilizer on turfgrass soil quality. Biology and Fertility of Soils，1999，29（1）：55-61.

[12] Warren S D，Nevill M B，Blackburn W H. Soil response to trampling under intensive rotation grazing. Soil Science Society of America Journal，1986，50：1336-1340.

[13] Mwendera E J，Saleem M A. Infiltration rates，surface runoff，and soil loss as influenced by grazing pressure in the Ethiopian highlands. Soil Use and Management，1997，13（1）：29-35.

[14] Herandez T，Garcia C，Reinhardt I. Short-term effect of wildfire on the chemical，biochemical and microbiological properties of Mediterranean pine forest soil. Biol Forest Soils，1997，25：109-116.

[15] Villamil M B，Amiotti N M，Peinemann N. Soil degradation related to overgrazing in the semi-arid southern Caldenal area of Argentina. Soil Science，2001，166（7）：441-452.

[16] Guérif J. Factors influencing compaction-induced increases in soil strength. Soil and Tillage Research，1990，16（1）：167-178.

[17] Russell J R，Betteridge K，Costall D A，et al. Cattle treading effects on sediment loss and water infiltration. Range Manage，2001，54：184-190.

[18] Leithead H L. Runoff in relation to range condition in the big Bend-Davis Mountain section of Texas. Range Manage，1959，12：83-87.

[19] Rauzi F，Smith FM. Infiltration rates：three soils with three grazing levels in northeastern Colorada. Range Manage，1973，26：126-129.

[20] Gifford G F，Hawkins R H. Hydrologic impact of grazing on infiltration：a critical review. Water Resources Research，1978，14（2）：305-313.

[21] 李绍良，陈有君，关世英，等. 土壤退化与草地退化关系的研究. 干旱区资源与境，2002，16（1）：92-95.

[22] 贾树海，王春枝，孙振涛. 放牧强度和时期对内蒙古草原土壤压实效应的研究. 草地学报，1999，7（3）：217-221.

[23]　张建平，刘淑珍，周麟. 西藏那曲地区主要土壤退化分析. 水土保持学报，1998，12（3）：6-11.

[24]　Percival H J，Parfitt R L，Scott N A. Factors controlling soil carbon levels in New Zealand grasslands is clay content important?. Soil Science Society of America Journal，2000，64（5）：1623-1630.

[25]　LeCain D R，Morgan J A，Schuman G E，et al. Carbon exchange and species composition of grazed pastures and exclosures in the shortgrass steppe of Colorado. Agriculture，Ecosystems & Environment，2002，93（1）：421-435.

[26]　Burke I C，Lauenroth W K，Milchunas D G. Biogeochemistry of managed grasslands in central North America. Boca Raton：CRC Press，1997.

[27]　Tisdall J M，Oades J M. Organic matter and water‐stable aggregates in soils. Journal of Soil Science，1982，33（2）：141-163.

[28]　Naeth M A，Bailey A W，Pluth D J，et al. Grazing impacts on litter and soil organic matter in mixed prairie and fescue grassland ecosystems of Alberta. Journal of Range Management，1991：7-12.

[29]　Lecain D R，Morgan J A，Schuman G E，et al. Carbon exchange rates in grazed and ungrazed pastures of Wyoming. Journal of Range Management，2000：199-206.

[30]　李娜，王根绪，高永恒，等. 青藏高原生态系统土壤有机碳研究进展. 土壤，2009，41（4）：512-519.

[31]　王启基，李世雄，王文颖，等. 江河源区高山嵩草（Kobresiapygmaea）草甸植物和土壤碳、氮储量对覆被变化的响应. 生态学报，2008，28（3）：885-894.

[32]　王文颖，王启基，鲁子豫. 高寒草甸土壤组分碳氮含量及草甸退化对组分碳氮的影响. 中国科学 D 辑：地球科学，2009，39（5）：647-654.

[33]　肖胜生，董云社，齐玉春，等. 草地生态系统土壤有机碳库对人为干扰和全球变化的响应研究进展. 地球科学进展，2009，24（10）：1138-1148.

[34]　史瑞禾，鲍士旦，秦怀英. 土壤农化分析. 2 版. 北京：农业出版社，1990.

[35]　张春来，邹学勇，董光荣，等. 植被对土壤风蚀影响的风洞实验研究. 水土保持学报，2003，17（3）：31-33.

[36]　Li F R，Zhang H，Zhang T H，et al. Variations of sand transportation rates in sandy grasslands along a desertification gradient in northern China. Catena，2003，53（3）：255-272.

[37]　刘国庆，李少昆，柏军华，等. 和田地区主要地表类型风蚀研究. 水土保持学报，2008，22（4）：7-10.

[38]　宋长春，吴金水，陆雅海，等. 中国土壤微生物学研究 10 年回顾. 地球科学进展，2013，28（10）：1087-1105.

[39]　尹伟，胡玉昆，柳妍妍，等. 巴音布鲁克不同建植期人工草地土壤生物学特性研究. 草业学报，2010，19（5）：218-226.

[40]　Li Y Y，Wang X X，Li X Y，et al. The impact of land degradation on the C pools in alpine grasslands of the Qinghai-Tibet plateau. Plant Soil，2013，368（1）：329-340.

[41]　Zhang W，Wu X，Liu G，et al. Tag-encoded pyrosequencing analysis of bacterial diversity within different alpine grassland ecosystems of the Qinghai-Tibet plateau. Environ Earth Sci，2013，72（3）：779-786.

[42]　Shao K Q，Gao G，Qin B Q，et al. Comparing sediment bacterial communities in the macrophyte-dominated and the algae-dominated areas of eutrophic Lake Taihu. Can J Microbiol，2011，57（4）：263-272.

[43]　Allen W J，Meyerson L，Cummings D，et al. Biogeography of a plant invasion：drivers of latitudinal variation in enemy release. Global Ecol. Biogeogr. 2017，26（4）：435-446.

[44]　Nakamura A，Burwell C J，Lambkin C L，et al. The role of human disturbance in island biogeography of arthropods and plants：An information theoretic approach. J. Biogeogr，2015，42（8）：1406-1417.

[45]　Ibáñez J，Caniego J，Jose F，et al. Pedodiversity-area relationships for islands. Ecol Model，2005，182（3）：257-269.

[46]　Ricklefs R，Lovette I. The roles of island area per se and habitat diversity in the species-area relationships of four

Lesser Antillean faunal groups. J Anim Ecol, 1999, 68 (6): 1142-1160.

[47] Nekola J, White P. The distance decay of similarity in biogeography and ecology. J Biogeogr, 1999, 26 (4): 867-878.

[48] Baas-Becking L. Geobiologie of inleiding tot de milieukunde. The Hague: Van Stockum & Zoon, 1934.

[49] O'Malley M A. The nineteenth century roots of 'everything is everywhere'. Nat Rev Microbiol, 2007, 5 (8): 647-651.

[50] Finlay B, Maberly S, Cooper J. Microbial diversity and ecosystem function. Oikos, 1997, 80 (80): 209-213.

[51] Hornor-Devine M, Lage M, Hughes J, et al. A taxa-area relationship for bacteria. Nature, 2004, 432 (7018): 750-753.

[52] Zinger L, Boetius A, Ramette A. Bacterial taxa-area and distance-decay relationships in marine environments. Mol Ecol, 2014, 23 (4): 954-964.

[53] Cho J, Tiedje J. Biogeography and degree of endemicity of fluorescent Pseudomonas strains in soil. Appl Environ Microbiol, 2000, 66 (12): 5448-5456.

[54] Oda Y, Star B, Huisman L, et al. Biogeography of the Purple Nonsulfur bacterium Rhodopseudomonas palustris. Appl Environ Microbiol, 2003, 69 (9): 5186.

[55] Borcard D, Legendre P. Environmental control and spatial structure in ecological communities: an example using oribatid mites. Environ Ecol Stat, 1994, 1 (1): 37-61.

[56] Méot A, Legendre P, Borcard D. Paritialling out the spatial component of ecological variation: questions and propositions in the linear modelling framework. Environ Ecol Stat, 1998, 5 (1): 1-27.

[57] Norcliffe G B. On the use and limitations of trend surface models. Can Geo, 2008, 13 (4): 338-348.

[58] Gimaret-Carpentier C, Dray S, Pascal J P. Broad-scale biodiversity pattern of the endemic tree flora of the Western Ghats (India) using canonical correlation analysis of herbarium records. Ecography, 2003, 26 (4): 429-444.

[59] Borcard D, Drapeau P. Partialling out the spatial component of ecological variation. Ecology, 1992, 73 (3): 1045-1055.

[60] Borcard D, Legendre P. All-scale spatial analysis of ecological data by menas of principal coordinates of neighbour matrices. Ecol Model, 2002, 153 (1-2): 51-68.

[61] Dray S, Legedre P, Peres-Neto P R. Spatial modelling: a comprehensive framework for principal coordinate analysis of neighbour matrices (PCNM). Ecol Model 2006, 196 (s3-4): 483-493.

[62] He G X, Li K H, Gong Y M, et al. Fluxes of methane, carbon dioxide and nitrous oxide in an alpine wetland and an alpine grassland of the Tianshan Mountains, China. J Arid Land, 2014, 6 (6): 717-724.

[63] Jin X C, Tu Q Y. Survey specification for lake eutrophication. Beijing (China): Environmental Science Press, 1990.

[64] Sievert S, Ziebis W, Sahm K. Relative abundance of Archaea and Bacteria along a thermal gradient of a shallow-water hydrothermal vent quantified by rRNA slot-blot hybridization. Microbiology, 2000, 146 (6): 1287-1293.

[65] Xinda L, Seuradge B, Neufeld J. Biogeography of soil thaumarchaeota in relation to soil depth and land use. FEMS Microbiol Ecol, 2017, 93 (2): 246.

[66] Sauder L, Peterse F, Schouten S, et al. Low-ammonia niche of ammonia-oxidizing archaea in rotating biological contactors of a municipal wastewater treatment plant. Environ Microbiol, 2012, 14 (9): 2589-2600.

[67] Wang Y, Qian P. Conservative fragments in bacterial 16S rRNA genes and primer design for 16S ribosomal DNA amplicons in metagenomic studies. PLoS One, 2009, 4 (10): e7401.

[68] Klindworth A, Pruesse E, Schweer T, et al. Evaluation of general 16S ribosomal RNA gene PCR primers for classical and next-generation sequencing-based diversity studies. Nucleic Acids Res, 2013, 41 (1): e1.

[69]　Oton E，Quince C，Nicol G，et al. Phylogenetic congruence and ecological coherence in terrestrial Thaumarchaeota. ISME J，2015，10（10）：85-96.

[70]　Alves R J E，Wanek W，Zappe A，et al. Nitrification rates in Arctic soils are associated with functionally distinct populations of ammonia-oxidizing archaea. ISME J，2013，7（8）：1620.

[71]　Bates S，Berg-Lyons D，Caporaso J，et al. Examining the global distribution of dominant archaeal populations in soil. ISME J，2010，5（5）：908-917.

[72]　Auguet J，Barberan A，Casamayor E. Global ecological patterns in uncultured Archaea. ISME J，2009，4（2）：182-190.

[73]　Hollister E，Engledow A，Hamett A，et al. Shifts in microbial community structure along an ecological gradient of hypersaline soils and sediments. ISME J，2010，4（6）：829-838.

[74]　McHugh S，Carton M，Mahony T，et al. Methnogenic population structure in a variety of anaerobic bioreactors. FEMS Microbiol Lett，2003，219（2）：297-304.

[75]　Purdy K. The distribution and diversity of Euryarchaeota in Termite guts. Adv Appl Microbiol，2007，62：63-80.

[76]　Mcduff S，King G，Neupane S，et al. Isolation and characterization of extremely halophilic CO-oxidizing Euryarchaeota from hypersaline cinders，sediments and soils，and description of a novel CO oxidizer，Haloferax namakaokahaiae Mke2. 3T，sp. nov. FEMS Microbiol Ecol，2016，92（4）：fiw028.

[77]　Giaquinto L，Curmi P，Siddiqui K，et al. Structure and Function of Cold Shock Proteins in Archaea. J Bacteriol，2007，189（15）：5738-5748.

[78]　Hu H，Zhang L，Yuan C，et al. Contrasting Euryarchaeota communities between upland and paddy soils exhibited similar pH-impacted biogeographic patterns. Soil Biol Biochem，2013，64（9）：18-27.

[79]　Gupta R，Naushad S，Baker S. Phylogenomic analyses and molecular signatures for the class Halobacteria and its two major clades：a proposal for division of the class Halobacteria into an emended order Halobacteriales and two new orders，Haloferacales ord. nov. and Natrialbales ord. nov. ，containing the novel families Haloferacaceae fam. nov. and Natrialbaceae fam. nov. ISME J，2015，65（Pt 3）：1050.

[80]　Oren A. Taxonomy of the family Halobacteriaceae：a paradigm for changing concepts in prokaryotes systematics. ISME J，2012，62（2）：263-271.

[81]　宋宗水. 巴音布鲁克草原生态恢复与综合治理调查报告. 林业经济，2005，12：16-19.

[82]　Miura T，Kita A，Okamura Y，et al. Effect of salinity on methanogenic propionate degradation by acclimated marine sediment-derived culture. Appl Biochem Biotechnol，2015，177（7）：1541-1552.

[83]　Jones R，Michael S，Lauber C，et al. A comprehensive survey of soil acidobacterial diversity using pysosequencing and clone library analyses. ISME J，2009，3（4）：442-453.

[84]　Fierer N，Bradford M，Jackson R. Toward an ecological classification of soil bacteria. Ecology，2007，88（6）：1354-1364.

[85]　Kielak A，Barreto C，Kowalchuk G，et al. The ecology of Acidobacteria：moving beyond genes and genomes. Front Microbiol，2016，7：1-16.

[86]　Berlemont R，Allison S，Weihe C，et al. Cellulolytic potential under environmental changes in microbial communities from grassland litter. Front Microbiol，2014，5：639.

[87]　Tveit A，Urich T，Svenning M. Metatranscriptomic analysis of arctic peat soil microbiota. Appl Environ Microbiol，2014，80（18）：5761-5772.

[88]　Book A，Lewin G，McDonald B，et al. Evolution of high cellulolytic activity in symbiotic streptomyces through selection of expanded gene content and coordinated gene expression. PLoS Biol，2016，14（6）：e1002475.

[89]　Lewin G，Carlos C，Chevrette M，et al. Evolution and ecology of actinobacteria and their bioenergy applications. Annu Rev Microbiol，2016，70（1）：235-254.

[90]　Winter C，Matthews B，Suttle C A. Effects of environmental variation and spatial distance on Bacteria，Archaea and viruses in sub-polar and arctic waters. ISME J，2013，7（8）：1507-1518.

[91]　Soininen J，Korhonen J J，Karhu J，et al. Disentangling the spatial patterns in community composition of prokaryotic and eukaryotic lake plankton. Limnol Oceanogr，2011，56（2）：508-820.

[92]　Leibold M A，Holyoak M，Mouquet N，et al. The metacommunity concept：a framework for multi-scale community ecology. Ecol Lett，2004，7：601-613.

[93]　Whitaker R，Grogan D，Taylor J. Geographic barriers isolate endemic populations of hyperthermophilic Archaea. Science，2003，301（5636）：976-978.

[94]　Meer J V D. The influence of a geographical barrier on the balance of selection and migration. Mathematical Methods in the Applied Sciences，2011，8（1）：269-283.

[95]　Green J，Bohannan B J M. Spatial scaling of microbial biodiversity. Trends Ecol Evol，2006，21（9）：501-507.

第五章　巴音布鲁克草原生态系统遥感调查及野外观测

第一节　巴音布鲁克草原生态系统遥感调查

一、遥感调查影像来源

传统的草原调查方法所获得的数据只是一次性的，数据难以及时更新，调查周期长，有很大的局限性，而且会耗费大量的人力、资金。集成遥感（RS）技术、地理信息系统（GIS）技术、全球定位系统（GPS）技术，即 3S 技术，为草原资源调查与监测，尤其是大尺度草地资源的调查、监测及其研究提供了有效的技术平台。近年来，3S 技术迅速发展，形成了综合的、完整的对地观测系统，提高了人类认识地球的能力，拓展了传统科学应用及研究的领域。在草地学科领域中，3S 技术已成为草原调查、草原动态监测、草原管理决策开发中不可缺少的重要工具。

由于需从遥感图像中提取植被指数与野外实测数据来建立关系模型，所以在选取遥感影像时需要考虑到以下几点：遥感影像成像时间与野外试验在时相上需同步或基本同步，以保证遥感地物信息（主要是植被信息）和地面信息的客观对应关系；影像成像时大气状况要好，要选择天气晴朗、降水较少且植被生长茂盛的季节，这样遥感信息的辐射畸变较少，同时植被信息丰富，方便后期处理。这里主要介绍本书中所涉及的 EOS-MODIS/TERRA 影像数据。

1999 年 12 月 18 日，美国成功发射了地球观测系统（EOS）的第一颗先进的极地轨道环境遥感卫星 Terra（EOS-AM1 表示 EOS 计划的第一颗上午星，拉丁文中 "Terra" 为陆地的意思）。这颗卫星是美国国家宇航局（NASA）地球行星使命计划中总数 15 颗卫星中的第一颗，也是第一个对地球过程进行整体观测的系统。它的主要目标是实现在单系列极轨空间平台上对太阳辐射、大气、海洋和陆地进行综合观测，获取有关海洋、陆地、冰雪圈和太阳动力系统等的信息，从而进行土地利用和土地覆盖研究、气候季节和年纪变化研究、自然灾害监测和分析研究、长期气候变率和变化研究以及大气臭氧变化研究等，进而实现对大气和地球环境变化的长期观测和研究的总体（战略）目标（表 5-1）。

Terra 卫星上载有五种对地观测仪器，分别为先进的星载热量散发和反辐射仪（ASTER）、云和地球辐射能量系统（CERES）、多角度成像光谱辐射计（MISR）、中分辨率成像光谱仪（MODIS）、对流层污染探测装置（MOPITT）。为了充分了解地球系统的变化，EOS 将提供系统的、连续的地球观测信息。

MODIS 数据接收处理系统具有精度高、跟踪速度快、造价低等特点，可实现高速率、大容量数据进机和快速存储，还可实时快视；其解码技术先进，预处理系统定位准确度高、定标精度高，整体系统运行稳定可靠、抗干扰能力强。通过 MODIS 采集的数据具有 36 个波段和 250～1000m 的地表分辨率，加上数据每天上午、下午的采集频率和免费接收的数据获取政策，使得 MODIS 数据成为我国地学研究和生态环境监测中不可多得的数据资源。EOS 卫星 MODIS 资料可广泛用于气象、环境、林业、渔业、港口、交通、自然灾害监测等领域。目前，国家卫星气象中心、国家海洋环境预报中心、中国科学院地理科学与资源研究所全球变化信息研究中心等几家国内单位均安装了 MODIS 数据接收处理系统。其中，国家卫星气象中心通过美国新一代地球观测卫星（EOS）中分辨率成像光谱仪（MODIS）数据接收处理技术的课题组，跟踪国际领先技术，成功研制开发了接收 EOS 卫星 MODIS 数据的接收处理系统，实现了整体技术集成，在我国首先实现了该数据的实时接收，且获得了很好的中分辨率成像光谱图像，对 EOS 三颗卫星的参数进行了对比，获得了 Terra-MODIS 技术指标表（表 5-2）。

表 5-1 EOS 三颗卫星参数对比

	Terra	AQUA	AURA
发射时间	1999 年 12 月 18 日	2002 年 5 月 4 日	2004 年 7 月 15 日
运载火箭	ATLAS IIAS	DELTA CLASS	DELTA CLASS
轨道高度	太阳同步，705km	太阳同步，705km	太阳同步，705km
轨道周期	98.8min	98.8min	98.8min
过境时间	上午 10:30	下午 1:30	下午 1:30
地面重复周期	16d	16d	16d
重量	5190kg	2934kg	3000kg
展开前体积	3.5m×3.5m×6.8m	2.68m×2.49m×6.49m	2.7m×2.28m×6.91m
星载传感器数据量	5 个	6 个	4 个
星载传感器名称	MODIS、MISR、CERES、MOPITT、ASTER	AIRS、AMSU-A、CERES、MODIS、HSB、AMSR-E	HIRDLS、MLS、OMI、TES
遥测	S 波段	S 波段	S 波段
数据下行	X 波段（8212.5MHz）	X 波段（8160MHz）	X 波段（MHz）
总供电功率	3000W	4860W	4600W
卫星设计寿命	5a	6a	6a

表 5-2   Terra-MODIS 技术指标表

项目	指标
轨道	705km，降轨上午 10:30 过境，升轨下午 1:30 过境，太阳同步，近极地圆轨道
扫描频率	每分钟 20.3 转，与轨道垂直
测绘带宽	2330km×10km
望远镜	直径 17.78cm
体积	1.0m×1.6m×1.0m
重量	250kg
功耗	225W
数据率	11Mbit/s
量化	12bit
空间分辨率	250m、500m、1000m
设计寿命	5a

二、草原生态系统遥感调查

草原生态系统是地球上最重要的陆地生态系统之一，是将太阳能转化为化学能的绿色能源库，对生物圈的物质循环和能量流动起着非常重要的作用。我国的草原面积将近 4 亿 hm^2，约占国土面积的 40%，居世界第二位，草原生态系统在国民经济和生态建设中具有不可替代的重要地位和作用。近年来，由于草场退化十分严重，国内学者对草原生态系统的研究越来越多。目前，绝大多数国内学者对草原生态系统的调查均依赖于统计资料，定量分析草原生态系统的研究依旧很少。定量分析主要是通过草地植被覆盖度以及草场的承载力来进行分析，草地退化的实质是草地生产力的下降，草地植被是草地退化最敏感的因素[1]。草原植物本身具有很大的经济生产价值，例如，为畜牧业的发展提供基础、防风固沙、保持水土、涵养水源、保护生态环境和旅游观赏[2]。

遥感手段是测量植被覆盖度的主要手段之一，可以归纳为经验模型法、植被指数转换法和混合像元分解模型法。光谱估算模型法是将地面实测数据与遥感数据相结合来建立光谱估算模型，该方法在进行大区域的植被覆盖度估算时，由于方法应用简单，易于计算，且具有较好的科学性和应用型，因此，广大学者均利用该方法对不同的研究区域进行植被覆盖度研究，从而使光谱估算模型法取得了新的进展，已成为估算植被覆盖度研究领域的主要方法之一，也是植被覆盖度遥感估算的根本出路。然而，在监测植被覆盖度方面还没有一种标准的方法。

归一化植被指数（normalized difference vegetation index，NDVI）是遥感估算植被覆盖度研究中最经典也是最常用的植被指数。许多学者在研究中都使用NDVI来估算植被覆盖度，且证实NDVI与植被覆盖度有良好的相关性。如贾宝全[3]以TM遥感影像NDVI为数据桥梁，计算分析了北京市域1987年和2009年的植被覆盖变化，对北京市域和不同生态区域两个尺度的植被变化情况进行了量化分析，并对北京市植被变化驱动力进行了研究。陈艳梅等[4]通过分析MODIS/Terra卫星的NDVI与实测NDVI的关系，建立预测呼伦贝尔草原植被覆盖度的MODIS光谱模型，模型精度较高，平均预测精度达到88.75%。兰明娟等[5]利用归一化植被指数图，通过掩膜和变化检测技术研究了重庆市北碚区的植被覆盖度情况。

植被覆盖度（vegetation coverage，VC）指观测区域内植被（包括叶、茎、枝）在地面上的垂直投影面积占观测区域总面积的百分比。植被覆盖度是分析生态环境变化的重要参数，也是描述地表植被生长状况的重要参考指标，广泛应用于地表植物蒸散、土壤水分、水土流失、光合作用的过程以及全球变化等研究领域。植被覆盖度的高低直接显示了区域环境质量的高低，也显示了区域生态系统服务能力和功能的强弱。因此，对区域植被覆盖度的时空变化特征和变化趋势进行研究，能清晰呈现区域的植被变化状况。

（一）遥感数据来源及运算方法

1. 数据来源

郭玉川等[6]基于实测植被覆盖度和多种植被指数构建了相关方程，进一步验证了利用NDVI建立的植被覆盖度估算模型精度较高，应用性较强。基于植被指数NDVI的特点和研究区特征，提取了遥感图像中的NDVI，并与野外的实测数据建立关系模型。由于遥感影像的数据质量对模型的精度有着直接的影响，因此，本书选用EOS-MODIS/Terra（http://lpdaac.usgs.gov/main.asp）中16d合成的NDVI数据，MODIS影像的数据格式为HDF，空间分辨率为250m×250m，辐射分辨率为12bit，光谱分辨率为36波段，等级为3级，它是NASA对地观测卫星的中分辨率光谱数据，数据类型是MODIS陆地产品中的植被指数产品MOD13。MODIS_NDVI遥感数据时间的选取与野外试验时间基本保持一致，为2014年8月12日～8月27日16d合成的NDVI影像。

对巴音布鲁克草原植被覆盖度时空变化研究所采用的数据为MODIS遥感数据，选取研究区每年的生长季，即4月23（24）日～9月29（30）日的影像数据，时间段为2001～2015a，共15a。利用ENVI软件对影像进行存储和坐标格式转换、影像拼接等处理步骤，再利用ArcMap软件以研究区的矢量图为基础对图像进行裁切，最后将每年生长季每 16d 合成的各期影像在 ArcMap 中求出 15a 中每年最大 MODIS_NDVI 值灰度图，所利用的工具为 ArcMap 中 Spatial Analyst 模块下的 Cell Statistics 命令工具，从而为下一步草原植被覆盖度时空变化及影响因素的研究做准备。

2. 运算方法

（1）植被覆盖度公式

植被覆盖度公式为

$$f_c = \frac{\text{NDVI} - \text{NDVI}_{\text{soil}}}{\text{NDVI}_{\text{veg}} - \text{NDVI}_{\text{soil}}} \qquad （5-1）$$

式中，$\text{NDVI}_{\text{soil}}$ 为裸土或无植被覆盖区域的 NDVI 值，即无植被像元的 NDVI 值；NDVI_{veg} 为完全被植被所覆盖的像元的 NDVI 值，即纯植被像元的 NDVI 值。在 ArcMap 中通过对栅格像元值进行分类，位于所有像元 NDVI 分布概率的 95% 和 5% 所对应的 NDVI 值为 NDVI_{max} 和 NDVI_{min}，通过查看，确定 $\text{NDVI}_{\text{max}} = 0.9495$，$\text{NDVI}_{\text{min}} = 0.049$。

（2）年际变化趋势计算

利用最小二乘法计算每一个像元的年际变化状况，从而明确研究区 15a 间各参考指标年际变化的空间分布情况，即在像元尺度的动态倾向。计算公式为

$$b = \frac{\sum_{i=1}^{n}[(x_i - \bar{x})(y_i - \bar{y})]}{\sum_{i=1}^{n}(x_i - \bar{x})^2} \qquad （5-2）$$

式中，b 为线性倾向值；x_i 为时间代表值，如 2000 年、2001 年、…、2010 年分别为 1、2、3、…、11；y_i 为栅格影像的像元值；$\bar{x}$ 为年份代表值的平均数，即 6；$\bar{y}$ 为对应像元的多年平均值；n 为样本数。当 $b < 0$ 时，表明像元值随时间变化呈减小的趋势；当 $b > 0$ 时，说明随时间变化像元值呈增加的趋势，且 b 值越大增长越快。

（3）模型检验法

通过以上数据的准备，运用建立线性模型的方法，建立利用 MODIS 数据预测的植被覆盖度与实测的植被覆盖度之间的关系，并确定是否可根据所测样本资料来推断总体情况。运用标准误差（SE）和平均误差系数（MEC），计算预测的植被覆盖度与实测的植被覆盖度之间关系的密切程度。

标准误差计算公式为

$$\text{SE} = \sqrt{\frac{\sum_{i=1}^{n}(y - y')^2}{n}} \qquad （5-3）$$

平均误差系数计算公式为

$$MEC = \frac{\sum_{i=1}^{n} \left| \frac{y - y'}{y} \right|}{n} \tag{5-4}$$

总体预测精度计算公式为

$$总体预测精度 = 1 - 总体相对误差平均值 \tag{5-5}$$

（4）相关性分析法

相关性分析用于研究两个变量之间的相关程度，相关性由相关系数表示，常用的线性相关系数为 Pearson 相关系数。计算公式为

$$R = \frac{N \sum XY - (\sum X)(\sum Y)}{\sqrt{N \sum X^2 - (\sum X)^2} \sqrt{N \sum Y^2 - (\sum Y)^2}} \tag{5-6}$$

相关系数 R 为 $-1 \sim 1$，当相关系数小于 0 时为负相关，即随着自变量的增大因变量减小；当相关系数大于 0 时则表明因变量随自变量的增大而变大，且相关系数的绝对值越大，表明两个变量的相关性越好。

（5）趋势分析法

为了更直观地了解 2000～2015 年巴音布鲁克草原变化特征在像元尺度的动态倾向，引进最小二乘法计算每一个像元的年际变化规律。所求斜率 b 即代表每个栅格年均植被指数的变化趋势。计算公式为

$$b = \frac{\sum_{i=1}^{n} [(x_i - \bar{x})(y_i - \bar{y})]}{\sum_{i=1}^{n} (x_i - \bar{x})^2} \tag{5-7}$$

式中，x_i 为时间代表值，如 2000 年、2001 年、…、2015 年分别为 1、2、3、…、16；y_i 为像元 i 的植被覆盖度；$\bar{x}$ 为年份代表值的平均数；$\bar{y}$ 为植被覆盖度的多年平均值；n 为样本数。当 $b<0$ 时，表明植被覆盖度随时间变化而减少；当 $b>0$ 时，说明植被覆盖度随时间变化而增加，且 b 值越大表明增长越快。

（二）遥感数据分析

通过植被覆盖度公式以及变化趋势公式计算得到了 2000～2013 年各年植被覆盖度的分布格局以及其近几年变化趋势的分布格局（图 5-1 和图 5-2）。

经研究获得了研究区 2000～2013 年植被覆盖度分布格局（图 5-1）。总体而言，盆地以及西南部山地地区的植被覆盖度大于周围地区的，且南部盆地的植被覆盖度总体上较北部盆地的高。从结果中可以看出，植被覆盖度（75%～100%）高值区除 2001 年、2003 年、2012 年外其他地区都出现了，且在 2006～2011 年分布的

范围较大。植被覆盖度（0～25%）低值区主要分布在研究区南部和东部的边缘区以及东北部接近保护区的位置。北部保护区植被相较于南部保护区的茂盛，保护区北部核心区外植被覆盖度相对较低。

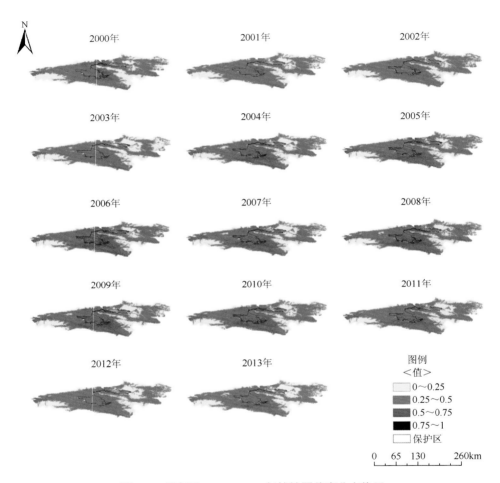

图 5-1　研究区 2000～2013 年植被覆盖度分布格局

由结果（图 5-2）可以看出，周围山地海拔较高地区的植被覆盖度近几年呈现出弱增长的趋势，保护区核心区域的大部分区域亦呈现出弱增长的趋势；盆地中保护区外围地区植被覆盖度的下降趋势相对较明显，退化相对较大；而南部保护区内除核心区外其他地区的植被覆盖度呈现出了下降的趋势，尤其是观景塔附近下降明显，旅游开发活动对植被生长产生了负面影响；九曲十八弯景区植被覆盖度呈现出了增长的趋势，保护相对较好。盆地南部区域居民点附近的植被覆盖度呈现增长的趋势，而远离居民点区域的植被覆盖度则呈现出明显的下降趋势，此外，南部盆地的居民点亦出现类似的规律。盆地中路况较好的区域，道路附近植被覆盖度的变化幅度较小，而远离道路区域的植被覆盖度则呈现了下降的趋势；山地地区路况相对较差区域的植被覆盖度呈现出了增长的趋势。通过分析可以看出，人类活动对植被覆盖度变化的影响有一定的规律。

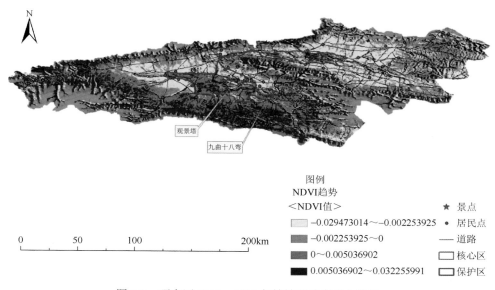

图 5-2　研究区 2000～2013 年植被覆盖度变化趋势

第二节　巴音布鲁克草原生态系统野外观测

一、野外试验样地

　　野外实验开展于草原生长的旺盛季节，样地的选择要综合考虑研究区的地形条件与植被类型等自然条件。通过分析遥感影像、土地利用现状图、地形地貌图以及植被类型图等，选取面积较大、能够代表区域植被覆盖情况，并且具有不同草原植被类型的斑块进行采样。最终选取的典型样地有：草甸草原区、山地丘陵区、盆地湿地区、草甸草原区以及沙地地区。样地的大小要基本保持一致，且样方要在样地中分布均匀。

　　野外试验时间分别为 2014 年 6 月 14 日～6 月 18 日、2014 年 8 月 11 日～8月 18 日。根据以上选取原则，挑选植被生长较均匀且具有代表性的样地，样地尽量设定为 250m×250m，以便后期与遥感数据相对应。每个样地设小样方 5～10

个，高光谱仪采集的样方大小为 15cm×20cm。根据实测 SOC_NDVI 与高空遥感 MODIS_NDVI 之间的关系，在 Excel 中剔除掉有异常数据的样地，剩余的样地数据用于构建光谱估算模型。根据统计，野外试验共选取典型样地 52 个（图 5-3），小样方 330 个。经筛选，剔除 7 个样地，剩余能够做建模分析的样地为 45 个，小样方为 280 个。

小样方呈均匀散状分布，样方内植被类型总和要尽量能够代表整个样地中的植被组成。实验过程中，详细记录每一个样地的 GPS 记录号、经纬度、海拔、样方编号、样方内鲜草重量和采集时间等信息。

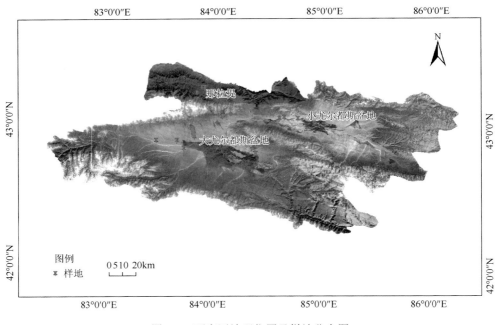

图 5-3 研究区地理位置及样地分布图

二、野外数据采集

采用美国 SOC 710 便携式可见/近红外高光谱成像光谱仪进行草地植被光谱测定。SOC 710 便携式可见/近红外高光谱成像光谱仪采用内置推扫式光谱成像技术，具有较高的便携性和灵活性，无移动部件，可在现场快速获取目标稳定、清晰的高光谱图像。

除此之外，SOC 710 便携式可见/近红外高光谱成像光谱仪还有以下几个优点：①开箱即用，无须平移台或旋转台等机械扫描结构；②可直接视频保存光谱图像；

③具有最优的高光谱图像配准精度；④耗电低；⑤可配不同焦距镜头，从而适应不同的应用需求；⑥软件可视化程度高；⑦先进的 CCD 技术，快速、简便地摄取高光谱图像；⑧USB 接口实现控制与数据存储；⑨结构紧凑、携带方便。SOC 710 系统包括光谱采集软件和 SRAnal 710 软件，SRAnal 710 软件用来进行数据定标处理。数据存储格式可选择，可直接存储为带头文件.hdr 格式的 ENVI 数据，从而可以通过 ENVI 软件直接进行数据分析。SOC 710 采集软件可视化程度高，每个数据 cube 大小为 90Mb；光谱测定的视场角为 10°，光谱范围为 400～1000nm；光谱分辨率为 4.69nm；采样间隔为 1.4nm，数据间隔为 1nm，波段为 128 个；Dynamic Range12-bit，每行像素为 696，速度为 30 行/s。

　　为了获得更准确的植被光谱信息，在进行野外光谱测量时，需要满足以下几点条件：①天气晴好，太阳下方 90°立体角范围内无云，光照条件稳定，且地面能见度高；②使用自然太阳光光源，且达到一定的太阳高度角，考虑到研究区的地理位置和试验季节，测量时间选择在 9 点～15 点的时间段内；③因为要对地面植被进行测量，所以要求风力低于 3 级；④选用表面为暗色的实验仪器和支架，且施测人员也要穿戴无强反射的深色衣物，以避免反光对测量目标光谱信息的影响；⑤施测时，目标周围的通视条件要好，且要避开遮挡物和移动物体。

　　具体测量要求为：①设置传感器距地面冠层的距离约为 1.2m，保证镜头垂直向下，此时地面视场范围直径约为 0.2m；②连接光谱仪和电脑，打开数据采集软件界面，根据测量目标和使用环境的光线条件设置软件的合适积分时间和增益值；③由于仪器扫描视场角较小，所得光谱图像不能全部覆盖整个样方面积，所以每个样方分别选取 2～3 个植被覆盖比较均匀的点进行测量，后期数据处理时，以多次测量结果的平均值作为该样方的实测值；④为减少太阳辐照度变化的影响以及仪器自身引起的误差，目标地物测量过程中要同时进行参考板测量，参考板反射率是 1；⑤电子器件存在的电子噪声，会受电子系统、操作环境如环境温度等的影响，所以在仪器使用一定时间后需要进行暗电流（dark）测量，保存结果用于后期的数据处理使用，一个样地进行一次暗电流测定即可；⑥测量光谱图像存储为带头文件的 BIL 数据格式，结果为 DN 值，通过 SRAnal 710 或 ENVI 5.0 软件可以进行反射率标准化或辐亮度标定等。

三、野外数据预处理

（一）提取实测植被覆盖度

　　实测植被覆盖度是从美国 SOC 710 便携式可见/近红外高光谱成像光谱仪获

得的高光谱图像中提取的。首先，在处理软件 SRAnal 710 中，将采集图像的 cube 文件转换为彩色图像。其次，对彩色图像进行裁切，在野外获取的高光谱图像，其四周像元与现实地面对应的区域会出现不同程度的变形，因此，在提取植被覆盖度之前，要进行简单的处理。本书利用 Photoshop 平行切除图像上下左右 1/5～1/6 长度的区域，剩余的区部分用于软件解译。解译过程利用 ERDAS 9.2 软件，将照片变为 0.1 的二值图像（图 5-4），然后找出实测照片中植物与非植物区别的临界点，这一过程是通过 Modeler 命令（图 5-5）完成的。每个样方的植被覆盖度值即为统计计算出来的植被像元的个数占总像元个数的百分数。最后求出每个样地多个小样方植被覆盖度的平均值，作为该样地的实测植被覆盖度（VC）。

图 5-4　实测图像（左）与结果图像（右）

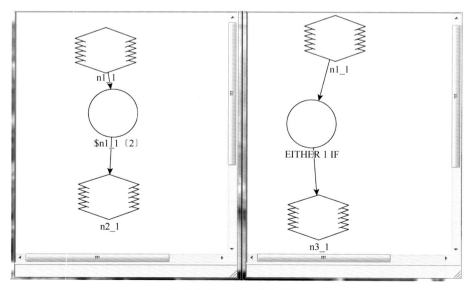

图 5-5　Modeler 命令窗口

（二）光谱处理提取实测植被指数值

从 SOC 710 便携式可见/近红外高光谱成像光谱仪获取的高光谱图像中获得样方的实测植被指数，需要经过 3 个步骤：光谱标定、黑场标定、空间和辐射标定，最后将图像标定为 float 格式的文件。这些过程需要在 SOC 710 自身携带的软件 SRAnal 710 中完成，所用工具为 Calibrate 面板（图 5-6）。参考板反射率由仪器生产商经过定标后提供，反射率与样方地物反射率之间的关系式为样方地物反射率=（地物 DN 值/参考板 DN 值）×参考板反射率。定标后的图像的数据处理需要利用软件 ENVI 5.0，通过重采样工具（spectral library resampling），使光谱反射率数据与 MODIS 遥感数据具有一致的波段范围，然后再使用波段计算工具得到实测植被指数 NDVI。通过对多个样方的 NDVI 求平均得到每个样地的实测植被指数值（SOC_NDVI）。

最后，每个样地各对应一个实测 VC 和一个 SOC_NDVI 值，依次记录在 Excel 表格中，用于建立光谱估算模型。

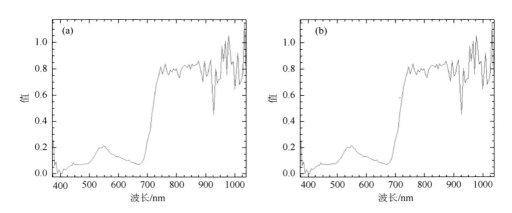

图 5-6 原始植被光谱（左）与定标后植被光谱（右）

四、野外植被调查

（一）样地设置

研究区样地设置主要遵循植被类型与地貌类型相结合的原则（图 5-7）。

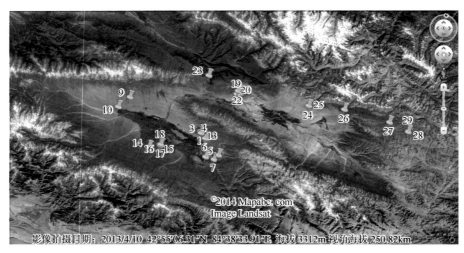

图 5-7　植被调查样地的设定

采样点均匀分布在研究区的各个部分，在大尤尔都斯草原设定了 10 个样地 18 个样方；在小尤尔都斯草原设定了 7 个样地 11 个样方。样方设置主要遵循中国生态系统研究网络（CERN）的规范，即灌木样方大小为 10m×10m；草本样方大小为 1m×1m；沼泽样方大小为 0.5m×0.5m。

（二）尤尔都斯草原植被分类系统

参考《新疆植被及其利用》[7]关于植被类型的分类，尤尔都斯草原植被分类系统主要包括草原、草甸、沼泽三大类型。

草原包括典型草原、荒漠化草原和寒生草原。典型草原群系植被类型为针茅草原和冰草草原；荒漠化草原群系植被类型为镰芒针茅草原；寒生草原群系植被类型为羊茅草原。

草甸包括低地、河漫滩盐化草甸，低地、河漫滩沼泽化草甸和高山草甸。低地、河漫滩盐化草甸群系类型为茇茇草盐化草甸；低地、河漫滩沼泽化草甸群系类型为大麦草草甸；高山草甸群系类型为高山薹草草甸。

沼泽为沼泽群系，沼泽群系的植被类型为薹草沼泽。

（三）尤尔都斯草原植被现状

1. 草原

（1）典型草原——针茅草原

样地类型主要包括固定沙丘、半流动沙丘和次生盐渍化针茅草原。根据样地调查分析得出针茅草原的总盖度为 10%～50%，其中，在网围栏内草原的盖度因利用程度的不同而不同，其盖度幅度为 60%～70%。半流动沙丘迎风坡为无植被覆盖的裸地，而背风坡上长有赖草（*Leymus secalinus*）占优势的非常稀疏的植被，含有 2～3 种植物。而其旁边固定沙丘的植被为典型的针茅草原（针茅-冷蒿草原）（图 5-8），物种数和盖度都明显大于半流动沙丘。次生盐渍化针茅草原盖度约有10%。针茅草原物种组成单调，在 1m×1m 样方内含有 2～9（12）种植物，生物量的鲜重变化很大，主要取决于利用程度，1m×1m 的载物量鲜重一般不到 100g。

图 5-8　针茅草原典型样方

（2）典型草原——固定沙丘和半固定沙丘植被

固定沙丘和半固定沙丘植被类型主要为赖草（*Leymus secalinus*）群系（图 5-9）以及对应的盐渍化针茅草原（图 5-10）。

图 5-9　赖草（*Leymus secalinus*）群系

图 5-10　盐渍化针茅草原

（3）典型草原——冰草草原

冰草草原样方的平均总盖度为 25%，1m×1m 样方平均含有 9 种植物，平均鲜重为 112g（图 5-11）。

图 5-11　冰草草原

（4）荒漠化草原——镰芒针茅草原

镰芒针茅草原样方平均总盖度为 40%，1m×1m 样方平均含有 11 种植物，平均鲜重为 344g（图 5-12）。

图 5-12　镰芒针茅草原

（5）寒生草原——羊茅草原

羊茅草原样方的总盖度为 75%～90%，1m×1m 样方平均含有 9 种植物，鲜重为 384～432g。

2. 草甸

低地河漫滩盐化草甸主要为芨芨草盐化草甸。芨芨草盐化草甸样方总盖度为 10%～20%，1m×1m 样方含有 8～9 种植物，鲜重为 26～31g。

低地河漫滩沼泽化草甸为大麦草草甸，其群落盖度一般很高，达 90%～100%，可是盐渍化程度较大的盖度只有 40%。大麦草草甸 1m×1m 样方含有 5～10 种植物，平均鲜重为 304g。高山薹草草甸群落的盖度一般大于 70%，1m×1m 样方平均含有 5 种植物，薹草占绝对优势，鲜重达 60～70g。

3. 沼泽

薹草沼泽样方的总盖度为 80%，0.5m×0.5m 样方含有 5～6 种植物，平均鲜重为 132g。

参 考 文 献

[1]　苏大学，刘建华，钟华平，等. 中国草地资源遥感快查技术方法的研究. 草地学报，2005，13（s1）：4-9.

[2]　刁兆岩，徐立荣，冯朝阳，等. 呼伦贝尔沙化草原植被覆盖度估算光谱模型. 干旱区资源与环境，2012，2602：139-144.

[3]　贾宝全.基于 TM 卫星影像数据的北京市植被变化及其原因分析. 生态学报，2013，33（5）：1654-1666.

[4]　陈艳梅，高吉喜，刁兆岩，等. 呼伦贝尔草原植被覆盖度估算的光谱模型. 中国环境科学，2010，09：1287-1292.

[5]　兰明娟，魏虹，熊春妮，等. 基于 TM 影像的重庆市北碚区地表植被覆盖变化. 西南大学学报（自然科学版），2009，31（4）：100-104.

[6]　郭玉川，何英，李霞. 基于 MODIS 的干旱区植被覆盖度反演及植被指数优选. 国土资源遥感，2011，（2）：115-118.

[7]　中国科学院新疆综合考察队，中国科学院植物研究所. 新疆植被及其利用. 北京：科学出版社，1978.

第六章　巴音布鲁克湿地生态系统观测及演变趋势

第一节　巴音布鲁克湿地生态系统特征

高寒沼泽是一类具有独特生态环境功能和保护价值的湿地生态系统，承接和调节着高原的冰雪融水、地表径流和河流水量，具有独特的水文和生态功能，对维持高海拔地区的特殊生境和生物多样性具有重要的意义。巴音布鲁克草原湿地主要分布在大小尤尔都斯盆地，是流域中许多重要河流的发源地。作为流域生态系统的一个重要组成部分，独特的地理与生态区位使得巴音布鲁克草原湿地成为维系流域生态环境安全的关键因素。由于巴音布鲁克草原湿地位于高海拔、高寒地带，生态环境极为脆弱、敏感，气候变化、人类活动等干扰对其产生的影响远较一般地区的湿地要快和剧烈。

一、湿地生态系统植物群落特征

（一）湿地生态系统植物群落及物种多样性

1. 湿地生态系统植物群落特征

（1）研究方法

为探明巴音布鲁克高寒沼泽湿地的自然环境状况，于 2013 年在天鹅湖沼泽湿地沿地形和水文梯度布设了 PVC 水位监测管，经过连续 3 年的水位监测，依据各样点水位变化及水位的稳定程度，将研究区沼泽湿地分为临时性积水区、季节性积水区和常年性积水区。其中，临时性积水区分布在研究区的外缘，地势较高，仅在集中降水后地表有临时积水且积水会迅速下渗或通过地表径流排走，地表无长时间积水状况；季节性积水区在生长季降水集中的月份地表有积水，但地表积水不稳定，可在干季出现无积水现象；常年性积水区分布在研究区的内部，地势较低，水源补给包括地下水、地表径流和大气降水，地表在整个生长季均有积水，且积水环境稳定。根据研究区不同积水区的分布及积水条件，布设两条植物群落调查样线，每条样线均涵盖临时性积水区、季节性积水区和常年性积水区 3 种类型。第一条样线设置为 B 线（42°46′34″N, 84°25′7″E），共有 6 个样点，B1 点至

B6 点水位逐渐升高；第二条样线设置为 D 线（42°39′27″N, 84°22′53″E），共有 5 个样点，D1 点至 D5 点水位逐渐升高（图 6-1 和图 6-2）。

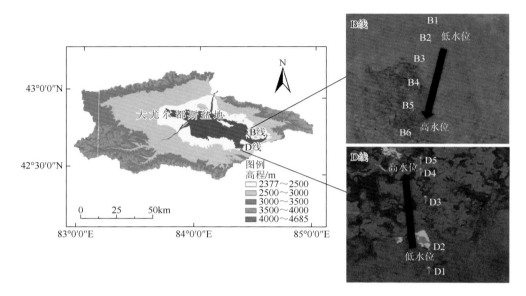

图 6-1　调查样线分布图

(a)　　　　　　　　　　　　　　　　(b)

图 6-2　天鹅湖湿地季节性积水沼泽（左图）与常年积水沼泽（右图）

在研究区每个样点处布设 8 个植物调查样方（1m×1m），共 88 个调查样方。为保证植物物种的丰富度和植物种类的准确辨别，于 2014 年 7 月和 2015 年 8 月两次在植物的花期或抽穗期进行植物多样性调查，并同时记录样方内的植物种类、植株数目、高度、盖度等数据。

巴音布鲁克天鹅湖沼泽植物群落均为草本，为了避免单一指数对多样性测定造成的不足，本书选取群落中各物种在样方中的相对重要值（IV）、物种丰富度指数、Shannon-Wiener 指数、Pielou 均匀度指数、Simpson 优势度指数来研究该区的群落多样性特征。各指数计算方法如下：

相对重要值：$\text{相对重要值} = \dfrac{\text{相对密度} + \text{相对频度} + \text{相对盖度}}{3}$

式中，密度为单位面积内某种植物的个体数，相对密度 = 某种植物的个体数/全部植物的个体数×100%；频度为一个种在所做的全部样方中出现的频率，相对频度为某种在全部样方中的频度与所有种频度和之比，相对频度 = 该种的频度/所有种的频度总和×100%；盖度为植物地上部分垂直投影的面积占地面的比率，相关盖度 = 该种的盖度/所有种盖度之和×100%。

物种丰富度：群落中物种总数目。

Shannon-Wiener 指数：

$$H = -\sum_{i=1}^{S}(P_i \ln P_i) \tag{6-1}$$

式中，S 为物种数；P_i 为第 i 个物种的相对多度，即 $P_i = N_i/N$；N 为样方中各物种多度总和；N_i 为第 i 个物种的多度。

Pielou 均匀度指数：

$$E = \frac{H}{\ln S} \tag{6-2}$$

式中，H 为 Shannon-Wiener 指数；S 为物种数。

Simpson 优势度指数：

$$D = \sum_{i=1}^{S}\left(\frac{N_i}{N}\right)^2 \tag{6-3}$$

式中，S 为物种数；N 为样方中各物种多度总和；N_i 表示第 i 个物种的多度。

（2）巴音布鲁克沼泽湿地植物群落物种多样性特征

本书中共记录植物 39 种，隶属于 19 科 22 属。有 7 种植物只出现在 1～2 个样方中，出现频率很低，占植物物种总数的 17.95%。细果薹草（*Carex stenocarpa*）和黑花薹草（*C. melanantha*）在调查样方中出现的频率最高，出现样方数占总样方数的 80.65%，表明这两种植物生态适应能力强，分布幅度较宽。其次是海韭菜（*Triglochin maritimum*）、线叶嵩草（*Kobresia capillifolia*），其出现样方数分别占总样方数的 58.06% 和 51.61%。

根据样线上各样点样方内植物重要值的大小共划分了 6 种主要植物群落类型，这些群落类型分布于 3 种不同的积水状况下。临时性积水区主要植物群落有细果薹草（*Carex stenocarpa*）-线叶嵩草（*Kobresia capillifolia*）群落、细果薹草-

木贼（*Equisetum hyemale*）群落；季节性积水区主要植物群落有细果薹草-黑花薹草（*C. melanantha*）-海韭菜（*T. maritimum*）群落、细果薹草-黑花薹草-水麦冬（*Triglochin palustre*）群落、细果薹草-黑花薹草群落；常年性积水区主要植物群落有单行薹草（*C. divisa*）-大穗薹草（*C. rhynchophysa*）群落。此外，还获得了每种群落的伴生种及其所处环境的地表积水状况（表 6-1）。

表 6-1 巴音布鲁克天鹅湖沼泽主要植被群落类型

点位	植物群落	主要伴生种	地表积水状况	水位/cm
B1	细果薹草 + 线叶嵩草	黑花薹草、暗褐薹草、海韭菜、木贼、莲座蓟	临时性积水	−5
B2	细果薹草 + 黑花薹草 + 海韭菜	木贼、线叶嵩草、拟鼻花马先蒿、小米草	季节性积水	0
B3	细果薹草 + 海韭菜 + 黑花薹草	线叶嵩草、拟鼻花马先蒿、小米草、狸藻	季节性积水	1.2
B4	细果薹草 + 黑花薹草 + 海韭菜	线叶嵩草、小米草、拟鼻花马先蒿、莲座蓟、狸藻	季节性积水	2.0
B5	细果薹草 + 黑花薹草 + 水麦冬	线叶嵩草、海韭菜、狸藻、天山报春、小米草等	季节性积水	3.4
B6	单行薹草 + 大穗薹草	黑花薹草、海韭菜、细果薹草、水麦冬、拟鼻花马先蒿	常年性积水	4.5
D1	细果薹草 + 木贼	线叶嵩草、黑花薹草、暗褐薹草、海韭菜、火绒草	临时性积水	−15
D2	细果薹草 + 黑花薹草	线叶嵩草、小米草、珠芽蓼、木贼、天山报春、海韭菜	季节性积水	1.2
D3	细果薹草 + 黑花薹草	单行薹草、拟鼻花马先蒿、线叶嵩草、水麦冬、梅花草、狸藻等	季节性积水	2.6
D4	大穗薹草 + 单行薹草	黑花薹草、细果薹草、水麦冬、狸藻等	常年性积水	4
D5	大穗薹草 + 单行薹草	细果薹草、杉叶藻、狐尾藻、狸藻	常年性积水	6

巴音布鲁克沼泽湿地 B 样线的物种丰富度高于 D 样线的，且沼泽湿地的外缘，即临时性积水区的物种丰富度最高，沼泽深部，即常年性积水区的物种多样性最低，季节性积水区的物种多样性居中（表 6-2）。Shannon-Wiener 指数与物种丰富度表现出相同的变化趋势。Pielou 均匀度指数在 B 样线和 D 样线的外部均表现出略低，而在常年性积水区较高的现象，但 Simpson 优势度指数则表现出了相反的趋势，说明在常年性积水区沼泽物种类型相对简单，且分布较均匀，但在临时性积水区和季节性积水区虽然湿地植物的物种数略高，但分布不均匀，有单一或者双优势种。

表 6-2　巴音布鲁克沼泽湿地监测样点植物群落物种多样性特征

样地	样点	群落名称	物种丰富度指数	Shannon-Wiener 指数	Pielou 均匀度指数	Simpson 优势度指数
	B1	细果薹草+线叶蒿草	15	1.90	0.70	0.74
	B2	细果薹草+黑花薹草+海韭菜	13.5	1.82	0.70	0.76
B 样线	B3	细果薹草+海韭菜+黑花薹草	8.3	1.74	0.87	0.86
	B4	细果薹草+黑花薹草+海韭菜	8	1.52	0.74	0.77
	B5	细果薹草+黑花薹草+水麦冬	7.5	1.35	0.67	0.76
	B6	单行薹草+大穗薹草	6	1.46	0.82	0.73
	D1	细果薹草+木贼	14	1.71	0.66	0.69
	D2	细果薹草+黑花薹草	9.25	1.39	0.64	0.68
D 样线	D3	细果薹草+黑花薹草	8.25	1.39	0.71	0.72
	D4	大穗薹草+单行薹草	7.3	1.42	0.77	0.73
	D5	大穗薹草+单行薹草	4.3	1.11	0.79	0.64

2. 沼泽湿地植物物种多样性影响因素

湿地植物作为主要的初级生产者，是湿地生物组分中最活跃的部分，也是湿地生态系统的重要组成部分，对湿地生态系统结构的维持和生态服务功能的发挥具有重要的支撑作用[1]。植物群落是植物与环境相互作用的产物，其结构、功能和生态特征能综合反映湿地生态环境的基本特点和功能特性[2]。在大尺度上，气候对植物群落的种类组成、空间分布起着决定性的作用；在小尺度上，地形、土壤、生物之间的相互作用等因素也影响着植物群落的组成及分布[3-5]。沼泽湿地中环境条件的变化是植物物种组成调节的主要驱动力，植物为适应环境的不断变化使最有竞争力的物种占据优势[6]。因此，植物群落的种类组成、空间分布及其与环境因子的关系一直是生态学研究的热点问题。已有研究表明，水文条件和土壤环境是影响植物群落物种组成和分布的关键环境因子，水文条件变化对湿地生态系统的结构和特征具有明显的调控作用，直接影响植物的生长发育、竞争关系、植物群落的物种组成、优势度[7, 8]。而湿地土壤环境则为植物的生存繁殖提供必需的营养物质环境基础，影响植物的种类、数量、形态和分布[9]。目前，针对不同湿地类型开展的环境因子对植物群落影响的研究还相对较少，而了解环境因子对植物群落种类组成、分布的影响，不但有利于揭示群落结构和物种多样性的分布格局以及进一步了解植物群落的生态过程，对发展和优化物种多样性保护策略、可持续管理和利用植物资源也具有重要的指导意义。

高寒沼泽是一类具有独特生态环境功能和保护价值的湿地生态系统，承接和调节着高原的冰雪融水、地表径流和河流水量，具有独特的水文和生态功能，对维持高海拔地区的特殊生境和生物多样性具有重要的意义[10]。位于我国西北干旱区的巴音布鲁克高寒沼泽湿地是新疆较大的高寒湿地之一，也是开都河、伊犁河、玛纳斯河等诸多天山南北河流的源头，其独特的地理与生态区位使得巴音布鲁克高寒沼泽湿地成为维系我国西北干旱地区流域生态环境安全的重要屏障。本书以新疆巴音布鲁克天鹅湖沼泽湿地为研究对象，开展了沼泽湿地主要植物群落及其水文和土壤环境因子的调查，对植物群落的物种多样性及其环境之间的关系进行了分析，并定量分离了各类因素对植物群落空间分布的解释能力，为深入探讨环境梯度下不同植物的分布、环境特征及生产力状况奠定了基础，也为高寒沼泽湿地的保护管理及可持续发展提供了重要依据。

（1）研究方法

选取地表水位（WT）、土壤有机碳（SOC）、土壤全氮（TN）、土壤全磷（TP）4 个环境因子来分析水文和土壤环境对植物群落多样性的影响。其中，每个样点的地表水位数据选用 2014～2015 年的监测数据。

采用软件 Canoco 4.5 来分析群落物种重要值与环境因子的关系。在进行排序分析之前，首先对物种矩阵做除趋势对应分析（detrended correspondence analysis，DCA）[11]，结果显示，所有排序的最长轴长度均小于 3，因此，适合选用冗余分析（RDA）排序方法。环境因子的多样性可能导致排序结果的不可靠，因此，进行 RDA 分析前，计算了环境因子的膨胀系数（inflation factors，IFs）。结果显示，所有环境因子的膨胀系数均小于 10，说明环境因子间的共线性十分微弱，可以不予考虑。同时为了最小化稀有物种对结果的影响，分析前删除了出现在样方中数量少于 3 个的物种。

为了评估各个环境因子对群落物种组成影响的相对重要性，分别计算了每个环境因子的总效应和净效应。一个环境因子的总效应是指仅以 1 个环境因子为解释变量进行 RDA 排序时物种组成变异的解释量，而其净效应是指以 1 个环境因子进行 partial RDA 分析时物种组成变异的解释量。所有排序的显著性均由 Monte Carlo 随机置换（499 次）检验进行检验。为了最小化稀有物种对排序结果的影响，对所有排序都执行了稀有物种的降权处理。最后用 CanocoDraw 绘制 RDA 排序图。

为研究草丘微地貌环境对植物物种多样性的影响，在研究区的每个样点附近设置 10m×10m 的样方，调查样地内草丘的个数。随机选择 10 个草丘（样方内草丘不足 10 个时则调查所有草丘），测量草丘的高度和基径。假定草丘的基部为圆形，估算草丘的覆盖度。草丘的表面积可近似看作为 1/2 椭圆体的表面积，计算公式为

$$M = \frac{2\pi(ab+bc+ac)}{3} \qquad (6\text{-}4)$$

式中，a 和 c 分别为两次垂直测量的 1/2 基径；b 为草丘高度。

由于高寒沼泽湿地中草丘的盖度随着水位发生变化，同时草丘的物种丰富度可能与丘间存在显著差异。因此，本书采用草丘密度的加权平均法来计算各点位的物种数。计算公式为

$$S = (1-d) \times h_1 + d \times h_2 \qquad (6\text{-}5)$$

式中，S 为物种丰富度；h_1 为丘间物种丰富度；h_2 为草丘物种丰富度；d 为草丘盖度。

（2）数据处理

不同积水条件下植物群落多样性的差异性使用单因素方差分析（one-way ANOVA）进行分析，Duncan 多重比较进行检验。通过个案 K-S 检验和方差的同质性检验，不同积水状况下群落多样性指数数据服从正态分布，方差齐次（$P>0.05$）。使用单因素方差分析对不同积水区及草丘微地貌下的群落物种丰富度进行分析，并使用 Duncan 检验对数据进行多重比较；采用线性回归方法，分析物种丰富度与地表水位、草丘盖度、草丘高度、草丘基径、草丘表面积之间的相关关系，显著性水平 $\alpha = 0.05$。

（3）研究结果

1）不同积水条件下植物群落物种多样性

单因素方差分析结果表明，巴音布鲁克天鹅湖沼泽湿地不同地表积水条件的植物物种数呈极显著差异（$P<0.01$），Shannon-Wiener 指数和 Pielou 均匀度指数呈显著差异（$P<0.05$）。但随着积水条件的变化，Simpson 优势度指数并未表现出明显的变化趋势（$P>0.05$）。多重比较分析结果表明，不同地表积水条件的物种丰富度指数和 Shannon-Wiener 指数有相同的变化趋势：常年性积水区＜季节性积水区＜无积水区。随着地表积水的增加，Pielou 均匀度指数呈增加的趋势，而 Simpson 优势度指数则没有明显的变化趋势（图 6-3），说明随着地表积水的增加，巴音布鲁克天鹅湖湿地植物的种类在逐渐减少，群落结构趋于简化，多样性降低。

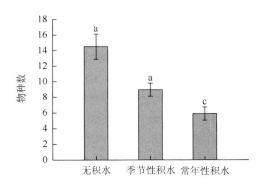
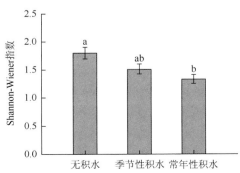

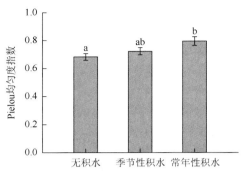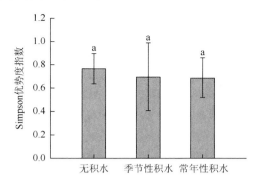

图 6-3　不同地表积水状况植物群落物种多样性

2）环境因子对植物群落物种多样性的影响

a. 环境因子与 RDA 排序的相关

对 11 个样点的植物群落物种与环境因子进行 RDA 排序分析，蒙特卡罗随机置换检验显示所有排序轴都是极显著的（$P<0.01$）。前 4 个排序轴的特征值分别为 0.461、0.152、0.041、0.025，合计占总特征值的 67.9%；物种组成累积解释量及物种-环境关系累积解释量分别达 67.9%和 100%，说明排序效果良好。水位与 RDA 第一轴存在显著（$P<0.05$）正相关，土壤 SOC、TN 与第二轴呈极显著（$P<0.01$）负相关（表 6-3）。环境因子的空间分布较好地指示了植物群落物种的组成和分布，说明水分与土壤氮磷养分对天鹅湖湿地的植物群落物种组成及分布影响显著。

表 6-3　环境因子与 RDA 前 4 个排序轴的相关系数及排序摘要

环境因子及排序概要	第 1 轴	第 2 轴	第 3 轴	第 4 轴
环境因子				
水位	0.629[*]	−0.556	−0.060	−0.530
土壤 SOC	0.214	−0.899[**]	0.368	0.107
土壤 TN	−0.468	−0.860[**]	−0.114	0.166
土壤 TP	0.391	−0.446	−0.312	0.742[**]
RDA 排序概要				
特征值	0.461	0.152	0.041	0.025
物种-环境相关	0.921	0.916	0.871	0.776
解释的物种组成变异的累积百分比	46.1	61.3	65.4	67.9
物种-环境关系方差的累积百分比	67.9	90.2	96.3	100.0
所有典范轴的显著性测验	$F=3.169$	$p=0.008$		

* 表示在 0.05 水平（双侧）上显著相关；** 表示在 0.01 水平（双侧）上显著相关。

b. 植物群落与环境因子的关系

植物群落物种与环境因子排序图（图 6-4）展示了环境条件对植物群落物种分布的影响。箭头连线长度表示环境因子与群落物种分布相关程度的大小；箭头连线与排序轴的夹角表示该环境因子与排序轴相关性的大小，夹角越小，表示相关性越高；箭头所指方向表示该环境因子的变化趋势。

图 6-4（a）显示植物群落与环境因子的排序，由环境因子与 RDA 排序的相关性可知，RDA 排序第一轴反映水位（WT）的变化。沿着水平轴轴 1 方向，细果薹草 + 线叶嵩草群落、细果薹草 + 黑花薹草群落 + 海韭菜群落、细果薹草 + 木贼群落、细果薹草 + 黑花薹草群落、细果薹草 + 黑花薹草 + 水麦冬群落、大穗薹草 + 单行薹草群落按水位梯度分布，分布状况与地表积水状况吻合。RDA 排序第二轴反映土壤 TN 含量、土壤 SOC 含量的变化。沿着垂直轴轴 2 方向，细果薹草 + 黑花薹草 + 水麦冬群落、单行薹草 + 大穗薹草群落、细果薹草 + 黑花薹草 + 海韭菜群落、细果薹草 + 线叶嵩草群落、细果薹草 + 黑花薹草群落、大穗薹草 + 单行薹草群落、细果薹草 + 木贼群落沿着 TN 含量、SOC 含量梯度降低的方向分布。

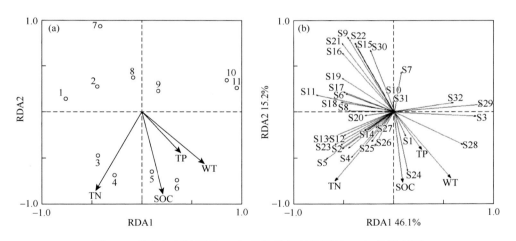

图 6-4　群落与环境因子（a）及物种与环境因子（b）的排序图

（a）中数字 1～6 表示 B1～B6 样点的植物群落，数字 7～11 表示 D1～D5 样点的植物群落。（b）中 S1：黑花薹草；S2：细果薹草；S3：单行薹草；S4：线叶嵩草；S5：海韭菜；S6：宽苞韭 *Allium platyspathum*；S7：早熟禾 *Poa* sp.；S8：野黑麦 *Hordeum brevisublatum*；S9：木贼；S10：莲座蓟 *Cirsium esculentum*；S11：梅花草 *Parnassia palustri*；S12：小米草 *Euphrasia pectinata*；S13：天山报春 *Primula nutans*；S14：拟鼻花马先蒿 *Pedicularisrhinanthoides*；S15：海乳草 *Glaux maritima*；S16：毛茛 *Ranunculus japonicus*；S17：暗褐薹草 *Carex atrofusca*；S18：宽叶红门兰 *Orchis latifolia*；S19：野胡萝卜 *Daucus carota*；S20：长叶碱毛茛 *Halerpestes ruthenica*；S21：委陵菜 *Potentilla discolor*；S22：珠芽蓼 *Polygonum viviparum*；S23：火绒草 *Lobularia maritima*；S24：狸藻 *Utricularia vulgaris*；S25：天山龙胆 *Gentiana macrophylla*；S26：风毛菊 *Saussurea japonica*；S27：河边龙胆 *Gentiana riparia*；S28：水麦冬；S29：大穗薹草；S30：蓍草 *Achillea millefolium*；S31：辐状肋柱花 *Lomatogonium rotatum*；S32：杉叶藻 *Hippuris vulgaris*

图 6-4（b）显示，更多的物种分布在水位较低或者氮养分元素含量高的生境，这说明积水区土壤的通气条件较差，只有一部分耐水淹胁迫种竞争力上升，从而导致水位高的生境植物多样性降低。此外，还说明研究区较多物种对氮元素的需求高于对碳、磷元素的需求，物种分布受氮养分限制。

Monte Carlo 随机置换检验表明，4 个环境因子中 WT 和 TN 含量对物种组成的总效应达到显著水平。净效应中只有 TN 含量达到显著水平，而 SOC 含量、土壤 TP 含量的总效应和净效应均未能显著解释物种的组成（表 6-4）。

表 6-4　环境因子对物种组成的总效应和净效应

环境因子	总效应	F	净效应	F
水位	0.24	2.81*	0.10	1.94
土壤 SOC	0.15	1.58	0.05	0.97
土壤 TN	0.22	2.46*	0.22	4.10**
土壤 TP	0.12	1.21	0.12	0.072

* 表示在 0.05 水平（双侧）上显著相关；** 表示在 0.01 水平（双侧）上显著相关。

3）草丘微地貌对植物群落物种多样性的影响

a. 地表水位与草丘微地貌

在高寒沼泽湿地中，草丘的发育与地表积水关系密切，季节性积水沼泽和无积水沼泽常有草丘发育，草丘盖度为 15%～60%。随着积水深度的增加，草丘的分布密度逐渐减小，至常年积水沼泽则鲜有草丘发育（表 6-5）。草丘盖度与地表水位的相关分析表明，二者呈显著负相关，决定系数 R^2 为 0.63（图 6-5）。

表 6-5　各点位草丘及丘间植物群落物种丰富度

点位	草丘物种丰富度	丘间物种丰富度	加权平均物种丰富度
B1	15±0.58	13.67±0.33	14.47±0.37
B2	14±0.58	9±0.58	11.5±0.58
B3	10.67±0.88	4±0.58	6.67±0.29
B4	10.33±0.33	4±0	5.9±0.10
B5	9.33±0.33	4.33±0.33	5.08±0.33
B6	—	—	6±0.58
D1	17.33±0.33	10.33±0.33	14.53±0.18
D2	12±0.58	6.0±0.58	8.4±5.03
D3	11.67±0.67	4.33±0.33	6.53±0.43
D4	10.33±0.33	5±0.58	5.27±0.53
D5	—	—	4.33±0.67

b. 草丘微地貌与群落物种多样性

虽然季节性积水区群落物种多样性高于常年性积水区的，但由表 6-5 可见，季节性积水区草丘的物种丰富度高于丘间的，而丘间的物种丰富度并不高于常年性积水区的，说明草丘是季节性积水区较高物种多样性的主要贡献者（表 6-2）。将所有点位草丘和丘间的物种丰富度进行平均，发现草丘的平均物种丰富度为 12.30，而丘间的为 6.74，二者之间具有显著性差异（$P < 0.001$）（图 6-6），草丘增加了 45% 的物种数。植物物种丰富度与草丘盖度的相关分析也表明，草丘盖度与物种丰富度呈显著正相关（$P < 0.001$，$R^2 = 0.79$），草丘盖度越大，物种数越多（图 6-7），说明草丘对高寒沼泽湿地物种多样性的维持具有重要的作用。

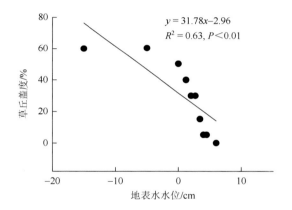

图 6-5　地表水水位与草丘盖度相关关系　　　图 6-6　草丘和丘间的植物物种丰富度

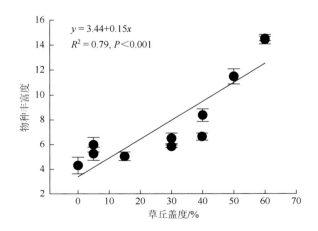

图 6-7　草丘盖度与物种丰富度相关关系

草丘在高寒沼泽湿地发育，地表凸起增加了表面积。通过相关分析发现，草丘的物种丰富度与草丘高度、草丘基径及草丘面积均呈显著正相关（图6-8），三者中与草丘高度相关性最高，决定系数达 0.78（$P<0.001$），其次是草丘面积（$R^2=0.68$），与草丘基径相关性最弱（$R^2=0.46$）。这说明草丘高度越高，表面积越大，草丘的植物物种多样性越高。

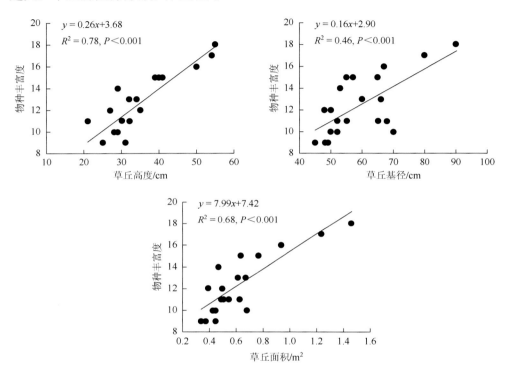

图 6-8　草丘高度、草丘基径及草丘面积与植物物种丰富度相关关系

4）讨论

a. 水位对沼泽湿地植物群落多样性的影响

水是生态系统中重要的生态因子，水位变化对植物群落的物种组成、分布具有显著的影响，甚至起着决定性的作用[12]。已有研究表明，水位与群落多样性之间存在显著的相关性，水分胁迫使植物在生理水平上产生适应性调整，并通过形态构建表现出来，使植物种群数量特征改变，并最终导致植被分布格局的改变[13]。本书中，RDA 排序分析结果显示，地表水位对物种组成变异解释的贡献率高达 46.1%。随着水位梯度的降低，群落物种数目减少，且在不同水文条件下，群落多样性表现出显著差异。大量研究表明，淹水导致群落物种多样性降低，尤其是物种丰富度降低[14]。此外，还发现随着地表积水的减少，物种丰富度指数和Shannon-Wiener 指数均表现出上升的趋势。产生该现象的原因主要是，随着水位

波动幅度的增大，淹水时间相继超过一些植物的极端耐受限度，使土壤中一些种子无法经受极端淹水条件而消亡，导致种子库组成及分布格局发生改变[15]，从而影响群落物种的组成。此外，长期积水环境使得土壤的通气条件变差，超过某些植物的耐受范围，导致其死亡，植物群落向单优物种群落发展[16]，植物物种组成数量减少，分布不均匀，从而导致物种丰富度与多样性降低。Pielou 均匀度指数对水文条件变化的响应趋势与物种丰富度指数和 Shannon-Wiener 指数相反。随着地表积水的增加，Pielou 均匀度指数呈升高的趋势，这可能是由于淹水对优势种优势度的胁迫强于其对物种生存的胁迫，同时这在一定程度上也反映了湿地植物的水分生态幅较宽[17]。

　　然而，在不同研究中，湿地植物群落多样性对水文变化的响应规律存在不同程度的差异。在莫莫格湿地，季节性积水区的物种丰富度和群落密度高于常年性积水和无积水区[18]。在三江平原沼泽湿地，随着水位梯度的增加，物种丰富度下降，而 Simpson 优势度指数、Shannon-Wiener 指数及 Pielou 均匀度指数则升高[19]。在若尔盖高寒沼泽湿地，不同地表水位下，植物群落的 Shannon-Wiener 指数、Simpson 优势度指数和物种丰富度指数均有显著差异，而 Pielou 均匀度指数则没有显著差异[20]。这些差异的产生有两方面原因，首先，不同地域的湿地水文情势开始的时间不同，影响也不同，这在植物群落多样性指数在生长季内呈波动变化上有所体现[21]；其次，水位动态变化对湿地植物生长及群落组成存在不同程度的影响，如地表积水状态的稳定性和持续的时间将直接影响植物群落的物种组成[8]。因此，在分析植物群落物种多样性与水文条件关系时要特别注意研究区的水分状况是长期稳态还是处于调查期临近的短期降水引起的临时水文条件的变化。

　　b. 高寒沼泽湿地植物群落多样性与土壤养分的关系

　　土壤的异质性可以降低不同植物对资源的竞争，提高群落的物种多样性，同时植物对不同养分条件的需求或偏好也必然影响到个体或种群在群落中的分布，这是植物共存的基础[22]。湿地土壤中的碳、氮、磷元素是湿地生态系统中极其重要的生态因子，其中，碳元素对气候变化较敏感，可以用于指示沼泽湿地对气候变化的响应；氮和磷元素是植物生长所必需的矿质营养元素和生态系统中最常见的限制性养分[23, 24]。因此，这三种元素的变化能够很好地指示土壤的养分状况。本书研究结果表明，TN 含量对物种组成的总效应和净效应达到显著水平，且与RDA2 轴呈显著负相关，说明天鹅湖沼泽湿地群落的物种组成及分布受氮养分的限制。在本书的研究中，TN 含量的范围为 0.070%～0.197%，远低于若尔盖高寒沼泽湿地的 TN 含量（0.36%～0.54%）[25]，这表明天鹅湖湿地沼泽土壤中氮养分较缺乏。随着氮养分含量的增加，更多物种能存活，物种丰富度增加。SOC 含量（24.26%～40.90%）与 RDA2 轴呈显著负相关，但对物种组成的总效应和净效应均未达到显著水平，这可能是因为植物对碳养分的需求低于对氮养分的需求。而土壤中磷元素较稳定，相对难溶，尤其在酸性环境中更加难溶[26]。在本书的研究中，TP 含量较低（0.044%～0.085%），且土壤呈酸性[25, 27]，导致磷元素被植物吸收的量很少。因此，SOC 与 TP 含量均不是限制植物生长的主要土壤养分因素。

c. 环境因素对植物群落的相对重要性

用于解释物种组成和分布的环境因子之间往往存在着复杂的相互作用，这使得不同因素对物种组成和分布的解释存在叠加效应[14]。根据研究结果可以发现，水位对物种组成变异的总效应为 24%，达到显著水平，混合解释能力较强，但净效应只有 10%，未达到显著水平。土壤养分对物种组成变异的总效应为 57.5%，达到显著水平（$P<0.05$），但其中只有 TN 含量的总效应（$P<0.05$）和净效应（$P<0.01$）均达到显著水平。出现这一结果的原因可能是沼泽湿地的水文条件与土壤养分间的相互作用，水文变动影响了土壤养分循环的物理化学过程[28]，从而共同影响了植物群落的物种组成。

在本书的研究中，4 种环境因子共解释了巴音布鲁克天鹅湖沼泽湿地植物群落物种组成的 67.9%，这说明环境因子可以解释植物群落的大部分变异。已有研究表明，环境因子对植被变化的可解释程度主要是由植被本身的复杂性决定的，植被类型越简单，环境对其的可控性越大，可解释程度就越高。闽江上游干旱河谷植物群落的研究发现，灌木层有 38 个物种，草本层有 41 个物种，环境因子解释了灌丛群落变化的 21.47%[29]。太白山高山植被研究中，灌木层有 5 个物种，草本层有 77 个物种，环境因子解释了物种组成变异的 31.7%[30]。而若尔盖沼泽草甸植被均为草本，物种数目为 151，植物群落结构较为简单，环境因子对其群落物种组成的解释量高达 77.1%[20]。巴音布鲁克沼泽湿地与若尔盖沼泽草甸植物群落类似，全部为草本植物，植被组成相对简单，因此，环境因子对物种组成及分布的可解释程度较大，说明随着植被复杂性降低，环境因子对植物群落变化的主导性能力增强。

d. 草丘微地貌对植物群落的影响

草丘微地貌在高寒湿地生态系统中发育广泛，而其发育情况与沼泽积水条件密切相关。本书中，随着地表水位的升高，草丘盖度逐渐降低，至常年积水区则鲜有草丘发育。产生该现象的原因可能是低水位区域较频繁的水位波动，特别是冻胀作用下的干湿交替更容易促进草丘微地貌的发育[31]。van Hulzen 等（2007）的研究也表明，在水位较低且水位波动频繁的沼泽中，最容易形成高且紧实的草丘，而在水位过深的条件下草丘结构松散，发育较差[32]。巴音布鲁克高寒沼泽不同积水环境下的物种多样性和草丘的发育密切相关。随着水位的降低，草丘的盖度逐渐增加，植物群落的物种丰富度也呈升高的趋势，草丘对于其物种多样性具有明显的促进作用。该现象已在薹草沼泽[33]、白杉沼泽[34]、盐沼[35]、莎草草甸[36]、河漫滩沼泽[37]等类型的湿地生态系统中得到了验证。

沼泽中草丘凸起最直接的结果是地表表面积的增加,本书中植物的物种数与草丘的高度、基径及表面积均显著正相关。草丘凸起扩大了接收太阳辐射的表面积,使植物更有效地进行光合作用。同时,微地貌的形成增加了地表糙度,阻留了微弱流动的沼泽水供给植物营养[38]。因此,其可为不同植物提供更多的生存空间和可竞争资源。该结果与 Peach 和 Zedler(2006)的研究结果[33]相一致。

环境条件变化是植物物种组成调节的主要驱动力,植物为适应环境的不断变化,使其中最有竞争力的物种占据优势[6]。草丘微地貌会在小于 1m 的环境下形成具有差异的微生境,使得水分、光照、温度、营养条件、有机质以及土壤微生物等条件均具有异质性,从而使更多适应不同环境条件的物种可以生存[33,39]。该研究结果表明,在湿地生态系统中,相对于平坦的地势,地表 1~3cm 的起伏会对幼苗的多样性产生影响。在众多的因子中,水分条件是影响物种多样性的因子中最重要的一个。由于丘间常积水,且草丘底部又有较多的细根,因此,通过根系的毛管作用,水分在草丘内部呈不同的分配格局。这使得丘间积水环境适宜水生植物以及部分湿生植物生存,而草丘则为一些不具有适应淹水条件通气组织的湿地植物提供生存环境,从而使物种多样性显著增加。

5)结论

水位条件和土壤 TN 是影响巴音布鲁克天鹅湖沼泽湿地植物群落物种多样性的关键因子,地表积水越深,植物群落物种组成越简单;氮含量越高,物种多样性越高。因此,全球气候变化和人类活动引起的水资源格局和氮沉降过程的变化可能引起巴音布鲁克高寒沼泽湿地植物群落物种组成与分布的变化。草丘微地貌对于维持沼泽湿地物种多样性具有重要的作用,随着湿地积水深度的降低,草丘覆盖度逐渐增大,物种丰富度也呈升高的趋势。草丘对于较高植物多样性的维持机制主要为:一方面,增加了比地表表面积,可为湿地植物提供更充分的生长空间和竞争资源;另一方面,地表的凸起增加了微生境的异质性,使更多水分适应型的植物可以生存,从而促进沼泽湿地的物种多样性。

天鹅湖沼泽湿地是中国唯一的天鹅国家级自然保护区,每年均有大天鹅(Cygnus cygnus)、小天鹅(C. columbianus)、疣鼻天鹅(C. olor)、燕鸥(Sternahirundo longipene)等珍禽陆续从南方迁徙到这里繁衍生息。而已有研究表明,由于天鹅湖沼泽湿地比草地的植被高度更高,更靠近水源,更有利于大天鹅等进行隐蔽和取食,因此,该区域的沼泽湿地是大天鹅等珍禽最主要的栖息地和繁育地[40]。在天鹅湖沼泽湿地中,虽然常年性积水区拥有较低的物种多样性,但相对于临时积水区和季节性积水区,常年性积水区的水文环境和植物群落结构处于更加稳定的状态,且最不易受到外界干扰,因此,是最适宜的珍稀鸟类栖息地。因此,根据本书的研究结果,鉴于天鹅湖沼泽湿地作为珍稀鸟类栖息地的重要性,建议该地区合理利用当地水资源，控制放牧等人类活动对湿地水环境和土壤养分环境的干扰，控制沼泽湿地临时积水区的面积，扩大或维持常年性积水区沼泽面积，以维持大天鹅等珍禽的栖息地和觅食生境。

（二）沼泽湿地植被群落生产力

湿地植被生产力是衡量湿地生态系统健康状况的重要指标。通过样方收获法于 2014 年 7 月和 8 月对两条样线各采样点位的全年植物生物量进行测定，选取其最高值作为其植被的生产力。

研究结果表明，B 样线的植被总生产力为（726.79±150.15）g/m^2（6 个监测点最大生物量均值±标准差），地上生物量为（323.58±92）g/m^2，地下生物量为（403.22±69.09）g/m^2，根冠比为 1.25：1；D 样线的植被总生产力为（583.63±162.96）g/m^2（4 个监测点最大生物量均值±标准差），地上生物量为（207.95±37.33）g/m^2，地下生物量为（375.69±96.42）g/m^2（表 6-6），根冠比为 1.81：1。B 样线的植被生产力高于 D 样线。

表 6-6　巴音布鲁克沼泽湿地植被生产力（平均值±标准差）（单位：g/m^2）

	地上生物量	地下生物量	总生产力
B 样线	323.58±92	403.22±69.09	726.79±150.15
D 样线	207.95±37.33	375.69±96.42	583.63±162.96

由图 6-9 可以看出，随着生境水位梯度的变化，B 样线植物生物量与 D 样线植物生物量表现出相反的变化趋势。在 B 样线，随着地下水位的上升，湿地植物的地上、地下生物量呈下降的趋势，其中，B1 点位的地上生物量最高，为（435.60±50.86）g/m^2，B5 点位的生物量最低，为（189.73±18.20）g/m^2，而在地表积水区 B6 点位的植物生物量有所回升，为（278.4±34.87）g/m^2。但在 D 样线湿地，植物的地上生物量与地下生物量均随着水位的上升而增加，在沼泽外缘点位 D1 的地下生物量及地上生物量均最低，在地表积水区 D4 点位的地上生物量、地下生物量均达到最高值。D 样线湿地植物生物量较低的原因主要和放牧有关，特别是沼泽外缘的点位 D1 和 D2，其在夏秋季节频繁受到牲畜的啃食与对土壤的践踏，因此，其植被生产力低于 B 样线沼泽湿地。

在监测样地外缘的水位较低处，植物群落以黑花薹草及线叶嵩草等为优势种。黑花薹草及线叶嵩草均为基生叶植物，在浅水浸润的高寒沼泽土壤上均能很好发育，但其对水分环境变化十分敏感，因此，随着地表水分的升高，其生物量呈下降的趋势。在 B6 和 D4 的常年积水区，植物群落结构相对简单，单行薹草、暗褐

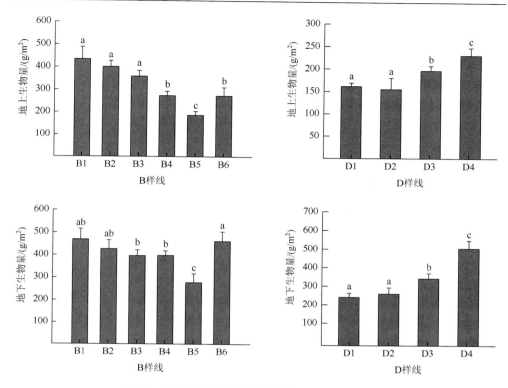

图6-9　巴音布鲁克沼泽湿地各监测点位植物生物量

薹草等成为优势物种。该类薹草均为茎生叶植物，茎上有通气组织，可适应积水环境，积累更多的干物质，因此，在常年积水区植物群落结构趋于简单，而其生产能力有所升高。

（三）沼泽湿地植物的碳氮磷含量

碳（C）、氮（N）、磷（P）生态化学计量比是生态系统过程及其功能的重要特征。对巴音布鲁克沼泽湿地植物单行薹草、海韭菜、大穗薹草、嵩草、黑花薹草、细果薹草以及藓的C、N、P含量进行分析测试，结果发现，所有植物的C、N、P含量均为C>N>P，且薹草类植物（单行薹草、黑花薹草、大穗薹草和细果薹草）的C、N含量高于嵩草、海韭菜和泥炭藓（表6-7）。

一般认为，较低的枯落物C∶N具有较高的分解速率[41]。本书中，线叶嵩草的C∶N最高，为40.84，而单行薹草、黑花薹草、海韭菜和泥炭藓均具有较低的C∶N，因此，该类植物很可能具有较高的分解速率。

表 6-7 巴音布鲁克沼泽湿地主要植物 C、N、P 含量

植物	C/%	N/(mg/g)	P/(mg/g)	C∶N	N∶P	C∶P
单行薹草	46.87±0.64	29.87±1.23	6.08±0.64	15.69	4.91	77.09
黑花薹草	46.15±0.23	28.00±0.76	8.21±0.50	16.48	3.41	56.21
大穗薹草	45.90±0.36	22.84±1.38	5.58±0.28	20.10	4.09	82.26
细果薹草	43.86±0.57	19.56±0.53	4.96±0.94	22.42	3.94	88.43
嵩草	45.62±0.31	11.17±0.12	4.95±0.18	40.84	2.26	92.16
海韭菜	44.36±0.15	26.14±6.75	4.06±1.16	16.97	6.44	109.26
藓	38.96±0.43	21.10±0.41	6.97±0.52	18.46	3.03	55.90

二、沼泽湿地土壤环境特征

巴音布鲁克沼泽湿地土壤类型包括高山沼泽土、高山泥炭沼泽土及草甸沼泽土。本书所涉及的两个研究地均有厚度大于30cm的泥炭层,土壤类型为高山泥炭沼泽土。

(一)土壤物理性质

在巴音布鲁克沼泽湿地 B 样线和 D 样线两个监测样线的监测点,分别选取 3 个点位采样测试其 0～15cm 的土壤容重、孔隙度及导水率。从研究结果(表 6-8)可以看出,天鹅湖沼泽湿地与德尔比利金沼泽湿地的土壤容重具有相似的变化规律,沼泽湿地外缘的土壤容重高于湿地内部,沼泽外缘的土壤容重可达 0.38～0.43g/cm³,常年性积水区的土壤容重为 0.15～0.16g/cm³。而土壤孔隙度则表现出外少内多的变化趋势。土壤导水率与孔隙度关系密切,因此,也呈现相同的变化趋势。沼泽外缘积水时间短,水位较浅,受放牧等人为活动扰动较多。受水分条件和人类活动的双重影响,土壤容重较高,土壤孔隙度和导水率较低。在季节性积水沼泽区有草丘微地貌发育,草丘的容重明显小于丘间位置,同时其孔隙度和导水率也高于丘间位置,这种丘间高容重低导水率与藓丘低容重高导水率的复合结构构成了沼泽外缘季节性积水区土壤水分的保持特性。

表 6-8 天鹅湖沼泽湿地与德尔比利金沼泽湿地土壤物理性质(平均值±标准差)

位置	点位	容重/(g/cm³)	孔隙度/%	导水率/(m/s)
天鹅湖	B1	0.38±0.07	85.5±2.12	0.02±0.00
	B2 丘间	0.29±0.02	89.5±0.71	0.03±0.01
	B2 藓丘	0.10±0.01	96.0±1.24	0.22±0.08

位置	点位	容重/(g/cm³)	孔隙度/%	导水率/(m/s)
	B3 丘间	0.19±0.07	93.0±2.83	0.03±0.00
	B3 藓丘	0.11±0.02	96.0±1.13	0.10±0.01
天鹅湖	B4	0.26±0.02	90.0±1.84	0.02±0.01
	B5	0.15±0.04	95.0±2.12	0.04±0.02
	B6	0.15±0.01	94.5±0.71	0.11±0.02
	D1	0.43±0.09	84.0±2.83	0.01±0.00
德尔比利金	D2	0.34±0.09	87.5±3.54	0.11±0.01
沼泽	D3	0.19±0.02	93.0±3.21	0.16±0.07
	D4	0.16±0.02	93.5±0.71	0.42±0.04

首先，K_{satV}（垂直方向的饱和导水率）为 0.1～25.6m/d，均值为 3.7m/d（表 6-9 和图 6-10）。K_{satH}（水平方向的饱和导水率）为 0.2～32.2m/d，均值为 2.5m/d。无论是 K_{satV} 还是 K_{satH}，都存在强烈的变异，最小值与最大值相差了两个数量级。这种强烈变异的诱因比较复杂，与植被类型、泥炭类型和分解程度有关。其次，K_{satV} 和 K_{satH} 的分布均呈正偏态，偏度系数分别为 2.7 和 5.1，表明数值主体部分在均值的左侧。研究区气温较低，积水期长，微生物活动微弱，导致泥炭处于低分解阶段。此外，本书样品均来自表层 30cm，分解程度较低，样品中含有大量根系，疏松多孔，导致 K_{satV} 偏高。

表 6-9　巴音布鲁克沼泽湿地泥炭饱和导水率及其他理化性质

指标	范围	均值	标准差	偏度
K_{satV}/(m/d)	0.1～25.6	3.7	4.9	2.7
K_{satH}/(m/d)	0.2～32.2	2.5	5.0	5.1
导水率各向异性	−0.9～0.6	−0.1	0.3	0.1
饱和含水率/%	60.7～86.6	77.5	7.4	−0.8
容重/(g/cm³)	0.1～0.6	0.3	0.12	0.9
有机质含量/%	23.1～80.3	54.3	16.7	−0.4
腐殖化度	31.7～158.3	92.6	40.3	0.0

注：K_{satV} 和 K_{satH} 分别表示垂直方向和水平方向的饱和导水率；腐殖化度表示泥炭分解程度，值越大表明分解程度越高。

同一泥炭地的饱和导水率也存在空间差异性，泥炭地边缘和中心的饱和导水率存在很大的差异。由 B1 到 B6 地表积水深度依次增大，K_{satV}、K_{satH} 随地表积水

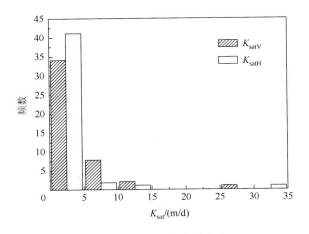

图 6-10   饱和导水率的分布

K_{satV} 和 K_{satH} 分别表示垂直方向和水平方向的饱和导水率

深度的增加呈递增的趋势（图 6-11），这是由于泥炭的组成特性随水文梯度发生了变化。泥炭地边缘，地表积水浅或无积水（B1、B2）区，有机质含量低，无机颗粒、粉砂含量高，容重大（图 6-12），泥炭紧实且含水量低。泥炭地中心位置（B5、B6），积水深度增加，有机质含量增加，植物根系增多，容重小，泥炭疏松多孔且含水量高。

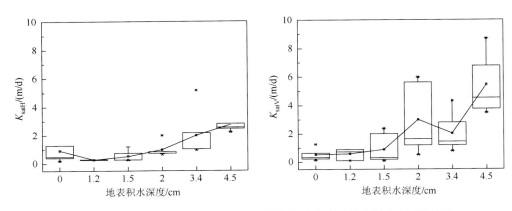

图 6-11   天鹅湖沼泽湿地（B）断面泥炭饱和导水率随地表积水深度的变化

泥炭地边缘与中心位置导水率的差异引起泥炭地水流形式的差异。泥炭地边缘泥炭紧实，容重大、孔隙度小，加上坡度因素的影响，K_{satV}、K_{satH} 普遍较小。来水时水流以地表径流为主，流向泥炭地的中心位置。靠近泥炭地中心的泥炭根系众多，容重小且疏松多孔，K_{satV}、K_{satH} 大，水流以地下径流为主，流向附近的积水湖泊或河流。

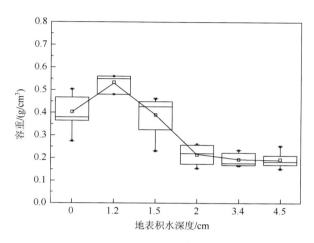

图 6-12　天鹅湖沼泽湿地（B 样线）不同积水深度下的泥炭容重变化

（二）土壤化学性质

巴音布鲁克沼泽湿地土壤 0～30cm 土壤的 SOC、TN、TP 含量分别为（27.56±6.56）%、（1.21±0.45）g/kg 及（0.65±0.05）g/kg，土壤碳氮比为 23.74。其中，天鹅湖沼泽湿地土壤各层 SOC、TN、TP 含量高于德尔比利金沼泽湿地，土壤碳氮比低于德尔比利金沼泽湿地。在两块样地内，土壤表层 0～15cm 的 SOC、TN、TP 含量均高于 15～30cm 的（表 6-10）。在天鹅湖沼泽湿地和德尔比利金沼泽湿地，随着地表水位的变化以及植被类型的演替，各监测点位的土壤 SOC、TN 和 TP 也表现出一定的变化趋势。在两块湿地中，土壤 SOC 均随着土壤积水量的增多而呈上升的趋势，在天鹅湖沼泽湿地的 B6 点位和德尔比利金沼泽湿地的 D4 点位均出现最高的 SOC 含量，由此可见长时间的积水条件更有利于土壤有机质的累积。而在沼泽外缘的季节性积水区，由于水分条件不稳定以及频繁受到人类活动影响等原因，其 SOC 质累积较少，分解较多，SOC 含量相对较低（图 6-13）。同时，在天鹅湖沼泽湿地，B1 和 B2 点位的 TN 和 TP 含量也略低于其他点位，特别是 B2 点位，其 TN 和 TP 为最低值，沼泽内部的常年性积水区该值则表现出相对稳定且较高的水平，该现象也主要是由放牧等活动引起的。在德尔比利金沼泽湿地，TOC、TN、TP 没有表现出一致的变化规律，TN 含量在沼泽外缘较低，之后升高，但在积水最深处的 D4 点位降到最低值，TP 含量的最高值则出现在沼泽外缘 D1 点位的 0～15cm 处，该现象很可是由牲畜粪便引起的。

表 6-10　天鹅湖沼泽湿地与德尔比利金沼泽湿地土壤总碳、TN、TP 含量

采样点	土层/cm	总碳/%	TN/(g/kg)	TP/(g/kg)	C/N
天鹅湖沼泽湿地	0～15	34.79±6.01	1.70±0.32	0.69±0.15	20.48
	15～30	29.83±7.48	1.46±0.31	0.62±0.14	20.49
德尔比利金沼泽湿地	0～15	26.47±2.47	0.96±0.17	0.68±0.07	27.62
	15～30	19.17±6.75	0.73±0.27	0.59±0.10	26.39
平均值	0～30	27.56±6.56	1.21±0.45	0.65±0.05	23.74

pH 是表征土壤性状的重要指标，巴音布鲁克沼泽湿地土壤 pH 平均值为 （7.21±0.50）（图 6-14），其中，天鹅湖沼泽湿地的土壤 pH 低于德尔比利金沼泽湿地。天鹅湖沼泽湿地土壤 pH 在沼泽外缘季节性积水区的值高于沼泽内部常年性积水区的，B6 点具有最低的 pH，但在德尔比利金沼泽湿地，土壤 pH 变化较小，各采样点土壤 pH 不存在显著性差异（$P>0.05$）。

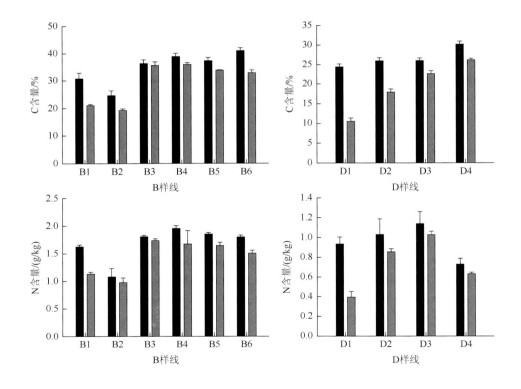

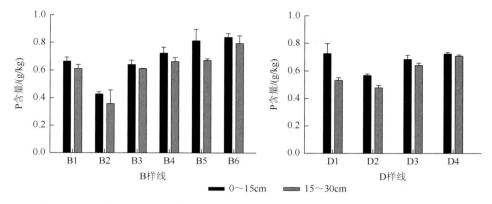

图 6-13　天鹅湖沼泽湿地与德尔比利金沼泽湿地各监测点位土壤 C、N、P 含量

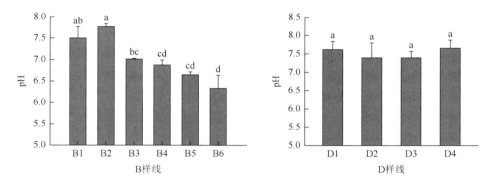

图 6-14　天鹅湖沼泽湿地与德尔比利金沼泽湿地土壤 pH

三、沼泽湿地水环境特征

（一）天鹅湖沼泽湿地

2015 年 7～8 月分别对天鹅湖沼泽湿地和德尔比利金沼泽湿地水环境指标进行了采样与检测。调查发现，天鹅湖沼泽湿地各采样点水深变化不大，地表积水 0～3cm 不等；水温最高为 15.3℃，最低为 12.1℃，平均值为 14.2℃（表 6-11）；NO_3^--N 浓度最高为 0.13mg/L，最低为 0.04mg/L，平均值为 0.10mg/L；NH_4^+-N 浓度最高为 1.28mg/L，最低为 0.13mg/L，平均值为 0.53mg/L（图 6-15（a））；TN 浓度最高为 4.57mg/L，最低为 1.02mg/L，平均值为 2.03mg/L；TP 浓度最高为 0.09mg/L，最低为 0.01mg/L，平均值为 0.03mg/L（图 6-15（b））；pH 最高为 7.71，最低为 6.80，平均值为 7.41；电导率最高为 730μS/cm，最低为 330μS/cm，平均值为 450μS/cm；溶解氧浓度最高为 0.74mg/L，最低为 0.52mg/L，平均值为 0.59mg/L

（图 6-15（c））；氧化还原电位最高为 55.60mV，最低为−92.90mV，平均值为−34.73mV；氯离子浓度最高为 23.43mg/L，最低为 10.24mg/L，平均值为 13.45mg/L；矿化度最高为 454mg/L，最低为 288mg/L，平均值为 350mg/L（图 6-15（d））。

表 6-11　天鹅湖沼泽湿地水温、电导率及氧化还原电位

采样点	水温/℃	电导率/(μS/cm)	氧化还原电位/mV
B2	13.1	540	55.6
B3	14.0	330	−92.1
B4	15.2	380	−62.9
B5	15.3	340	−92.9
B6	12.1	360	69.3
B7	15.3	730	−85.4
平均值	14.2	450	−34.7

注：B1 无地表积水。

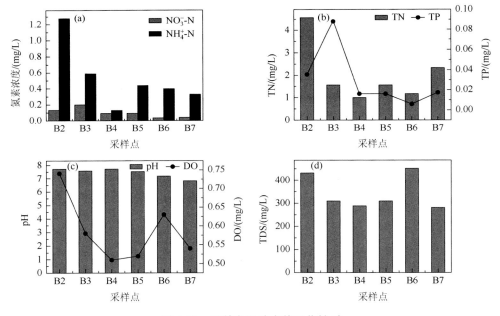

图 6-15　天鹅湖湿地水体理化性质

B1 无地表积水

（二）德尔比利金沼泽湿地

对德尔比利金沼泽湿地水环境指标进行采样监测发现（表 6-12），各采样点地

表积水 0～5cm 不等；水温最高为 24.5℃，最低为 22.0℃，平均值为 23.7℃；NO$_3^-$-N 浓度最高为 0.07mg/L，最低为 0.05mg/L，平均值为 0.06mg/L； NH$_4^+$-N 浓度最高为 0.58mg/L，最低为 0.21mg/L，平均值为 0.33mg/L；TN 浓度最高为 4.34mg/L，最低为 1.42mg/L，平均值为 2.10mg/L（图 6-16（a））；TP 浓度最高为 0.21mg/L，最低为 0.01mg/L，平均值为 0.07mg/L（图 6-16（b））；pH 最高为 7.69，最低为 7.02，平均值为 7.26（图 6-16（c））；电导率最高为 790μS/cm，最低为 710μS/cm，平均值为 770μS/cm；溶解氧浓度最高为 0.51mg/L，最低为 0.39mg/L，平均值为 0.46mg/L（图 6-16（c））；氧化还原电位最高为 34.4mV，最低为–140.87mV，平均值为–87.98mV；氯离子浓度最高为 41.57mg/L，最低为 15.53mg/L，平均值为 22.53mg/L；矿化度最高为 624mg/L，最低为 554mg/L，平均值为 578mg/L（图 6-16（d））。

表 6-12　德尔比利金沼泽湿地水温、电导率及氧化还原电位

采样点	水温/℃	电导率/(μS/cm)	氧化还原电位/mV
D1	24.5	710	34.4
D2	22.5	790	−114.3
D3	25.3	780	−140.9
D4	22.0	750	−104.6
D5	24.2	790	−114.5
平均值	23.7	770	−87.98

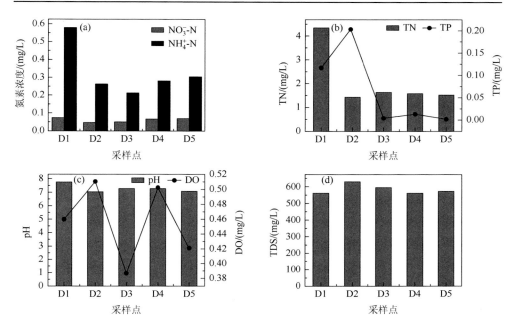

图 6-16　德尔比利金沼泽湿地水体理化性质

在高寒沼泽湿地中，地表水环境的理化性质是衡量沼泽湿地健康状况的重要指标之一。本书中，季节性积水区沼泽水中的 pH、TN、NH_4^+-N、NO_3^--N 及 TP 含量均大于常年积水区的（表 6-13），这可能与季节性积水区的放牧活动有关。TN/TP 是评价地表水环境富营养化状态的重要指标之一。本书中，TN/TP 均显著大于 16/1，说明该样地中磷是其主要限制性营养元素。同时季节性积水区的比值远远小于常年性积水区的，可能是放牧活动造成了一定的营养元素的输入。

表 6-13 不同积水条件下水体理化性质（平均值±标准误差）

样线	积水条件	pH	NH_4^+-N /(mg/L)	NO_3^--N /(mg/L)	TN /(mg/L)	TP /(mg/L)	TN/TP
B 样线	季节性积水区	7.60±0.14	0.61±0.20	0.130±0.025	2.17±0.81	0.039±0.017	55.64
	常年性积水区	6.98±0.08	0.37±0.11	0.040±0.002	1.76±0.57	0.012±0.006	146.67
D 样线	季节性积水区	7.33±0.19	0.37±0.04	0.060±0.003	2.47±0.94	0.110±0.060	22.45
	常年性积水区	7.15±0.08	0.29±0.01	0.070±0.002	1.55±0.03	0.008±0.005	206.67

总体上，新疆巴音布鲁克沼泽湿地水体 pH 呈中偏碱性，各采样点之间水体 pH 差异不明显；湿地水体 NH_4^+-N 浓度基本上满足国家地表水环境质量评价标准的 II 类标准（≤0.5mg/L）；水体 TN 及 TP 浓度能够满足国家地表水环境质量评价标准 IV 类标准（TN≤1.5mg/L、TP≤0.1mg/L），个别监测点地表水 TN、TP 浓度为劣 V 类。

第二节　巴音布鲁克湿地生态系统演变趋势

一、湿地变化规律分析

（一）湿地变化分析方法

根据研究区湿地动态监测结果，利用 GIS 空间分析功能，分别从以下三个方面探索研究区的湿地变化规律。

1. 数量变化

采用时间序列分析法，以变化量、变化速度、变化率为分析指标，运用 ArcGIS

10.0 的统计和空间分析功能，统计研究区三个时相的湿地总面积，最后通过分析运算，得到其数量变化规律。

（1）变化量

湿地面积变化量揭示了湿地总量在时间轴上的变化规律，可以研究初期和末期两个年份湿地面积之差，其数学表达式为

$$\Delta S = S_2 - S_1 \qquad (6\text{-}6)$$

式中，ΔS 为面积变化量；S_2 为末期湿地面积；S_1 为初期湿地面积。

（2）变化速度

湿地变化速度表示湿地每年变化的数量，用以揭示湿地变化的快慢，其数学表达式为

$$V = \frac{S_2 - S_1}{T} \qquad (6\text{-}7)$$

式中，V 为湿地变化速度；S_2 为末期湿地面积；S_1 为初期湿地面积；T 为末期与初期之间的时间跨度，a。

（3）变化率

湿地变化率反映了不同年份之间湿地面积变化的剧烈度，它表示湿地面积变化量占初期湿地面积的百分比，其数学表达式为

$$P = \frac{S_2 - S_1}{S_1} \times 100\% \qquad (6\text{-}8)$$

式中，P 为湿地变化率；S_2 为末期湿地面积；S_1 为初期湿地面积。

2. 空间分布变化

湿地的动态不仅表现在总面积变化上，同时在空间分布上也会体现。利用 ArcGIS 10.0 空间叠置分析功能，分析 1998～2014 年 16 年来研究区沼泽湿地的空间分布变化规律。

3. 动态转化

湿地动态转化主要是指湿地与非湿地之间的转化。采用 ArcGIS 10.0 对湿地分类结果进行空间叠置分析和面积制表，得到研究区动态转化的空间面积转移矩阵，通过分析该矩阵，得到湿地与非湿地之间的动态转化规律。为了进一步探讨研究区内湿地的动态转化频度，在此基础上，引入动态转化度概念。动态转化度

是反映某种地类在一定时间内数量变化情况的频繁度程度。采用如下动态变化度模型，其表达式为

$$K = \frac{S_{in} + S_{out}}{S_{t1}} \times \frac{1}{t_2 - t_1} \times 100\% \tag{6-9}$$

式中，K 为湿地的动态变化度；S_{out} 为转出部分，指湿地转化为非湿地的面积；S_{in} 为转入部分，指由非湿地转化为湿地的面积；S_{t1} 为湿地在研究初期 t_1 的面积；t_1、t_2 分别为研究初期和末期。

（二）数量变化

对研究区 1998 年、2006 年、2014 年三个时相的湿地信息进行统计，并计算三个分析指标，得出以下分析结果。

（1）变化量。研究区在 1998～2014 年 16 年间，湿地面积总体上呈现先增加后减少的趋势，共减少了 2251.99hm^2（表 6-14 和图 6-17）。1998～2006 年，湿地面积小幅增加，变化量为 123.45hm^2；2006～2014 年湿地面积急剧减少，变化量为 -2375.44hm^2。2006～2014 年湿地减少面积远远超过了 1998～2006 年湿地增加的面积。

（2）变化速度。1998～2014 年 16 年间，研究区湿地以 140.75hm^2/a 的速度不断减少，并且湿地变化速度呈负向不断增大的趋势，即减少的速度越来越大（表 6-15 和图 6-18）。1998～2006 年研究区湿地增加速度为 15.43hm^2/a，2006～2014 年湿地减少速度为 296.93hm^2/a，后一段的减少速度远超过了前一段的增加速度。

表 6-14 1998～2014 年研究区湿地面积及变化统计表 （单位：hm^2）

	1998 年	2006 年	2014 年	面积变化		
				1998～2006 年	2006～2014 年	1998～2014 年
湿地	127250.74	127374.19	124998.75	123.45	-2375.44	-2251.99

注："$-$"表示减少。

（3）变化率。1998～2014 年 16 年间，研究区湿地以 -1.77% 的变化率不断减少，并且湿地变化率呈负向不断增大的趋势（表 6-15 和图 6-19）。1998～2006 年湿地变化率为 0.10%（净增），而 2006～2014 年湿地变化率为 -1.86%（净减），减少的幅度越来越大。

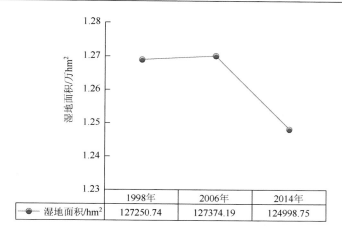

图 6-17　1998～2014 年湿地总体面积变化趋势

表 6-15　1998～2014 年研究区湿地变化特征统计表

时间段	1998～2006 年	2006～2014 年	1998～2014 年
变化速度/(hm²/a)	15.43	−296.93	−140.75
变化率/%	0.10	−1.86	−1.77

注：“−”表示减少。

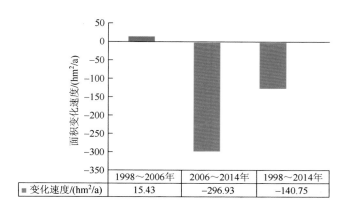

图 6-18　研究区不同时间段湿地面积变化速度

（三）空间分布变化

从沼泽湿地分布图上可以看出，分布于大尤尔都斯盆地内的沼泽湿地在研究区中占了较大的比例。1998～2014 年 16 年间，虽然大面积沼泽湿地呈稳定态势（123752hm²），但是减少部分（2572hm²）明显大于增加部分（319hm²），整体上呈大幅度减少（2252hm²）的态势。在 1998～2006 年与 2006～2014 年

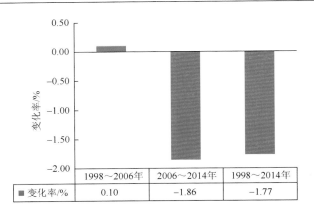

图 6-19　研究区不同时间段湿地变化率

两个时间段内，研究区沼泽湿地面积先是小幅度增加后急剧减少，并且后一时段湿地面积减少的量比前一时段增加的更为显著（表 6-16、图 6-20～图 6-22）。

表 6-16　研究区沼泽湿地各个时段面积变化　　　　（单位：hm²）

时段	稳定部分	增加部分	减少部分	面积变化
1998～2006 年	126626.09	748.86	625.41	123.45
2006～2014 年	124939.43	60.32	2435.76	2375.44
1998～2014 年	123752.21	319.85	2571.84	2251.99

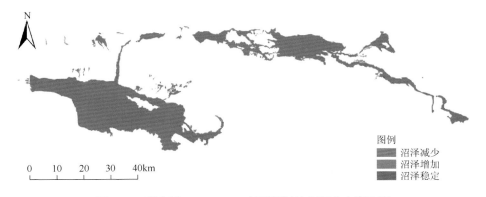

图 6-20　研究区 1998～2006 年沼泽湿地空间分布变化图

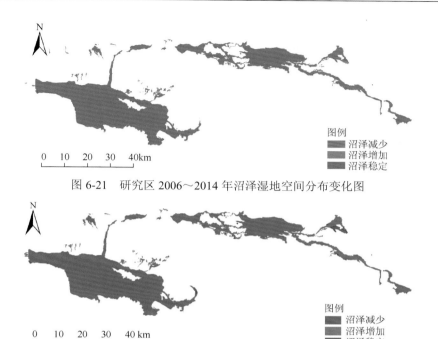

图 6-21　研究区 2006～2014 年沼泽湿地空间分布变化图

图 6-22　研究区 1998～2014 年沼泽湿地空间分布变化图

（四）动态转化

湿地与非湿地之间的转化规律为，湿地向非湿地转化量更大。从研究结果（表 6-16 和图 6-23）可以看出，1998～2014 年 16 年间，研究区共 2571.84hm² 湿地转化为非湿地，仅 319.85hm² 非湿地转化为湿地，湿地缩减面积达 2251.99hm²。

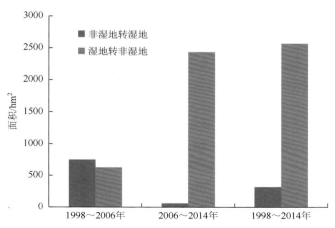

图 6-23　研究区各时间段湿地与非湿地之间的转化

对研究区不同时间段湿地动态转化按照面积不变、转入面积、转出面积和变化面积四个参数进行统计。结果表明，1998～2006 年湿地动态变化度为 0.13，2006～2014 年湿地动态转化度为 0.26。后一时期的动态变化度接近前一时期的两倍，这说明湿地萎缩变化的情况越来越严重。

二、湿地动态变化的驱动力分析

驱动力是指导致土地利用方式和目的发生变化的自然因素和社会经济要素，可简单分为自然因素和人为因素两大类。导致湿地面积萎缩的自然因素包括地质、气候、水文等多方面；而人为因素则指过度放牧、泥炭开采等对湿地环境产生明显影响的人类活动。其中，自然因素是基础，是内因，其影响是持续而漫长的；人为因素是外因，比较明显，一般起着加速和强化自然因素的作用。1998～2014 年 16 年间，巴音布鲁克沼泽湿地景观总体呈现明显的萎缩退化趋势，这是这两方面因素长期共同作用的结果。

（一）自然因素

导致湿地面积萎缩的自然因素包括大气、地质地貌、构造运动、冰川冻土等多个方面。考虑到本书研究的时间尺度仅为 16 年，因此，地质地貌以及构造运动等自然因素都不会有太大的改变，而气候水热因子则相对比较活跃，其对巴音布鲁克沼泽湿地面积萎缩的影响最大，加剧了湿地的退化。所以在此仅从气温、降水、径流量三个方面，分析自然因素对巴音布鲁克沼泽湿地的影响。

1. 气温变化

在全球气候变暖的大环境下，巴音布鲁克气候也发生了明显的改变，年平均气温显著上升。根据巴音布鲁克气象站记录，本研究区 20 世纪 90 年代以来，年平均气温呈上升的趋势，且升幅为 0.35℃/10a，明显高于全球气温增幅（0.03～0.06℃/10a）。暖季气温增幅为 0.29℃/10a，与年均气温升幅较接近，说明年均气温的增加主要来源于暖季增温。研究区年平均气温变化图（图 2-3）表明 1998～2014 年 16 年间气温总体呈现波动上升的趋势。

2. 降水变化

湿地生态系统形成和发展的先决条件是具备丰富的水源补给。作为湿地主要的水源补给，降水量的变化会直接影响水资源的时空分配和水文循环过程，所以降水量是影响湿地水系统的重要因素。

气象站记录的降水量数据表明，近 50 多年来巴音布鲁克地区的降水量总体呈增加的趋势，尤其是 20 世纪 80 年代中期以来降水量增加更为明显（图 6-24）。分析结果表明，1991～2014 年，巴音布鲁克沼泽湿地的降水量升幅为 7.44mm/10a。其中，暖季降水量以 1.4mm/10a 的速度增加，增幅远小于年降水量增加的幅度，说明近 16 年来巴音布鲁克沼泽湿地年降水量的增加大部分来源于冷季降水量的增加。1999 年降水量达到研究区有记录以来的最大值，为 406.6mm。

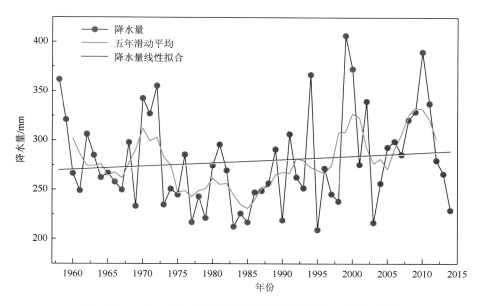

图 6-24　1958～2014 年巴音布鲁克沼泽湿地降水量变化趋势

3. 径流量变化

湿地的变化受自然和人类活动的共同影响，而水文因素对沼泽湿地的作用更为直接，是其形成和发育的先决条件。径流作为湿地的重要补给水源，其变化对湿地的存亡至关重要。1991～2010 年开都河大山口的径流量总体呈上升的趋势（图 2-13），增幅为 $8.18 \times 10^8 \mathrm{m}^3$。2002 年径流量达到最大值，同时该值也是研究区有记录以来的最大值。

1998～2014 年气温与降水整体上都表现出上升的趋势，暖季气温的增幅高于冷季的，湿地水分蒸发强烈。而降水量的增加不及气温显著，湿地面积萎缩。但在 1998～2006 年，湿地面积略有增加，这可能是因为冰川融化为湿地带来了大量水源，再加上径流量的增加，抵消了部分的升温效应。然而冰雪储量是有限的，随着冰川后退，雪线上升，可融化冰雪面积逐渐减少，供水量下降，导致 2006～2012 年湿地面积减少。

（二）人为因素

巴音布鲁克地区人口密度相对较小，虽然没有大规模的经济活动和城市化活动，但是由于畜牧业发展导致的过度放牧以及季节牧场的不平衡而导致的环境污染对巴音布鲁克地区的湿地环境造成了极大的破坏。

根据最新草地普查数据，巴音布鲁克天然草地的面积有 $155.46 \times 10^4 hm^2$，其中，可利用草地为 $138.65 \times 10^4 hm^2$，理论上载畜量为 113.66 万只绵羊单位，而实际放牧量为 253.08 万只绵羊单位，尤其是在小尤尔都斯地区，超载现象尤为显著。1998～2014 年其湿地萎缩面积高于分布在大尤尔都斯盆地的湿地萎缩面积（图 6-22）。频繁的放牧加剧了其对生态环境的干扰，高强度放牧导致牧场破坏严重。部分草甸区域遭受牲口的反复践踏和啃食，不仅加剧了其对野生动植物资源的破坏，影响了珍惜动物的繁衍和野生植物的生长复苏，而且暴露的土壤在极端的气候条件下容易风化形成沙地。

第三节　巴音布鲁克碟形洼地摇蚊组合对近代气候变化的响应

湿地是地表景观的重要组成部分，占陆地总面积的 6.4%[42]，它们供养着独特的植物群落，并为候鸟、两栖动物以及无脊椎动物等提供了栖息和庇护场所[43, 44]，因而也是重要的生态系统组成之一。然而，最近的研究表明，湿地生态系统功能已经并且正在受到气候变化的影响而逐渐退化[45-49]。水文参数是控制湿地生态系统结构和功能的关键因子[43, 46]，气候变化可以引起湿地水量平衡的改变，因而位于干旱半干旱地区的湿地对气候变化的表现更为敏感。

巴音布鲁克高寒湿地位于我国西北干旱区天山中部的山间盆地，是我国唯一的国家级天鹅保护区，被誉为"天山之肾"，其生态系统的保护和合理利用已被列入中国湿地行动计划优先项目[50]。巴音布鲁克湿地的水源补给主要以自然降水和冰雪融水为主，冰雪融水量约占 15%[51]。前期研究结果表明，随着全球气候变暖，自 20 世纪 80 年代后期以来，我国西北地区的降水量、冰雪消融量和径流量连续多年增加，气候开始向暖湿方向转变[52, 53]。目前，对于巴音布鲁克湿地的研究还主要集中在草地利用方式、生物多样性以及地表水变化等方面[51, 54-56]，对历史时期气候变化对湿地生态系统影响的研究还相对较少[55]。

摇蚊幼虫是水生无脊椎动物的重要组成之一，因数量丰富并广泛分布于各种淡水环境，对周围环境变化极为敏感等特点，常被用作理想的生物监测工具[57]。摇蚊是水生生态系统中重要的次级生产者，一方面捕食水体中的藻类、细菌、水生植物等，另一方面也是其他无脊椎动物和鱼类的重要食物来源，是水体微食物网上极为重要的一环。摇蚊幼虫难降解的几丁质头壳能够在沉积物物中得到良好的保存，从而为利用摇蚊头壳亚化石研究历史时期气候变化对生态系统的影响提供了有效途径[58]。

本节通过对巴音布鲁克湿地中一碟形洼地沉积钻孔中摇蚊头壳亚化石的研究，揭示了摇蚊组合的演替历史，结合器测数据探讨了温度和降水等气候因素对摇蚊属种演替的影响，为在全球变暖趋势下湿地生态系统的管理和决策提供了依据。

一、研究方法

（一）研究区概况

巴音布鲁克高寒湿地位于天山中部山间盆地，包括大小尤尔都斯两个湿地，面积为 1369.84km²，盆地平均海拔为 2400～2600m，周围雪山环绕，山地海拔为 4000～5500m。湿地主要受西风带影响，年平均气温为 –4.2℃，极端最低气温为 –48.1℃，年平均降水仅为 280.5mm，积雪日数多达 139.3d，平均积雪深度为 12cm，为明显的高寒气候[51]。本书中的碟形洼地位于巴音布鲁克高寒湿地的东南缘，为明显的山前洪积扇间洼地，其内部生长着大量的挺水植物薹草，植被覆盖度较高。丰富的冰雪资源为大面积沼泽草地和洼地的形成提供了必要条件，也使其成为博斯腾湖的主要水源——开都河的发源地。

（二）采样与实验室分析

2013 年利用重力采样器在碟形洼地中心附近（42°39′40.52″N, 84°22′54.60″E）（图 6-25）采得 31cm 柱状岩芯一根，采样点水深为 0.5m。现场对岩芯以 1cm 为间隔分样，样品置于自封袋中带回实验室 4℃冷藏备用。

实验室分析项目包括：^{210}Pb 活度，质量磁化率（X_{lf}）、含水量（WC）、总有机碳（TOC）、粒度和摇蚊分析。^{210}Pb 活度采用高纯锗井型探测器（HPGe GW/L20-15）进行测定；χ_{lf} 利用 MS2 磁化率仪进行测定，TOC 采用 CE440 元素分析仪测定；粒度用 Mastersizer 2000 型激光粒度仪测量。摇蚊样品依据标准方法处理[59]：样品中加入 10%KOH，置于 75℃水浴锅中加热 15min 后依次过 212μm 和 90μm 筛，将剩余样品转移至 25 倍体视显微镜下，用镊子将摇蚊头壳手工拣出，并用 Hydromatrix 将其封片。封片后的头壳在 100～400 倍生物显微镜下鉴定，主要依据文献[59-62]进行。每个沉积样品中摇蚊亚化石统计数量至少为 40 粒，以达到分析的要求[63]。摇蚊属种百分比图谱在 TILIA-GRAPH 2.0.b.5 软件[64]中绘制，并基于 CONISS 聚类分析[65]划分摇蚊属种组合带。

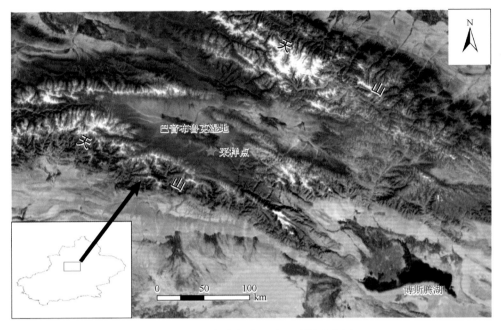

图 6-25 巴音布鲁克湿地及采样点位置

（三）数据统计分析

采用降维对应分析（detrending correspondence analysis, DCA）来提取摇蚊种群的动态变化[11]。在排序分析中选择至少在两个样品中出现且至少在一个样品中含量超过 1% 的属种（共计 18 个）进行统计分析。DCA 第一轴长度为 1.7 个标准单位[66]，因此，选用线性模式（冗余分析，redundancy analysis）进行分析。选取气候指标（包括温度、降水量和平均风速）和沉积环境指标（包括 TOC 和 d（0.5））作为解释变量，以摇蚊组合数据作为响应变量，基于蒙特卡罗置换检验（$P<0.05$；$n=499$ 非限制性置换）逐步筛选出解释摇蚊演替的显著因子。每次选择一个显著因子做解释变量，余下显著因子做协变量，进行偏冗余分析（partial RDA）计算每个因子单独作用对摇蚊组合演替的解释份额。蒙特卡罗置换检验（$P<0.05$；$n=499$非限制性置换）用于分析解释变量的显著水平，所有排序分析用 CANOCO4.5 软件完成。

二、钻孔年代确定

自然放射核素 ^{210}Pb（半衰期为 22.3a）已经被广泛应用于水体沉积物定年，

为水体及流域环境变化重建研究提供了年代学基础[67]。大气中通过干、湿沉降进入湖泊、海湾、湿地等水体并蓄积在沉积物的 ^{210}Pb（标记为 ^{210}Pb$_{ex}$）不与其母体 ^{226}Ra 共存和平衡，成为 ^{210}Pb 定年的基础。本书中岩芯底部总 ^{210}Pb 活度未能达到与 ^{226}Ra 平衡的状态（图 6-26（a）），同时流域侵蚀产沙过程可能影响了 ^{210}Pb$_{ex}$ 的来源，但并未改变其由于衰变而引起的含量随深度增加而减少的趋势。因此，可以采用 ^{210}Pb-CIC 模式初步估算沉积年代序列[68, 69]，以方便沉积指标同气象数据进行对比。根据岩芯不同深度对应的年代结果（图 6-26（b）），得出岩芯的平均沉积速率为 0.43cm/a。

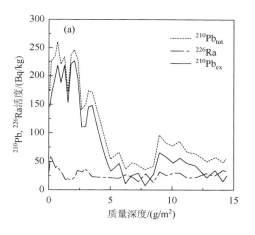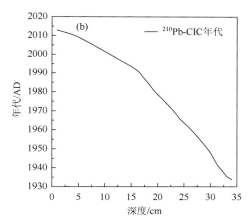

图 6-26 沉积岩芯 ^{210}Pb 和 ^{226}Ra 活度随深度变化（a）及深度-年代序列（b）

三、沉积物指标变化

1964 年以前，沉积物含水量和 TOC 含量较低且呈缓慢增加的趋势，粒度变化较小，以细组分（<4μm）为主，中值粒径平均为 7.5μm 左右；20 世纪 60～90 年代中期，沉积物各项指标变化相对稳定，仅含水量与磁化率存在较小的增加趋势；90 年代中期以来各项指标发生显著变化，含水量明显增加（平均为 75%），磁化率和 TOC 显著减少，粒度在此阶段呈现波动上升的趋势，细颗粒物质含量从 25%减少到 5%，而较粗组分（>64μm）含量却呈与之相反的变化趋势，中值粒径伴随着粗颗粒物质的增加而不断变粗，平均值向上增加到 17μm（图 6-27）。

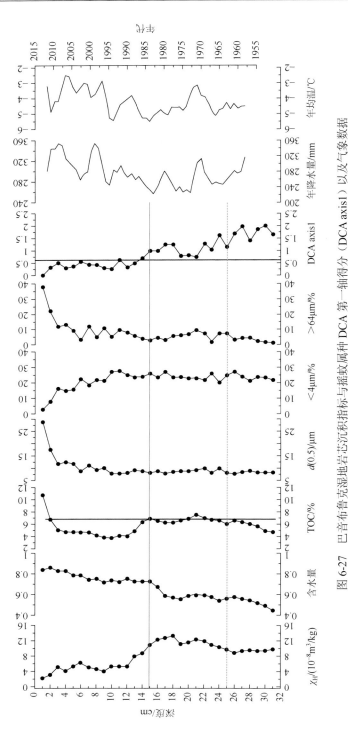

图 6-27 巴音布鲁克湿地岩芯沉积指标与摇蚊属种 DCA 第一轴得分（DCA axis1）以及气象数据

右侧年代轴仅表示气象记录年代，不与左侧深度轴一一对应

四、摇蚊组合演替

巴音布鲁克湿地钻孔中共鉴定出摇蚊 15 属 18 种，主要以与水生植被关系密切的属种为主，其中 *Dicrotendipsnervosus*-type、*Paratanytarsuspenicillatus*-type 和 *Corynoneuraedwardsi*-type 为主要优势种。*Chironomus* 相对丰度随深度变浅而逐渐降低，但在整个钻孔中的含量都相对较高（＞12.7%）。根据 CONISS 聚类分析，钻孔摇蚊属种可分为两个主要的组合带，其中组合带Ⅰ又可细分为两个亚带（图 6-28）。

组合带Ⅰa（25～31cm，20 世纪 40 年代～60 年代）：*C. plumosus*-type 和 *C.edwardsi*-type 为优势种，平均含量分别在 40% 和 20% 左右，*C. edwardsi*-type 在该组合带顶部含量快速减少，仅为 7.4%，*D.nervosus*-type 在该组合带基本不出现。该带摇蚊头壳浓度较低，约为 1 个/g。

组合带Ⅰb（15～25cm，20 世纪 60 年代～90 年代）：*C. plumosus*-type 依然是优势种，但含量呈逐渐减少的趋势，*P. penicillatus*-type 快速增加并成为优势种，含量保持在 15% 左右，*D. nernosus*-type 和 *Tanytarsusmendax*-type 开始出现并呈波动上升的趋势，但是含量较低（分别为 10% 和 3.5% 左右），*C. edwardsi*-type 继组合带Ⅰa 顶部快速减少以后一直保持在相对较低的水平（2.5% 左右）。该带摇蚊头壳浓度开始逐渐增加，到组合带Ⅰb 的顶端已经达到 36 个/g。

组合带Ⅱ：1～15cm（20 世纪 90 年代～2013 年），*D. nernosus*-type 含量快速增加，并与 *P. penicillatus*-type 一起成为该带的优势种组合，含量分别为 41% 和 17% 左右，*C. plumosus*-type 逐渐减少，并在钻孔顶部达到最小值（12.7%），*Ablabesmyia* 在该带开始出现，但含量保持在较低的水平（3% 左右）。摇蚊头壳浓度快速上升，达到整个钻孔的最大值（89 个/g），平均值为 56 个/g。

总体而言，摇蚊组合演替和沉积物各项理化指标变化在时间上较为一致，特别是 20 世纪 90 年代中期以来，DCA 第一轴得分的持续下降与磁化率进一步减小以及含水量、粒度的逐渐增加相对应。

五、冗余分析结果

综合上述沉积指标、气候资料数据以及摇蚊数据进行 RDA 分析，结果表明（图 6-29），TOC 和中值粒径代表的粒度是影响近 60 年来摇蚊组合演替的主要环境因子，它们共同解释了摇蚊组合变化的 31%。偏冗余分析结果显示，TOC 和粒度指标分别单独解释了摇蚊组合方差的 22% 和 8%。

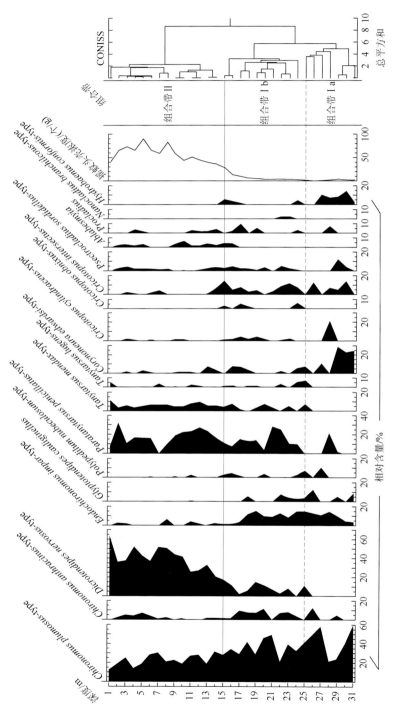

图 6-28 巴音布鲁克湿地主要摇蚊属种组合图谱以及摇蚊头壳浓度

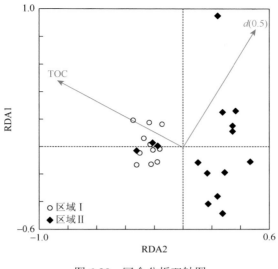

图 6-29 冗余分析双轴图

六、摇蚊组合演替对巴音布鲁克湿地气候变化的响应

（一）巴音布鲁克湿地气候变化

巴音布鲁克气象站气象记录表明（图 6-27），近 60 年来，流域气候发生了较为明显的变化，降水量呈显著增加的趋势，且温度也明显升高。特别是 20 世纪 90 年代以来，流域年降水量平均值（301.9mm）比 60 年代～90 年代中期（255.5mm）增加了 46.4mm，年均温升高了 0.9℃（90 年代中期～2012 年平均值为–4.6℃，1964 年～90 年代中期平均值为–3.7℃），该记录同西北干旱区的其他近 50 年来的记录一致[52, 53]，都表明该地区气候具有从暖干向暖湿转变的趋势。

（二）摇蚊组合演替对气候变化的响应

摇蚊头壳浓度于 25cm（20 世纪 60 年代）处开始升高，且 15cm（90 年代）处升高速率迅速增加，摇蚊组合在相应的时间也发生了明显的改变，这和岩芯中沉积指标发生变化的时间相一致。冗余分析结果表明，TOC 和粒度是影响洼地摇蚊组合演替的主要影响因素。而气候因素（温度、降水以及风速）并未在 RDA 分析中被提取为主要环境因子。事实上，气候因素对生物的影响可能在区域范围内更为明显，例如，Walker[70]认为温度是控制摇蚊在大的地理尺度上分布的最为重要的潜在环境因子[70]，而在地区范围甚至单一水体内部，气候变化导致的水文理化性质（如水深、pH、盐度和营养状况等）的改变可能对水生生物的影响更为直接[71-74]。底栖无脊椎动物生长的底质条件是影响生物生长和发育的重要影响因素[75]。TOC 和粒度是表征底质状况的重要环境指标。研究结果表明，细颗粒沉积物增加可以阻塞底质沉积物的内部空隙，减少底栖生境的含氧量，改变生物化学过程以及微生物活动，进而对底栖生物的生存和生长产生不利的影响[75-77]。一般而言，TOC 含量可以用来指示初级生产力状况。本书中，TOC/TN 的变化范围为7.93～12.75，平均值为 10.51（顶部 2cm 除外），表明洼地有机质主要来源于水生植被[78, 79]，这和洼地内大量生长的薹草密切相关。水生植被复杂的空间结构可以为摇蚊提供庇护场所以躲避其他生物的捕食[80]，同时附着在水生植被上的丰富的细菌和藻类等生物为摇蚊提供了食物来源[81]。因而水生植被（种类或数量）的增加可以促进摇蚊属种丰度和多样性的增加。

本书中碟形洼地摇蚊头壳在 20 世纪 90 年代以前含量较低，摇蚊属种以环境适应能力较强的 *C. plumosus*-type 为主要优势属种，沉积指标 TOC 含量较高，而粒度主要以细颗粒物质为主，表明洼地初级生产力较高，水动力条件较弱。气象数据显示，20 世纪 90 年代以前巴音布鲁克山区降水量较少，温度也相对偏低，这将导致流域内水源补给相对缺乏。考虑到洼地水体较浅（夏季采样水深为0.5m），相对缺乏的水源补给会导致洼地在较高蒸发潜力作用下变得干涸，成为暂时性水体。摇蚊生命周期的大部分时间都在水体中度过，稳定的水体条件更有益于摇蚊的繁衍和生长[82]，因此，该阶段洼地间歇性淹水环境可能是导致摇蚊头壳浓度极低的原因。同时，*C. plumosus*-type 的幼虫体内含有血红蛋白，可以忍受含氧量较低甚至缺氧的环境[83, 84]，而细颗粒物质导致的沉积底质缺氧环境也可以使该摇蚊种在该阶段成为主要优势属种。另外，*C. plumosus*-type 也被广泛发现于各种暂时性水体当中[85, 86]。

摇蚊头壳浓度和 DCA 第一轴指示的摇蚊属种组合在 20 世纪 90 年代发生明显变化，摇蚊头壳含量快速增加，摇蚊优势属种由 *C. plumosus*-type 向与水生植物关系密切的 *D. nervosus*-type、*T. mendax*-type 转变，其他属种如 *P. penicillatus*-type、*Ablabesmyla* 以及 *P. sordidellus*-type 含量也逐渐增加。各种沉积环境指标在该时期也发生显著改变，质量磁化率迅速减小，含水量显著升高，沉积物粒度逐渐变粗，TOC 含量显著降低甚至低于岩芯底部水平。20 世纪 90 年代开始，该地区降水量和温度都呈波动上升的趋势，温度升高会导致巴音布鲁克山区冰雪消融增加，而巴音布鲁克湿地水源的 15% 来自冰雪融水，因此，温度升高会导致湿地的水源补给更为充沛，加上降水量增加，导致洼地周边地表径流量增加，水动力条件增强，加速流域的土壤侵蚀作用，进而导致更多的陆源碎屑物质被搬运沉积在洼地当中。该推断得到了沉积物粒度逐渐变粗和磁化率逐渐减小证据的支持[87]。另外，水源补给的增加会延长洼地积水时间或增加洼地积水面积，这将有利于水生植被的大量发育[88]。然而 TOC 含量的减少似乎与该推断相悖。事实上，20 世纪 90 年代以来，大量侵蚀来源的陆源碎屑物质的沉积增加了沉积物中的无机碳含量，对 TOC 产生了较为明显的稀释作用。气候变化导致的水文条件的改变显著改变了摇蚊属种组合，粒度变粗导致适应砂和粉砂等细粒沉积物的 *C. plumosus*-type[89]含量逐渐减少，而水生植被为与植被关系密切的摇蚊种提供了良好的栖息环境和食物来源，促进了 *D. nervosus*-type、*T. mendax*-type、*P. penicillatus*-type 和 *Ablabesmyla* 的大量发育[90]。另外，值得注意的是，摇蚊属种 *G. calligincellus*-type 和 *Cricotopus* 与 *P. penicillatus*-type 在沉积序列中（特别是在 20 世纪 90 年代前后）呈相反的变化趋势。研究表明，前两个摇蚊属种与水体扰动呈明显的正相关关系[91, 92]，而 *P. penicillatus*-type 更适应在开阔的水环境中生存[90]。20 世纪 90 年代以前，湿地降水量和温度存在多次较大幅度的波动，但降水量和温度依然相对较低，加之洼地积水较浅，剧烈的气候波动可以导致洼地水体的扰动较大，而 20 世纪 90 年代以来，降水量的持续增加和温度的逐渐升高导致的洼地积水时间的延长和积水面积的扩大可能促进了 *P. penicillatus*-type 的发育。

七、结论

总体而言，巴音布鲁克高寒湿地近 60 年来的气候变化改变了湿地的水量平衡，导致生物栖息环境发生改变，进而对摇蚊组合演替产生了显著的影响。近 60 年来，巴音布鲁克地区的降水量和温度都呈增加的趋势，气候向暖湿方向转变，这和我国西北地区的整体趋势一致。温度升高加速冰雪消融，加上降水量增加，导致湿地水源补给更为充沛，地表径流增加，进而加剧流域土壤侵蚀，改变了洼地基底粒度的组成，影响了摇蚊的生长和演替。同时，水源补给增加有利于湿地水生植被的生长，为摇蚊的繁衍和生长提供了良好的栖息场所和食物来源，促进与水生植物关系密切的摇蚊种的发育。另外，气候波动导致的洼地水体扰动和水体面积的变化也是影响摇蚊属种演替的重要因素。

参 考 文 献

[1] 王雪宏，栗云召，孟焕，等. 黄河三角洲新生湿地植物群落分布格局. 地理科学，2015，35（8）：1021-1026.

[2] 颜昌宙，金相灿，赵景柱，等. 湖滨带退化生态系统的恢复与重建. 应用生态学报，2005，16（2）：360-364.

[3] 沈泽昊，张新时. 三峡大老岭地区森林植被的空间格局分析及其地形解释. 植物学报（英文版），2000，42（10）：1089-1095.

[4] 牛建明. 内蒙古主要植被类型与气候因子关系的研究. 应用生态学报，2000，11（1）：47-52.

[5] 贺强，崔保山，赵欣胜，等. 黄河河口盐沼植被分布、多样性与土壤化学因子的相关关系. 生态学报，2009，29（2）：676-687.

[6] Whigham D，Verhoeven J T A. Wetlands of the World：the next installment. Wetlands Ecology and Management,

2009，17（3）：167.

[7] 姚鑫，杨桂山，万荣荣，等. 水位变化对河流、湖泊湿地植被的影响. 湖泊科学，2014，26（6）：813-821.

[8] 杨娇，厉恩华，蔡晓斌，等. 湿地植物对水位变化的响应研究进展. 湿地科学，2014，（6）：807-813.

[9] 凌敏，刘汝海，王艳，等. 黄河三角洲柽柳林场湿地土壤养分的空间异质性及其与植物群落分布的耦合关系. 湿地科学，2010，8（1）：92-97.

[10] 杨永兴. 国际湿地科学研究的主要特点、进展与展望. 地理科学进展，2002，21（2）：111-120.

[11] Hill M O，Gauch Jr H G. Detrended correspondence analysis: an improved ordination technique. Vegetatio，1980，42（1-3）：47-58.

[12] 厉恩华，王学雷，蔡晓斌，等. 洱海湖滨带植被特征及其影响因素分析. 湖泊科学，2011，23（5）：738-746.

[13] 韩大勇，杨永兴，杨杨. 滇西北高原碧塔湖滨沼泽植物群落分布与演替. 生态学报，2013，33（7）：2236-2247.

[14] Borcard D. Partialling out the spatial component of ecological variation. Ecology，1992，73（3）：1045-1055.

[15] 陈忠礼，袁兴中，刘红，等. 水位变动下三峡库区消落带植物群落特征. 长江流域资源与环境，2012，21（6）：672-677.

[16] 王晓荣，程瑞梅，封晓辉，等. 三峡库区消落带回水区水淹初期土壤种子库特征. 应用生态学报，2009，20（12）：2891-2897.

[17] Mitsch W J，Gosselink J G. Wetlands. New York：Willey，2007.

[18] 李树生，安雨，王雪宏，等. 不同地表水水位下莫莫格湿地植物群落物种组成和数量特征. 湿地科学，2015，13（4）：466-471.

[19] Wang L，Song C，Hu J，et al. Response of regeneration diversity of Carex Lasiocarpa community to different water levels in Sanjiang Plain，China. Chinese Geographical Science，2010，20（1）：37-42.

[20] 崔丽娟，马琼芳，郝云庆，等. 若尔盖高寒沼泽植物群落与环境因子的关系. 生态环境学报，2013，（11）：1749-1756.

[21] Jensch D，Poschlod P. Germination ecology of two closely related taxa in the genus Oenanthe: fine tuning for the habitat?. Aquatic Botany，2008，89（4）：345-351.

[22] 张全军，于秀波，钱建鑫，等. 鄱阳湖南矶湿地优势植物群落及土壤有机质和营养元素分布特征. 生态学报，2012，32（12）：3656-3669.

[23] Elser J J，Bracken M E S，Cleland E E，et al. Global analysis of nitrogen and phosphorus limitation of primary producers in freshwater，marine and terrestrial ecosystems. Ecology Letters，2007，10（12）：1135-1142.

[24] 肖烨，商丽娜，黄志刚，等. 吉林东部山地沼泽湿地土壤碳、氮、磷含量及其生态化学计量学特征. 地理科学，2014，34（8）：994-1001.

[25] 青烨，孙飞达，李勇，等. 若尔盖高寒退化湿地土壤碳氮磷比及相关性分析. 草业学报，2015，24（3）：38-47.

[26] 吕贻忠，李保国. 土壤学. 北京：中国农业出版社，2006.

[27] 高国刚，胡玉昆，李凯辉，等. 高寒草地群落物种多样性与土壤环境因子的关系. 水土保持通报，2009，23（3）：118-122.

[28] Fink D F，Mitsch W J. Hydrology and nutrient biogeochemistry in a created river diversion oxbow wetland. Ecological Engineering，2007，30（2）：93-102.

[29] 张文辉，卢涛，马克明，等. 岷江上游干旱河谷植物群落分布的环境与空间因素分析. 生态学报，2004，24（3）：552-559.

[30] 任学敏，杨改河，朱雅，等. 环境因子对太白山高山植被物种组成和丰富度的影响. 生态学报，2014，34（23）：6993-7003.

[31] 柴岫. 泥炭地学. 北京：地质出版社，1990.

[32] van Hulzen J B，van Soelen J，Bouma T J. Morphological variation and habitat modification are strongly correlated for the autogenic ecosystem engineer Spartina anglica（Common Cordgrass）. Estuaries and Coasts, 2007, 30（1）: 3-11.

[33] Peach M，Zedler J B. How tussocks structure sedge meadow vegetation. Wetlands，2006，26（2）: 322-335.

[34] Jr Cantelmo A J，Ehrenfeld J G. Effects of microtopography on mycorrhizal infection in Atlantic white cedar （*Chamaecyparis thyoides*（L.）Mills.）. Mycorrhiza，1999，8（4）: 175-180.

[35] Zedler J B，Callaway J C，Desmond J S，et al. Californian salt-marsh vegetation: an improved model of spatial pattern. Ecosystems，1999，2（1）: 19-35.

[36] Werner K J，Zedler J B. How sedge meadow soils，microtopography，and vegetation respond to sedimentation. Wetlands，2002，22（3）: 451-466.

[37] Cardinale B J，Palmer M A，Swan C M，et al. The influence of substrate heterogeneity on biofilm metabolism in a stream ecosystem. Ecology，2002，83（2）: 412-422.

[38] 王升忠，王树生. 泥炭沼泽微地貌特征及其形成的水动力机制. 东北师大学报（自然科学），1997，（2）: 83-89.

[39] Vivian-Smith G. Microtopographic heterogeneity and floristic diversity in experimental wetland communities. Journal of Ecology，1997，85（1）: 71-82.

[40] 董超，张国钢，陆军，等. 新疆巴音布鲁克繁殖期大天鹅的生境选择. 生态学报，2013，33（16）: 4885-4891.

[41] Wang S Q. Ecological stoichiometry characteristics of ecosystem carbon，nitrogen and phosphorus elements. Acta Ecologica Sinica，2008，（8）: 3937-3947.

[42] 王宪礼，李秀珍. 湿地的国内外研究进展. 生态学杂志，1997，（1）: 58-62.

[43] Dawson T P，Berry P M，Kampa E. Climate change impacts on freshwater wetland habitats. Journal for Nature Conservation，2003，11（1）: 25-30.

[44] Mitsch W J，Wu X B. Wetlands and global change. In: Lal R，Kimble J，Levine E，et al. Advances in Soil Science: Soil Management and Greenhouse Effect. Boca Raton，FL，USA. : CRC Press/Lewis Publishers，1995: 205-230.

[45] Brotherton S J，Joyce C B. Extreme climate events and wet grasslands: plant traits for ecological resilience. Hydrobiologia，2015，750（1）: 229-243.

[46] Erwin K L. Wetlands and global climate change: the role of wetland restoration in a changing world. Wetlands Ecology and Management，2009，17（1）: 71-84.

[47] Thomas C D，Cameron A，Green R E，et al. Extinction risk from climate change. Nature，2004，427（6970）: 145-148.

[48] 傅国斌，李克让. 全球变暖与湿地生态系统的研究进展. 地理研究，2001，20（1）: 120-128.

[49] 宋长春. 湿地生态系统对气候变化的响应. 湿地科学，2003，1（2）: 122-127.

[50] 国家林业局等. 中国湿地保护行动计划. 北京: 中国林业出版社，2000.

[51] 杨青，崔彩霞. 气候变化对巴音布鲁克高寒湿地地表水的影响. 冰川冻土，2005，27（3）: 397-403.

[52] Shi Y. Discussion on the present climate change from warm-dry to warm wet in northwest China. Quaternary Sciences，2003，23（2）: 152-164.

[53] Xu C，Li J，Zhao J，et al. Climate variations in northern Xinjiang of China over the past 50 years under global warming. Quaternary International，2015，358: 83-92.

[54] 公延明，胡玉昆，阿德力·麦地，等. 巴音布鲁克高寒草地退化演替阶段植物群落特性研究. 干旱区资源与环境，2010，24（6）: 149-152.

[55] 刘艳，舒红，李杨，等. 天山巴音布鲁克草原植被变化及其与气候因子的关系. 气候变化研究进展，2006，2（4）: 173-176.

[56] 胡玉昆，李凯辉，王鑫，等. 巴音布鲁克高寒草甸不同群落类型的生物量. 资源科学，2007，29（3）：147-151.

[57] Armitage P D，Cranston P S，Pinder L C V. The Chironomidae: Biology and Ecology of Non-biting Midges. New York: Springer Netherlands，1995.

[58] Langdon P G，Ruiz Z，Wynne S，et al. Ecological influences on larval chironomid communities in shallow lakes: Implications for palaeolimnological interpretations. Freshwater Biology，2010，55（3）：531-545.

[59] Brooks S J，Langdon P G，Heiri O. The Identification and Use of Palaearctic Chironomidae in Palaeoecology. QRA Technical Guide No. 10. London: Quaternary Research Association，2007.

[60] Oliver D R，Roussel M E. The insects and arachnids of Canada. Part 11. The genera of larval midges of Canada. Diptera: Chironomidae. Canadian Government Publishing Centre，Ottawa，Ontario，USA，1983.

[61] Rieradevall M，Brooks S J. An identification guide to subfossil Tanypodinae larvae（Insecta: Diptera: Chrironomidae）based on cephalic setation. Journal of Paleolimnology，2001，25（1）：81-99.

[62] Wiederholm T. Chironomidae of the Holarctic Region: Keys and Diagnoses，Part 1: Larvae. Entomologica Scandinavica，Lund，1983.

[63] Wiederholm T，Eriksson L. Subfossil chironomids as evidence of eutrophication in Ekoln Bay，Central Sweden. Hydrobiologia，1979，62（3）：195-208.

[64] Grimm E C. Tilia 1.11. Tiliagraph version 1.18. In: Gear A ed. A users notebook. USA: Illinois State Museum，Springfield，1991.

[65] Grimm E C. CONISS: a FORTRAN 77 program for stratigraphically constrained cluster analysis by the method of incremental sum of squares. Computers and Geosciences，1987，13（1）：13-35.

[66] Braak C J F T，Prentice I C. A theory of gradient analysis. Advances in Ecological Research，1988，18（2004）：271-317.

[67] Last W M，Smol J P. Tracking Environmental Change Using Lake Sediments. Vol. 1，Basin Analysis，Coring，and Chronological Techniques[M]. Dordrecht: Kluwer Academic Publishers，2001.

[68] 刘恩峰，薛滨，羊向东，等. 基于 ^{210}Pb 与 ^{137}Cs 分布的近代沉积物定年方法——以巢湖、太白湖为例. 海洋地质与第四纪地质，2009，（6）：93-98.

[69] 张信宝，龙翼，文安邦，等. 中国湖泊沉积物 ^{137}Cs 和 ^{210}Pb$_{ex}$ 断代的一些问题. 第四纪研究，2012，32（3）：430-440.

[70] Walker I R. Chironomid overview A2-Elias，Scott A，in Encyclopedia of Quaternary Science. Oxford: Elsevier，2007：360-366.

[71] Brooks S J，Birks H J B. The dynamics of chironomidae（Insecta: Diptera）assemblages in response to environmental change during the past 700 years on Svalbard. Journal of Paleolimnology，2004，31（4）：483-498.

[72] Luoto T P，Rantala M V，Galkin A，et al. Environmental determinants of chironomid communities in remote northern lakes across the treeline-Implications for climate change assessments. Ecological Indicators，2016，61：991-999.

[73] Zhang E，Cao Y，Langdon P，et al. Within-lake variability of subfossil chironomid assemblage in a large，deep subtropical lake（Lugu lake，southwest China）. Journal of Limnology，2013，72（1）：117-126.

[74] Zhang E，Zheng B，Cao Y，et al. Influence of environmental parameters on the distribution of subfossil chironomids in surface sediments of Bosten lake（Xinjiang，China）. Journal of Limnology，2012，71（2）：291-298.

[75] 曹艳敏. 长江中下游地区典型湖泊摇蚊亚化石时空分布及环境意义. 北京: 中国科学院大学，2013.

[76] Donohue I，Irvine K. Effects of sediment particle size composition on survivorship of benthic invertebrates from Lake Tanganyika，Africa. Archiv Fur Hydrobiologie，2003，157（1）：131-144.

[77]　Höss S, Haitzer M, Traunspurger W, et al. Growth and fertility of Caenorhabditis elegans(nematoda)in unpolluted freshwater sediments: response to particle size distribution and organic content. Environmental Toxicology & Chemistry, 1999, 18（12）: 2921-2925.

[78]　Meyers P A. Organic geochemical proxies of paleoceanographic, paleolimnologic, and paleoclimatic processes. Proceedings of the 1996 Annual Meeting of the Geological Society of America, 1997, 27（5-6）: 213-250.

[79]　Meyers P A. Applications of organic geochemistry to paleolimnological reconstructions: A summary of examples from the Laurentian Great Lakes. Organic Geochemistry, 2003, 34（2）: 261-289.

[80]　Becerra-Muñoz S, Jr H L S. On the influence of substrate morphology and surface area on phytofauna. Hydrobiologia, 2007, 575（1）: 117-128.

[81]　Papas P. Effect of macrophytes on aquatic invertebrates-a literature review. Freshwater Ecology, Arthur Rylah Institute for Environmental Research, Technical Report Series No.158, Department of Sustainability and Environment, Melbourne; Melbourne Water, Melbourne, Victoria, 2007.

[82]　Smol J P, Birks H J B, Last W M. Tracking Environmental Change Using Lake Sediments. Volume 4. Zoological Indicators. Dordrecht: Kluwer Academic Publishers, 2003.

[83]　Brodersen K P, Quinlan R. Midges as palaeoindicators of lake productivity, eutrophication and hypolimnetic oxygen. Quaternary Science Reviews, 2006, 25（15-16）: 1995-2012.

[84]　Little J L, Smol J P. Changes in fossil midge（Chironomidae）assemblages in response to cultural activities in a shallow, polymictic lake. Journal of Paleolimnology, 2000, 23（2）: 207-212.

[85]　Bazzanti M, Seminara M, Tamorri C. A note on chironomids（diptera）of temporary pools in the National Park of Circeo, Central Italy. Aquatic Ecology, 1989, 23（2）: 189-193.

[86]　Bazzanti M, Seminara M, Baldoni S. Chironomids（Diptera: Chironomidae）from three temporary ponds of different wet phase duration in central Italy. Journal of Freshwater Ecology, 1997, 12（1）: 89-99.

[87]　陈敬安, 万国江, 张峰, 等. 不同时间尺度下的湖泊沉积物环境记录——以沉积物粒度为例. 中国科学: 地球科学, 2003, 33（6）: 563-568.

[88]　Bazzanti M, Grezzi F, Bella V D. Chironomids（Diptera）of temporary and permanent ponds in central Italy: a Neglected invertebrate group in pond ecology and conservation. Journal of Freshwater Ecology, 2008, 23（2）: 219-229.

[89]　Pinder L C V. Biology of freshwater chironomidae. Annual Review of Entomology, 2003, 31（31）: 1-23.

[90]　Cao Y, Zhang E, Cheng G. A primary study on relationships between subfossil chironomids and the distribution of aquatic macrophytes in three lowland floodplain lakes, China. Aquatic Ecology, 2014, 48（4）: 481-492.

[91]　Brodersen K P, Odgaard B V, Vestergaard O, et al. Chironomid stratigraphy in the shallow and eutrophic Lake Søbygaard, Denmark: chironomid-macrophyte co-occurrence. Freshwater Biology, 2001, 46（2）: 253-267.

[92]　Greffard M H, Saulnier-Talbot E, Gregory-Eaves I. Sub-fossil chironomids are significant indicators of turbidity in shallow lakes of northeastern USA. Journal of Paleolimnology, 2012, 47（4）: 561-581.

第七章　巴音布鲁克草原生态安全调查与评估

第一节　干旱地区高寒草原生态安全评估的指标体系

要确定一个生态系统安全与否，首先必须要有一个生态系统安全的标准或参照系统。目前，国内外有关生态安全的评价方法框架和指标体系，主要借鉴的是联合国经济合作和发展组织（OECD）建立的压力-状态-响应指标框架模型。在上述框架的基础上，欧洲环境署添加了两类指标："驱动力"指标（driving force）和"影响"指标（impact），从而建立了驱动力-压力-状态-影响-响应（DPSIR）指标体系。在生态风险评价中，美国国家环境保护局也针对地区、流域以及国家等不同空间尺度，建立了相应的评价框架，提出了十分复杂和庞大的指标系统。一些学者在综合全球范围内有关环境风险/生态脆弱性以及生态系统或环境要素质量状况评价现状基础上，建立了可以在国家间进行对比评价的生态脆弱性指标体系。该指标体系共有 54 个指标要素，是目前评价区域生态/环境脆弱性中比较完善的一种指标系统。但该指标体系并非是针对内陆干旱地区开发的，在运用到内陆干旱地区时，需根据内陆干旱地区的自然环境特点和风险因素进行调整。

高寒草地生态系统复杂，因此，建立的评价指标体系也较复杂。一些学者在研究草地生态系统的时候建立了不同的指标体系。贾艳红在甘肃草原牧区基于 PSR 框架建立了主要基于草原退化率、人口自然增长率、超载率、人类干扰指数等指标的评价体系；屈芳青和周万村[1]在若尔盖草原地区基于 PSR 建立的指标体系增加了人口密度、人均 GDP 等社会经济因素与地貌、水体变化、气候变暖等自然因素。赵有谊在对草地生态安全研究的基础上建立的草地生态系统安全（PESI）评价指标体系，主要是从生态系统健康、生态系统服务功能、生态风险与管理准则层等方面建立的评价体系。根据高寒草地生态系统的复杂性建立的评价指标应考虑多方面的因素。

草地生态系统是由众多因子构成的复杂系统，而且这些因素相互影响、相互制约。本书参考了其他生态安全评价和相关草地生态学研究，分析了资料采集的可行性、指标的客观性以及生态安全评价的合理性和科学性，根据指标选取和体系建立应遵循的科学性、完备性、代表性、可比性和可操作性原则，构建了 DSRM 模型的评价指标体系（表 7-1）。在准则层，"生态安全评价"主要考虑植被的生长状况，"生态服务功能评价"主要考虑其提供的生态价值，"生态风险和管理评价"主要考虑草地对各种压力的承载力。

草地退化的实质是草地生产力的下降，草地植被是草地退化最敏感的因素[2]，因此，本书基于野外实验与遥感数据相结合的方法建立了植被覆盖度模型，用来分析草地的退化。同时，巴音布鲁克草原湿地作为开都河、伊犁河、玛纳斯河等诸多天山南北河流的源头，其涵养水源功能的强弱对下游河流流量影响较大，因此，以草原湿地涵养水源功能的变化作为评价草原湿地退化的一大因素。该地区水源主要为冰雪融水和大气降水，在降水与水流运送的过程中会对地表产生侵蚀作用，使水域中的含沙量增加，因此，草地减少水蚀的功能同样重要。同时，巴音布鲁克草原湿地所处的地理位置与环境决定了它防风固沙的能力，因此，以草原湿地的防风固沙功能作为评价草原湿地退化的另一大因素。

表 7-1 草地生态系统生态安全评价体系

模型层	准则层	指标层
状态	草地退化指标	草地植被覆盖度
	生态服务指标	涵养水源功能
		防风固沙功能
		减少水蚀功能
风险与管理	承载力指标	载畜量
		旅游人数增长
		人口增长

第二节 干旱地区高寒草原生态安全评估的方法和模型

一、草地生态安全评估的研究进展

生态安全评估是按照生态系统本身及其为人类提供服务功能的状况和保障人类社会经济可持续发展的要求，对生态因子及生态系统整体，对照一定的标准进行的生态系统安全状况的评价，是对生态系统完整性以及各种风险下维持其健康可持续能力的识别与判断的研究。

国外学者早在 20 世纪上半叶就开始了草原生态安全评价的研究。1919 年 A.W. Sampson 提出土壤有机质指标法[3]，以土壤有机质含量作为指标来评价草地的资源状况；1945 年，Humphrey 提出可食牧草百分比法[4]，以草群中可利用牧草的百分比来作为评价指标。1974 年，Holdren 和 Ehrlich 提出了生态系统服务和生态健康的概念[5]。20 世纪 90 年代以来，Cairns Costanza 等对生态系统服务进行了深入的研究[6,7]。一些发达国家的学者从生物基因工程的生态风险与生态安全，化学物质施用对农业生态系统健康与生态安全的影响等微观角度开始了生态安全的研究[8]。

我国草地资源评价研究开始于 20 世纪 50 年代。1961 年，王栋、任继周[9]提出以草地植物经济类群特征植物出现的数量、土壤有机质含量及其酸度、地表状况、土壤流失程度作为评价草地资源基况的综合指标。1981 年，章祖同提出了以草群饲用价值为主要指标，以草原生态环境及距饮水点的距离为辅助指标的草地资源评价方案[10]。刘德福对中国科学院蒙宁综合考察队提出的草地等级评价方案进行了研究和完善[11]。2004 年，一些学者讨论了草地健康及其评价体系，并在草原生态健康评价理论的指导下开展了实证研究[12-14]。在区域生态安全研究的推动下，草原生态安全评价的理论、方法和实践研究也得到了国内学者的关注[15-17]。

草原既是区域生态环境最主要和最基本的构成要素，也是当地社会经济发展的主要依托，草原资源对当地的生态环境和社会经济发展具有决定性的影响。因此，草原生态安全评价既不是区域生态环境的评价，也不应该是单纯的自然生态系统安全与否的评价。草原生态安全评价应是以草原自然生态系统的状态和功能评价为切入点，结合具体区域的社会经济发展状况，探讨草原地区发展的整体安全状况，即讨论具体区域草原-经济社会复合生态系统的安全程度，是广义的生态安全研究。

二、评价方法

（一）统计数学评价方法

统计数学评价方法有主成分分析法、层次分析法、综合指数评价法、指数叠加法、模糊综合评价法等。对于多要素的复杂系统，草地生态系统的安全评价多采用模糊综合评价方法、层次分析法。屈芳青和周万村[1]采用模糊数学中的模糊层次分析法，根据最大隶属度原则对若尔盖草原生态安全做了评价。贾艳红等将熵权法与综合评价法有机结合，进行了甘肃牧区草原生态安全的评价研究[18]。赵军等采用模糊评价方法对天祝高寒草原的生态安全状况进行了评价[19]。

（二）景观生态学方法

景观生态学方法是分析人类活动对生态安全影响累积效应来源的方法，在生态安全研究中，可借助传统生态学中计算植被重要值的方法进行空间结构的分析，此外，还包括对拼块、模地和廊道的调查分析等。常采用模型模拟方法。模型在生态安全研究中具有预测、解释和推断的功能，运用模型模拟能够描述生态环境系统或系统要素的行为特征或人类活动对生态环境系统的影响。陈正华将甘肃省山丹县作为干旱半干旱地区的典型研究区，选择压力、活力、反弹力作为生态系统健康模型的 3 个诊断指标，建立了干旱半干旱地区生态系统健康模型，对生态健康进行了评价。

（三）GIS 技术的应用

GIS 具有管理与处理分析空间数据的独特优势，通过空间分析的方法，能实现对生态、环境、社会、经济等现象的定量定位研究。GIS 在 RS、GPS 的支持下，能够将定量监测和分析方法集于一体，为生态安全研究提供了现代空间信息的技术支持，并将会发展成为生态安全研究的重要手段和方法。

高寒草地生态系统是一个复杂的系统，在对其进行评价的过程中，多数情况下不仅限于一种方法，根据评价的复杂程度，合理运用各种评价方法。

三、评价分级及标准

草地退化标准参照国家标准（GB19377—2003）提出的草地退化程度分级标准；草地植被覆盖以总覆盖度相对百分数的减少率为指标分为四个等级：未退化 0～10%、轻度退化 11%～20%、中度退化 21%～30% 和重度退化 >30%；各服务能力计算结果在 ArcMap 中采用 Quantile（分位数）功能进行 5 级分类（classified）操作，按其栅格值由低到高依次划分为 5 个重要性级别，即一般重要、较重要、中等重要、高度重要、极重要，将高度重要与极重要合并划分为最重要区。各承载力指标进行归一化计算，再根据结果进行等级的划分。

四、评价模型

为使研究工作顺利进行，且确保研究结果的严谨性和科学性，构建科学合理的研究模型是进行研究工作的第一步也是最重要的一步工作。在广泛借鉴各学科理论与方法的基础上，参考生态安全评价的相关研究，借鉴其研究框架与成果，建立生态安全评价模型。将"压力-状态-响应"进行分解与重新组合，将"草地退化指标""草地生态系统服务功能"和"生态风险和管理"作为草地生态系统安全的判断准则，得到新的评价模型，可概括为"退化（degradation）-服务功能（service）-风险与管理（risk and management）"，简称为 DSRM 评价模型。DSRM 模型采用"草地退化"准则来描述系统自身的状态，采用"服务功能"准则来描述系统生产服务能力的状态。采用这 2 个准则对草地生态系统"状态"进行描述，将显得更清晰，且更具层次性。模型采用"风险与管理"准则来描述生态系统面对外界干扰、胁迫或风险（压力）时，人类必须采取相应减少威胁的措施或完善管理的手段（响应），即将 PSR 模型的"压力"和"响应"2 个准则合并为 1 个准则，这种合并更符合逻辑关系。

第三节　巴音布鲁克高寒草原生态安全评估及结果验证

一、草地退化指标

新疆巴音布鲁克草原是我国干旱区最大的亚高山高寒草原，拥有独特的高寒草甸草原景观[20, 21]。近年来，随着全球气候变化和人类的过度放牧，草原生产力不断下降，植被退化和草原沙化现象日益严重，对此国内学者进行了大量的调查与研究。为了对巴音布鲁克草原植被覆盖度情况、草原内部差异以及植被退化情况进行更深入的了解，在前人研究的基础上，通过建立实测样地光谱图像 NDVI（SOC_NDVI）数据与地面实测植被覆盖度（VC）之间的地面光谱模型以及 MODIS/Terra 卫星遥感影像 NDVI（MODIS_NDVI）数据与 SOC_NDVI 之间的光谱修正模型，并利用两个模型的关系得到估算植被覆盖度的 MODIS 光谱估算模型。该模型旨在为研究区植被覆盖度估算研究提供新的技术方法，并在光谱模型研究的基础上对研究区内植被覆盖度进行初步划分，对植被覆盖度整体及各等级分布进行较详细分析，从而了解巴音布鲁克草原当前植被覆盖度的分布状况及草场的退化情况。

（一）草原退化研究进展

从 20 世纪 60 年代开始，中国草原就出现了较大面积的退化现象。此后，许多学者对草原退化的驱动因素、退化指标体系、分级标准等方面进行了深入的研究[22-27]。20 世纪 90 年代以后，3S 技术成为草地监测与研究的重要方法。高清竹等[28]将植被覆盖度作为评价指标，对藏北地区的草地退化进行了遥感监测并建立了评价指标体系，结果较为科学合理。冯秀等[29]利用群落数量分析方法，将内蒙古白音锡勒牧场草原划分为轻度退化、中度退化和重度退化 3 个不同等级，在此基础上建立了退化等级与草地地上生物量之间的相互关系。

巴音布鲁克草原位于天山中侧南段腹地，海拔为 2400～4400m，与 5 个地（州）、10 个县（市）接壤[30]。艾尔温根乌拉山横贯盆地中部，将完整的高位盆地分割成大、小尤尔都斯两个盆地。巴音布鲁克草原草场总面积达 15540km²,年降水量为 216.8～361.8mm。四周雪山环绕,气候冬季漫长,年平均气温为-4.7℃,积雪天数为 150～180d,年枯草期为 7 个月,年平均风速为 2.65m/s。巴音布鲁克是开都河、巩乃斯河和塔里木河的发源地,故有新疆"三河源"之称[31]。

然而随着社会经济不断发展,过度放牧已经严重影响到了巴音布鲁克草原的生态环境,草场覆盖度迅速下降,草场退化现象日益严重[32]。过度放牧导致的草畜不平衡是巴音布鲁克天然草地退化的最主要原因[33, 34]。巴音布鲁克草原的实际放牧量远远大于其载畜能力,牲畜的啃食已经极大地影响了草场的可持续发展。

巴音布鲁克草原对天山中部地区乃至整个新疆的生态环境都具有重要的作用,草原退化问题也一直是各级政府和社会关注的焦点。早在 20 世纪 80 年代,国内学者就对巴音布鲁克草原进行了调查与研究,对草原退化状况进行了初步的调查,并且对草原利用状况和畜牧业持续发展问题进行了初步探讨;运用采样、样方布置、测定等方法,掌握其类型、特征、分布、退化过程与退化原因等[35];分析了巴音布鲁克地区不同草原类型的现状以及草原利用状况,提出了草场管理与调整草场分配界线问题[36]。通过对巴音布鲁克草原畜牧业持续发展的探讨,提出要提高草地的生产力,必须保护草地的生态环境[37]。

进入 21 世纪后,随着巴音布鲁克草原退化问题的日益突出,对草原退化驱动力的分析以及防治对策的研究也越来越深入,大致可以分为以下几个研究阶段:畜牧业发展与草场退化关系研究[38-40]、草地生产力研究[41-43]、草场"三化"问题研究[44, 45]、草原生态建设和保护研究[46-50]、草地载畜量研究[51]、退化演替阶段草地特性变化规律研究[51-55]、草地生态保护和草畜平衡研究等[56, 57](表 7-2)。

表 7-2　新疆巴音布鲁克草原退化研究现状

时间	主要研究者	文章数量	研究内容	提出对策	文献来源
2000 年前	肖笃志、闫凯、叶尔道来提	8	采样调查,了解草原退化现状	提出草场管理的重要性	《中国草地》《新疆畜牧业》《干旱区研究》
2000 年	张立运、热合木都拉·阿迪拉	3	畜牧业发展与草场退化相互制约	保护草地生态系统	《草食家畜》《干旱区研究》
2003 年	阿德力·麦地	2	高寒草地生产力问题	人工补播多年生牧草	《中国草地》
2006 年	宋宗水、李毓堂、刘艳	3	草场"三化"问题	建立自然保护区	《绿色中国》《草原与草坪》《气候变化研究进展》
2007～2008 年	陈维伟、管永平、胡小龙、麦合木提克衣木、李文利	6	草原生态建设和保护现状	转变畜牧业生产方式,改革管理体制	《草业科学》《新疆畜牧业》《上海畜牧兽医通讯》《内蒙古农业科技》

续表

时间	主要研究者	文章数量	研究内容	提出对策	文献来源
2009~2010 年	崔新文、胡玉坤、公延明	3	草原载畜量问题；退化演替阶段高寒草地植物群落特性变化规律	制定法律法规政策，使草原保护有法可依	《冰川冻土》《干旱区资源与环境》《新疆水利》
2011~2013 年	吴春焕、艾海买·阿吉	2	草原的基本情况以及生态保护现状	启动"天河工程"，坚持和贯彻草畜平衡制度	《新疆畜牧业》《草原保护与建设》

20 世纪 80 年代，国内学者对巴音布鲁克草原退化的研究较少，加上技术方面的落后与相关研究理论的缺乏，所采用的研究方法也较为简单、直观，主要采取的方法有访问调查、样方测定、试验分析等。1983 年 7 月，肖笃志等对巴音布鲁克地区的主要退化草场进行了调查，通过访问、路线选择、样方布置、测定项目等调查方法，初步摸清了草原类型、特征、分布、退化过程等，将草原分为轻度退化、中度退化、重度退化、极度退化四个等级[58]。"九五"期间，学者通过运用试验整理和分析的方法，对巴音布鲁克高寒草原季节放牧场草地的生产力进行了全面的研究评价，对各季节草原的生产力、营养、能量以及载畜能力进行了研究，并总结出高寒草地季节牧场的核定载畜量标准以及载畜潜力[59]。

进入 21 世纪，随着研究技术的提高，对巴音布鲁克草原退化研究的方法也愈加多样化和高效性。随着草原退化程度的加深，对草原退化原因与措施的研究已成为草原研究的重中之重。人工治理技术取得了初步的进展，总结出了对退化草地进行灌溉、补播、休闲等试验方法，提出了实施灌溉技术、人工补播牧草等措施。遥感技术也逐渐应用到监测草原植被覆盖格局变化，以及研究草原植被覆盖的动态变化与降水、气温、浅层地温等气候因子的关系中。胡玉昆等运用空间代替时间的方法对巴音布鲁克草原不同围封年限的草原区域进行了研究，结果表明草原严重退化会导致高寒草地植物群落演替缓慢，通过主分量分析以及群落多样性指标分析，得出了不同退化演替阶段高寒草原植物群落特性的变化规律[60]。

（二）模型构建数据的选取

本书基于野外实测试验数据，于植被生长旺盛季节，构建研究区内部植被覆盖度估算模型，以期为研究区植被覆盖度估算研究提供数据支持和科学方法。基本方法为：运用相关分析法，以 MODIS 遥感数据和野外实测样地数据为基础，先建立地面实测 SOC_NDVI 与 VC 地面光谱模型，再建立实测 SOC_NDVI 与

MODIS_NDVI 的修正地面光谱模型，二者相结合运算得到估算草原植被覆盖度的 MODIS 光谱估算模型，接着验证模型精度，最后利用模型反演结果对试验期草原植被进行等级划分、样线分析和缓冲区分析。

1. 数据选取原则

（1）逻辑性原则

国内外学者的研究表明，VC 与 NDVI 之间具有一定的正相关关系[61, 62]。本书获取的所有野外数据经过计算和统计，也基本符合这一规律，即 NDVI 随着 VC 的增大而增大。但在具体野外试验中总会出现如系统本身误差、人为误差等，从而产生误差数据，这些问题在数据获取和处理过程中难以避免。这时就需要按照一定的逻辑原则剔除误差数据，将符合逻辑的数据进行建模，从而减少在建模过程中由于异常数值引起的反演模型精度降低的问题。

（2）二分性原则

构建模型应该适用于研究区其他时间段的数据预测，且要有一定程度的准确度和推广性，能够真实反映研究区的数据特征。本书中，将样本分析数据依据采集的时间进行抽样将其分为两组，分别为样本数据和检验数据，并分别用于建模和精度检验。

（3）均匀性原则

野外调查中，选取的样地在研究区中要尽量符合均匀性原则，要包括研究区的各种植被类型和各种植被覆盖程度，每一个样地的小样方也要均匀地分布在样地中，从而使测出的结果能够代表每一个样地的整体植被覆盖情况，使野外试验数据更加科学合理。划分数据时也要遵循均匀性原则，使建立的模型更具科学性和应用性。

2. 数据选取方法

为了保证建模数据的科学性，本书将采集的大量小样方数据以样地为单位计算平均值。遵循以上原则，计算 52 个样地对应的 330 个小样方的实测 VC、实测 SOC_NDVI 值以及对应的高空遥感 MODIS_NDVI 值，再计算每一个样地对应的 5～10 个小样方所对应的三类数据的平均值，共得出 52 组数据。通过观察样方数据 VC 与 SOC_NDVI、SOC_NDVI 与 MODIS_NDVI 之间的散点图（图 7-1），经过认真筛选，剔除掉 7 个比较明显的误差数据（图 7-1 红色点），剩余 45 组（图 7-1 黑色点）用于本书的建模与检验。本书依据采集的时间顺序进行划分，将筛选后的数据划分为建模数据和检验数据，其中，采集的前 27 个样地数据作为建模数据，后 18 个样地数据为模型检验数据。

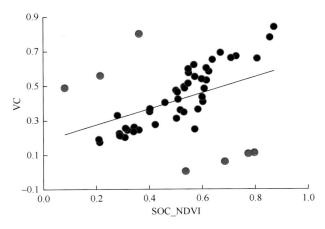

图 7-1 试验样地数据分析筛选

（三）地面光谱模型

通过分析研究区内 SOC_NDVI 和 VC 的散点关系，选用线性方程进行回归分析，结果表明：SOC_NDVI 与 VC 之间存在较强的线性相关关系，$R^2 = 0.865$，相关性较高（图 7-2）。二者的关系表达式可写为

$$VC = 0.93 \times SOC\_NDVI - 0.064 \tag{7-1}$$

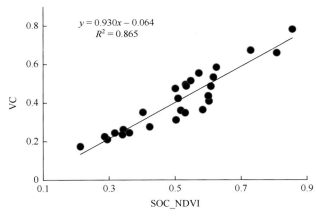

图 7-2 VC 与 SOC_NDVI 的线性回归方程

（四）MODIS 光谱估算模型

通过野外实地实验采集的光谱信息以及植被覆盖信息 MODIS_NDVI，对野外采样点提取遥感数据时所对应的植被覆盖度信息与野外实验数据建立模型。

为了探求地面所测的植被光谱数据和高空遥感所得的植被光谱数据的内在关系，分析了 27 个样地的 SOC_NDVI 和 MODIS_NDVI 之间的对应关系，结果显示，两组数据之间存在线性关系，且 $R^2 = 0.731$，相关性较高（图 7-3）。二者的关系表达式可写为

$$SOC\_NDVI = 0.835 \times MODIS\_NDVI + 0.096 \qquad (7\text{-}2)$$

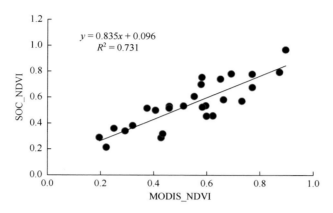

图 7-3　SOC_NDVI 与 MODIS_NDVI 的线性回归方程

将式（7-2）代入式（7-1），经整理得到 MODIS 光谱估算模型，VC 与 MODIS_NDVI 之间的表达式可写为

$$VC = 0.777 \times MODIS\_NDVI + 0.025 \qquad (7\text{-}3)$$

由于 VC 的取值范围为 0～1，因此，通过计算，当 VC 分别等于 0 和 1 时，MODIS_NDVI 的值分别小于 0 和大于 1，因此，这里将公式的取值范围定义为 0～1。最后的 MODIS 光谱估算模型整理为

$$VC = 0, \quad MODIS\_NDVI \leqslant 0$$
$$VC = 0.777 \times MODIS\_NDVI + 0.025, \quad 0 \leqslant MODIS\_NDVI \leqslant 1 \qquad (7\text{-}4)$$
$$VC = 1, \quad MODIS\_NDVI \geqslant 1$$

（五）模型精度检验

为了检验 MODIS 光谱估算模型的预测结果与实测值之间的误差情况，验证该模型是否能够应用，从而进行研究区植被覆盖度总体情况的估算，因此，将之前划分出来的 12 组检验数据对模型精度进行分析。将式（7-4）应用到 MODIS_NDVI 灰度图上，在 GIS 软件中，通过 Spatial Analyst Tools 中的 Raster Calculator 计算工具进行栅格计算，获得研究区的植被覆盖度图。依据地理坐标（经纬度）

将检验数据转化为检验点，记录各检验点在研究区植被覆盖度图上对应的像元值（即预测 VC），再利用实测值与预测值的相关关系对模型精度进行检验。为了检验利用 MODIS 数据预测植被覆盖度与实测植被覆盖度之间关系的密切程度，这里选用标准误差（SE）和平均误差系数（MEC）对预测值进行检验。

标准误差计算公式为

$$SE = \sqrt{\frac{\sum_{i=1}^{n}(y-y')^2}{n}} \qquad (7\text{-}5)$$

平均误差计算公式为

$$MEC = \sqrt{\frac{\sum_{i=1}^{n}\left|\frac{y-y'}{y}\right|}{n}} \qquad (7\text{-}6)$$

总体预测精度计算公式为

$$总体预测精度 = 1 - 总体相对误差平均值 \qquad (7\text{-}7)$$

式中，y 为样方实测值；y' 为模型预测值；n 为检验样方的个数。

验证结果表明，预测值和实测值之间相关性较好，相关系数 R^2 达到 0.82（图 7-4），模型的标准误差 SE 为 11.55%，总体预测精度达到了 88.92%。结果表明，在植物生长的最旺盛季节，基于地面光谱模型建立的 MODIS 光谱估算模型预测精度较高，具有较好的科学性和应用性，方法简单，易于计算。

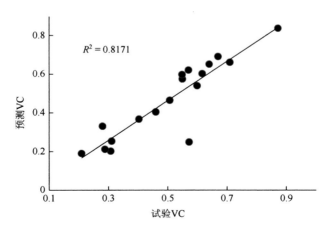

图 7-4　MODIS 光谱估算模型预测结果精度验证

（六）研究区植被覆盖度等级划分

将研究区遥感影像 NDVI 灰度图，利用式（7-4）计算得到研究区单波段的植被覆盖度图。根据研究区的实际情况，参考陈效述[63]对植被覆盖度的划分方法，将研究区的植被覆盖度划分为五级：80%以上为极高覆盖，60%～80%为高覆盖，40%～60%为中覆盖，20%～40%为低覆盖，20%以下为极低覆盖。评价指标和等级划分及各等级所占比例见表 7-3，划分结果如图 7-5 所示。

表 7-3 研究区植被覆盖度评价指标和等级划分及各等级所占比例

植被覆盖等级	覆盖等级评分	植被覆盖等级划分方法	各等级面积/km²	所占比例/%
极高覆盖	1	植被覆盖度在 80%以上	4373.02	18.87
高覆盖	2	植被覆盖度在 60%～80%	5934.73	25.61
中覆盖	3	植被覆盖度在 40%～60%	7246.41	31.28
低覆盖	4	植被覆盖度在 20%～40%	3211.68	13.86
极低覆盖	5	植被覆盖度在 20%以下	2406.58	10.38

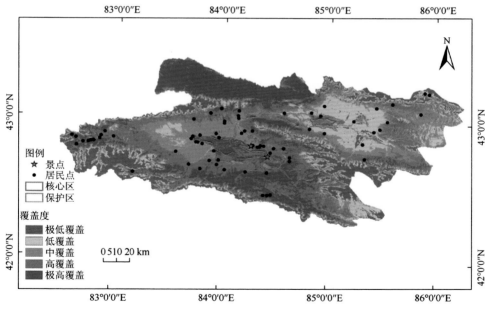

图 7-5 研究区植被覆盖度等级图

从研究区植被覆盖度等级划分结果可以看出，研究区植被覆盖度的整体情况为东西部低、南北部高。其中，极高覆盖区域平均植被覆盖度为 83.06%，面积为 4373.02km²，占全区面积的 18.87%，主要分布在巴音布鲁克草原以北的那拉提草原。由于来自伊犁河谷的水汽条件较好，降水丰沛[64]，该区域分布着大面积的优质草原和林地，景区内设有草原管理机构，且大部分游客按照固定线路参观，不分散自由活动，草原整体保护较好，因此，植被覆盖度高。高覆盖区域平均植被覆盖度为 67.98%，面积为 5934.73km²，占全区面积的 25.61%，主要分布在大尤尔都斯盆地南部的山前平原。由于近年来实行了草原保护政策，因此，将此区域的大面积草场进行了围栏保护，从而使这里自然环境恢复较好，草原退化得到了及时遏制并开始好转，植被覆盖度相对较高。中覆盖区域平均植被覆盖度为 48.91%，面积为 7246.41km²，占全区面积的 31.28%，主要分布在大、小尤尔都斯盆地四周的山前草场。这些区域为巴音布鲁克草原放牧草场的主要分布区域，由于近年来实行的季节放牧和草场保护政策，使得这些区域的植被覆盖度均有所提高，这里部分区域已进入山区，坡度较大，人类活动不易到达，干扰较少，因此植被覆盖度能达到中覆盖等级。低覆盖区域平均植被覆盖度为 25.51%，面积为 3211.68km²，占全区面积的 13.86%，主要位于大尤尔都斯盆地西部的天山石林区和小尤尔都斯盆地中部的大面积区域。由于人类的长期过度放牧，该区域放牧历史悠久，草原退化极为严重。极低覆盖区域平均植被覆盖度为 10.81%，面积为 2406.58km²，占全区面积的 10.38%，主要分布在巴音布鲁克草原的四周山区。这里主要为裸岩和冰雪覆盖区，植被覆盖度最低，此外，在小尤尔都斯盆地的中覆盖区内也有类似带状的极低覆盖区的分布。这里有矿山的分布，它们依河谷而建，道路的建设和矿山主体的挖掘破坏了植被覆盖层，使得岩石裸露，出现了极低覆盖区域。

从研究区地物要素分布上看，保护区（人为划定的巴音布鲁克草原湿地保护区）内平均植被覆盖度达到 70.9%，主要为草甸草原和湿地分布，植被覆盖度较高。其中，核心区（人为划定的巴音布鲁克草原湿地保护区内部的核心区域）内部由于海拔低且有河流流经，湿地遍布，不适合人类居住，生态环境保护最为完整。保护区外平均植被覆盖度为 42.1%，明显低于保护区内部，且在大尤尔都斯盆地中，保护区外西侧的植被覆盖度低于东侧的植被覆盖度。这是因为该地区有公路穿过，人类更易到达，长期的过度放牧使得这里的草原退化，植被覆盖度明显较低。居民点分布区域植被覆盖度相对较低，这些区域除了人类分布外还有较大面积的草场分布。因此，草原受人类活动影响较大，牧草地得不到及时的恢复，生产力逐年下降，致使植被覆盖度也迅速降低。

从研究区分区上看，大、小尤尔都斯盆地和那拉提 3 个区域呈现出明显的植被覆盖度差异。其中，在小尤尔都斯盆地中，中、低植被覆盖等级区域占整个盆地的 83%，这里开发较早且超载放牧，草原退化严重；在大尤尔都斯盆地中，以中、高植被覆盖等级区域为主，占整个盆地的 72%，低覆盖等级区域只占 6%，可以看出这里草原保护相对较好，恢复效果明显；那拉提草原水汽条件较好，牧草生长旺盛且该地区旅游实行限制性进入措施，草原保护较完整，植被覆盖度等级呈极高覆盖等级且占 90%以上。

（七）研究区植被覆盖度样线和缓冲区分析

1. 研究区植被覆盖度样线分析

为了进一步分析人类活动对巴音布鲁克草原植被覆盖度的影响，采用样线分析法，以实地考察所记录的典型要素（矿山、道路、旅游景点，居民聚居点）分布位置为基础，在研究区内地物要素分布特征明显的区域设置样线。在样线上设置对比样点，提取对比样点对应像元格（250m×250m）的植被覆盖度值，对比得出研究区典型地物要素对草原植被覆盖度不同程度的影响状况。研究区样线及样点设置如图 7-6 所示，各样线样点所对应的像元格植被覆盖度值见表 7-4。

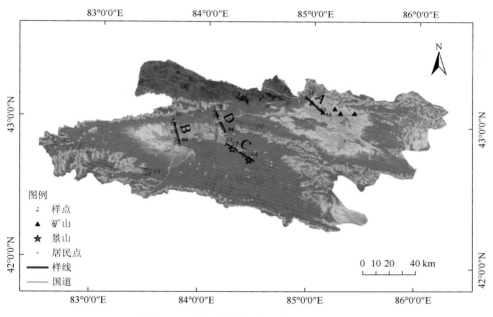

图 7-6　研究区样线样点的植被覆盖度图

表 7-4　研究区样线样点植被覆盖度值

地物要素类型	样线代码	样点	VC
矿山样线	A	A1	0.5161
		A2	0.1113
		A3	0.2045
		A4	0.1851

续表

地物要素类型	样线代码	样点	VC
道路样线	B	B1	0.5813
		B2	0.4419
		B3	0.2927
		B4	0.6168
旅游景点样线	C	C1	0.6309
		C2	0.3579
		C3	0.6213
		C4	0.4478
居民聚居点样线	D	D1	0.5641
		D2	0.1859
		D3	0.4785
		D4	0.3363

根据图 7-6 中设置的样线样点位置与表 7-4 得出的各样点的植被覆盖度值，分析研究区内典型地物要素对草原植被覆盖度不同程度的影响状况。样线 A 中，各样点植被覆盖度值如下所示：A1 为 51.61%、A2 为 11.13%、A3 为 20.45%、A4 为 18.51%，样点 A2 和 A4 所在区域有矿山点分布，植被覆盖度低于无矿山分布的 A1 和 A3 样点；样线 B 中，各样点植被覆盖度值如下所示：B1 为 58.13%、B2 为 44.19%、B3 为 29.27%、B4 为 61.68%，其中，距离国道最近的 B3 样点植被覆盖度明显低于距离国道较远的 B1、B2 和 B4 样点；样线 C 中，各样点植被覆盖度值如下所示：C1 为 63.09%、C2 为 35.79%、C3 为 62.13%、C4 为 44.78%，样点 C2 和 C4 所在区域有旅游景点设施，人类活动对此区域影响较大，因此，其植被覆盖度低于 C1 和 C3 样点；样线 D 中，各样点植被覆盖度值如下所示：D1 为 56.41%、D2 为 18.59%、D3 为 47.85%、D4 为 33.63%，样点 D2 和 D4 为居民点聚居区域，建筑物的覆盖对该区域的植被生长影响较大，因此，其植被覆盖度低于 D1 和 D3 样点。以上分析可以总结出，典型地物要素对草原植被覆盖度均有不同程度的影响，通过比较，其影响程度从大到小依次为：矿山＞居民点＞道路＞旅游景点。

2. 研究区植被覆盖度缓冲区分析

缓冲区分析法是指以点、线、面等实体为基础，自动建立其周围一定距离（缓冲半径）的缓冲区多边形，然后将该图层与目标图层叠加，以确定该物体对周围环境的影响、服务范围，通过分析得到所需要的结果。

采用缓冲区分析法，以实地考察所记录的典型要素（矿山、道路、旅游景点、居民聚居点）分布位置为基础，在研究区内地物要素分布特征明显的区域进行缓冲区分析。在每一个等级的缓冲区圆环中随机选取 20 个像元点，并提取其所对应的植被覆盖度值，通过求取平均值比较距地物要素不同距离区域的植被覆盖度情况，从而得出典型地物要素对周边草原植被覆盖度的影响状况。研究区缓冲区的设置如图 7-7 所示，各等级缓冲区内随机像元点的平均植被覆盖度值见表 7-5。

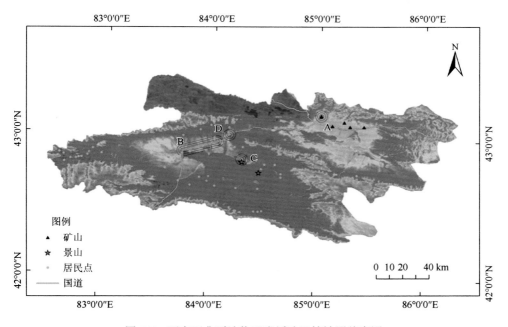

图 7-7　研究区典型地物要素缓冲区植被覆盖度图

表 7-5　典型地物要素各等级缓冲区内随机像元点的平均植被覆盖度值

地物要素缓冲区	缓冲区代码	各等级 20 个像元点 VC 平均值		
		半径 1500m	半径 3000m	半径 4500m
矿山缓冲区	A	0.1394	0.2032	0.3551
道路缓冲区	B	0.3328	0.3766	0.4125
旅游景点缓冲区	C	0.3546	0.4281	0.5273
居民聚居点缓冲区	D	0.2338	0.3862	0.4616

从结果中可以看出，在矿山缓冲区中，缓冲区由内向外像元点植被覆盖度

平均值分别为 13.94%、20.32%、35.51%；在道路缓冲区中，缓冲区由内向外像元点植被覆盖度平均值分别为 33.28%、37.66%、41.25%；在旅游景点缓冲区中，缓冲区由内向外像元点植被覆盖度平均值分别为 35.46%、42.81%、52.73%；在居民聚居点缓冲区中，缓冲区由内向外像元点植被覆盖度平均值分别为 23.38%、38.62%、46.16%。四类典型地物要素的周围区域，随着半径距离的增加其植被覆盖度均呈上升的趋势。在距离地物要素最近的半径为 1500m 的缓冲区范围内，地物要素对草原植被覆盖度的影响程度从大到小依次为：矿山＞居民点＞道路＞旅游景点。

（八）研究区植被覆盖度时空特征

1. 研究区植被覆盖度时空分布与变化

（1）研究区植被覆盖度时空分布特征

以巴音布鲁克草原 2001～2015 年生长季 MODIS_NDVI 最大值数据为基础，利用书中得出的 MODIS 光谱估算模型，计算出 2001～2015 年巴音布鲁克草原植被覆盖度分布图，如图 7-8 所示。

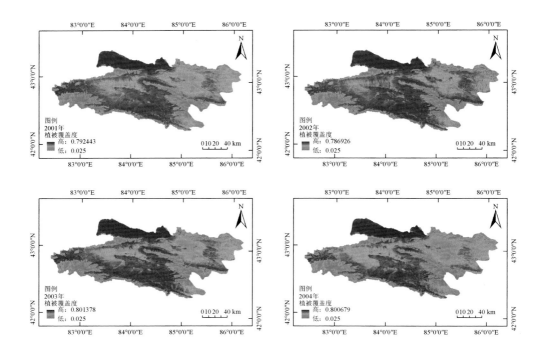

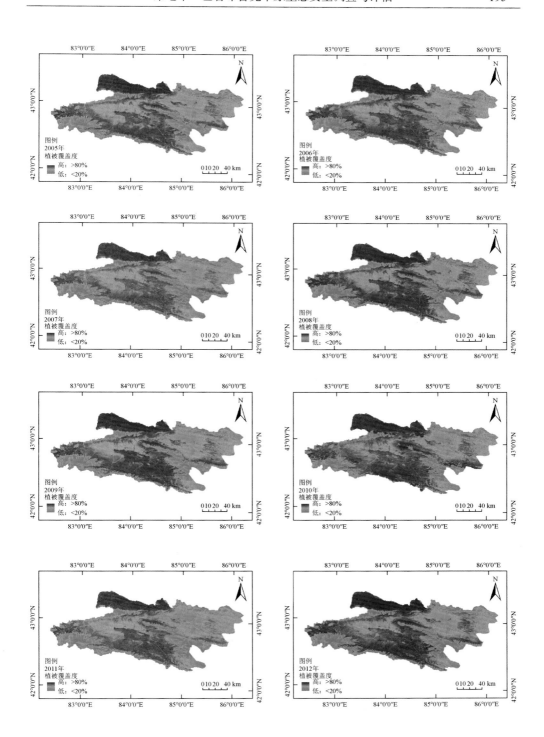

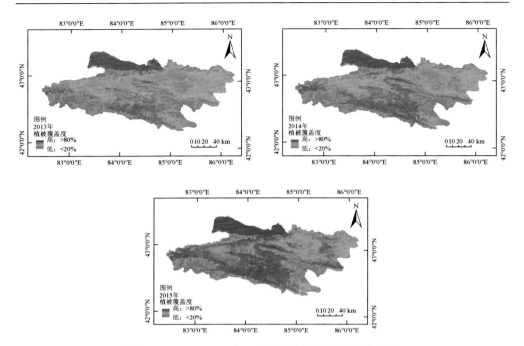

图 7-8　2001～2015 年巴音布鲁克植被覆盖度分布图

　　为了阐明巴音布鲁克草原植被覆盖度的空间分布特征,根据 15 年的植被覆盖度图计算出研究区 2001～2015 年植被覆盖度平均值分布图。参考相关学者对植被覆盖度的划分方法, 将研究区的植被覆盖度划分为极高覆盖、高覆盖、中覆盖、低覆盖和极低覆盖共五个等级, 如图 7-9 所示。

　　从图中可看出, 极高覆盖区域植被覆盖度平均值为 82.36%, 主要分布在大尤尔都斯盆地南部和北部的那拉提草原。由于水汽条件良好, 降水丰沛, 该区域优质草原和林地广布, 景区内草原管理严格, 草原保护较好, 植被覆盖度高。高覆盖区域植被覆盖度平均值为 69.88%, 主要分布在大尤尔都斯盆地南部的山前平原。近年来, 这里实行的草原保护政策, 使牧草恢复较好, 草原退化得到了及时遏制并开始好转, 植被覆盖度相对较高。中覆盖区域植被覆盖度平均值为 50.29%, 主要分布在大、小尤尔都斯盆地四周的山前草场。这些区域为巴音布鲁克草原放牧草场的主要分布区域, 这里部分区域已进入山区, 坡度较大, 人类活动较少, 植被覆盖度为中覆盖等级。低覆盖区域植被覆盖度平均值为 31.67%, 主要位于小尤尔都斯盆地中部的大面积区域以及大尤尔都斯盆地西部的天山石林区。这里放牧时间较长, 人类长期的过度放牧, 导致草原退化极为严重, 为低覆盖等级。极低覆盖区域植被覆盖度平均值为 12.5%, 主要分布在巴音布鲁克草原四周山区。这些区域主要为裸岩和冰雪覆盖区, 植被覆盖度最低, 覆盖等为极低覆盖等级。

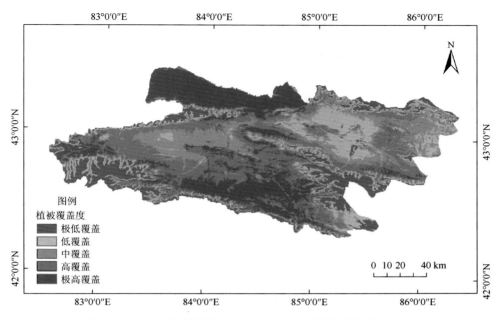

图 7-9　巴音布鲁克草原 2001～2015 年植被覆盖度均值分布图

（2）研究区植被覆盖度时空变化特征

图 7-10 显示了巴音布鲁克草原 VC 随时间序列的变化特征。从图中可以看出，

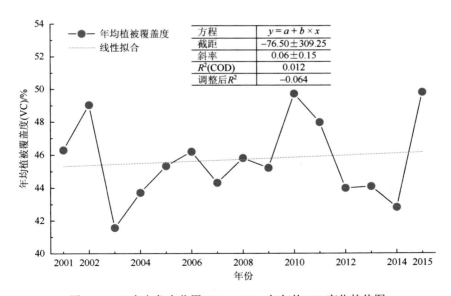

图 7-10　巴音布鲁克草原 2001～2015 年年均 VC 变化趋势图

2001～2015 年研究区植被覆盖度呈缓慢增长的趋势，VC 范围为 41.56%～49.82%，增长速度为 0.06%/a。15 年中研究区植被覆盖度可分为 7 个阶段，4 个上升阶段和 3 个下降阶段，其中，2002～2003 年下降幅度最快，2014～2015 年上升幅度最快。VC 在 2002 年、2010 年和 2015 年出现了波峰，在 2003 年和 2014 年出现了波谷。

2. 研究区植被覆盖度时空变化趋势

（1）全区尺度植被覆盖度时空变化趋势

为了更深入了解研究区植被覆盖度在全区尺度的时空变化趋势，本书在植被覆盖度空间分布的基础上，将植被覆盖度分为三个时段：2001～2005 年、2006～2010 年、2011～2015 年（图 7-11）。分别对这三个时段各等级的面积变化情况以及植被覆盖度情况进行较详细地对比与分析。

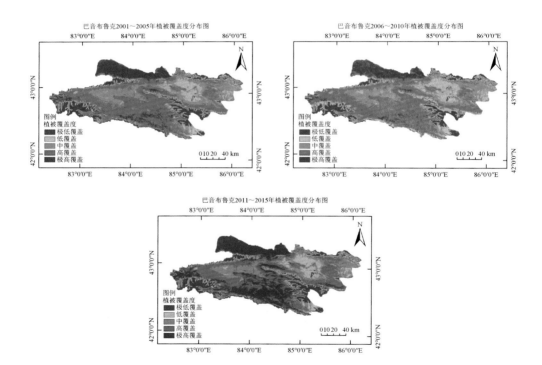

图 7-11　研究区各时段植被覆盖度分布图

1）从整体上来看，三个时段中，研究区植被覆盖度和分布都有变化，各等级植被覆盖度所占比例也出现了不同的变化。通过在 ArcMap 中计算得出，2001～

2005 年的植被覆盖度平均值为 46.32%，2006～2010 年的植被覆盖度平均值为 45.93%，2011～2015 年的植被覆盖度平均值为 49.15%。不难发现，2006～2010 年较 2001～2005 年植被覆盖度有所下降，而 2011～2015 年植被覆盖度较前两个时段又有所增加，说明 2006～2010 年这个时段草原植被生长状况较差，草原出现退化的趋势；而 2011～2015 年研究区的植被生长状况较前两个时段出现恢复的态势且恢复状况较好。

2）从各等级植被覆盖度所占比例的变化来看，2006～2010 年较 2001～2005 年极低覆盖所占比例降低了 2.32%，降低区域主要集中在大尤尔都斯盆地的西南部山区；低覆盖所占比例增加了 3.35%，增加面积较大，增加的区域主要集中在大尤尔都斯盆地的西南部山区和小尤尔都斯盆地的中部地区；中覆盖所占比例增加了 0.47%，主要位于小尤尔都斯盆地东部区域；高覆盖所占比例增加了 1.45%，增加区域主要集中在大尤尔都斯盆地的南部区域；极高覆盖所占比例降低了 2.95%，降低面积较大，降低区域主要集中在大尤尔都斯盆地的南部以及那拉提草原区域。对比可以得出，2006～2010 年，低覆盖面积增加而极高覆盖面积降低，其他等级变化相对较小，但覆盖度均有所降低。2011～2015 年较 2006～2010 年极低覆盖所占比例增加了 2.32%，增加区域主要集中在大尤尔都斯盆地的西南部山区；低覆盖所占比例降低了 4.18%，降低面积较大，降低区域主要集中在小尤尔都斯盆地的东部平原区域；中覆盖所占比例降低了 5.22%，降低区域主要位于大、小尤尔都斯盆地的中部区域；高覆盖所占比例增加了 5.66%，增加区域主要集中在大尤尔都斯盆地的南部区域以及小尤尔都斯盆地的东部区域；极高覆盖所占比例增加了 1.31%，增加区域主要集中在大尤尔都斯盆地南部的广大区域。对比可以得出，2011～2015 年，低、中覆盖的面积降低而高、极高覆盖的面积增加，表明 2011～2015 年研究区植被覆盖度有所升高，草原出现恢复态势。

（2）像元尺度植被覆盖度时空变化趋势

为了进一步阐述巴音布鲁克草原 15 年间植被覆盖度年际变化趋势的空间分布情况，本书从像元尺度的动态倾向出发，利用式（5-7）计算得到研究区 2001～2015 年像元尺度植被覆盖度变化趋势图（图 7-12）。其中，$b<0$ 表明像元值随着时间变化呈减小趋势；$b>0$ 表明像元值随着时间的变化呈增加趋势。

由图可以看出，整体上研究区内植被覆盖度增长区域多于降低区域，其中，76.38%的区域其植被覆盖度呈增长的趋势，23.62%的区域其植被覆盖度呈下降的趋势。大尤尔都斯盆地的南部区域及那拉提草原区域植被覆盖度呈现出增长的趋势，增长最大值为 1.88%。周围山地海拔较高的地区及小尤尔都斯盆地植被覆盖度呈现出下降的趋势，下降最大值为 1.59%。小尤尔都斯盆地中保护区外围区域植被覆盖度下降趋势相对较明显，草原有所退化。大尤尔都斯盆地北部植被覆盖

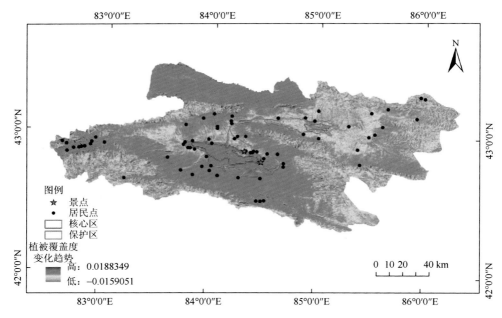

图 7-12　研究区 2001~2015 年像元尺度植被覆盖度变化趋势图

度呈下降的趋势，而南部地区由于人类活动较难到达，则呈现增长的趋势。观景塔和九曲十八弯景区附近植被覆盖度下降明显，说明旅游开发活动对植被生长产生了负面影响。研究区中居民点附近的区域植被覆盖度呈现下降的趋势，而远离居民点的区域植被覆盖度则呈现出增长的趋势。对于盆地中路况较好的区域，道路附近植被覆盖度呈下降的趋势，而对于路况相对较差的山地区域植被覆盖度则呈现出增长的趋势。通过以上分析可以得出，人类活动对植被覆盖度的变化影响越来越明显、广泛。

二、草地生态系统服务功能

（一）防风固沙

1. 防风固沙计算

（1）防风固沙计算公式

裸露平坦沙面风蚀输沙率（潜在输沙率）为

$$Q_1 = 1.07 \times 10^{-9} \times (F-450)^3 \tag{7-8}$$

植被覆盖度与风蚀输沙率定量关系模型（实际输沙率）为

$$Q_2 = 1.07 \times 10^{-9} \times [\exp(-0.00338P - 0.000202P^2) \times F - 450]^3 \tag{7-9}$$

防风固沙量为

$$Q = Q_1 - Q_2 \qquad (7\text{-}10)$$

式中，Q_1 为潜在输沙率；Q_2 为实际输沙率；Q 为防风固沙量；F 为距地表 1m 高度处的风速；P 为植被覆盖度。由潜在输沙率减去实际输沙率得到防风固沙量。其中，风速主要通过以下分析计算获得：风吹向高大地形时，向风坡风速随海拔升高逐渐变大，并在山顶达到最大，背风坡风速明显小于原始风速，且在距离背风坡山脚一定距离后，风速才开始逐渐增加。因此，考虑高度变化对风速的影响，将山体与主频风向的关系分为向风坡与背风坡，向坡风采用幂指数拟合风速随高度变化的风速轮廓线，背坡风则直接用 2000～2010 年逐年统计的最大风速做反距离加权插值。

幂指数模式为

$$u = u_1 - \left(\frac{z}{z_1}\right)^p \qquad (7\text{-}11)$$

式中，u、u_1 分别为 z、z_1 高度上的风速；u_1 为反距离加权插值结果；z_1 为气象站风速测点高度（10m）；z 为地形起伏度；p 为幂指数，取值由同一坡向随高度变化的风速拟合，本书幂指数取值为 0.16。

（2）气象数据统计与处理

统计具有一定时间跨度的风域及风域相邻范围内，各气象站点的年风向方位角；统计 16 个风向方位角的年出现总频率，查看主频风向；由于沙尘暴频发具有季节性，统计各站点大于等于 10m/s 的年平均最大风速，并进行反距离加权插值。经统计，本书应用案例区的主频风为西北风，次频风为北风。

（3）定义向风坡方位角

根据本书案例区风向及风向依地形的倾向关系（图 7-13），风域内向坡方位角为 270°～360°，即顺时针方向 W-N。由于顺时针方向 S-W 和 N-E 为过渡风带与顺坡风，过渡风带风速有明显增大的趋势，而且风域内次频风向为北风，所以将过渡风带（SWW-W 与 N-NNE）与向风坡方位角的并集定义为风域向风坡，即 SWW-NNE（0°～22.5°，247.5°～360°）。

（4）求取坡向

求取坡向的目的是给应用案例区的不同地形坡向赋予风向。坡向（0°～360°）应从正北方开始（0°），计算时按顺时针方向。在 Spatial Analysis 下，选择 Surface Analysis，单击 Aspect，完成坡向提取的操作。

（5）利用 DEM 计算地形起伏度

地形起伏度即相对高差，是某一区域内海拔最高值与最低值的差值。在风速研究中，地形起伏能够反映风速测点与邻近地形的相对高差，进而计算风速随海拔的变化，是复杂地形下风速计算的重要因素。

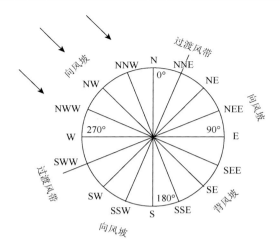

图 7-13　研究区不同地形坡向下风向划分示意图

1）加载 DEM 图层，在 Spatial Analysis 下使用栅格邻域计算工具 Neighborhood Statistics。在 Statistic type 选项中勾选 maximum，得到层面 A，即海拔最高值。

2）重复上一步骤，在 Statistic type 中勾选 minimum，得到层面 B，即海拔最低值。

3）在 Spatial Analysis 中选 Map Algebra 下的 Raster Calculator，加载层面 A 与 B，两者相减，即可得到层面 C，即区域内的相对高差。

（6）提取向风坡的方位角、坡向和地形起伏度

在 ArcGIS 平台中，将坡向图层按照风向 16 个方位角的划分进行重分类，提取定义的向风坡方位角；利用向风坡方位角裁切（4）中的结果，得到向风坡坡向；利用向风坡方位角裁切（5）中的结果，得到向风坡地形起伏度，即向坡风的海拔相对高差。

（7）研究区风速计算

将式（7-11）中的相关因子带入幂指数模型，拟合风速随高度的变化；地形起伏度小于 500 以及背风坡处直接采用反距离加权插值结果。将二者合并得到在地形影响下风速值的分布 F′。与反距离加权差值相比，此类方法能较好地反映地形对风速的影响，风速值分布贴近实际，更加合理。

2. 防风固沙分析

根据防风固沙公式以及相应的地形气象数据计算得出研究区 2001～2013 年防风固沙量年变化趋势、分布格局及多年平均防风固沙量（图 7-14～图 7-16）。

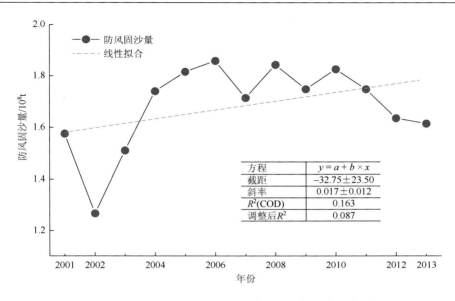

图 7-14　研究区 2001～2013 年防风固沙量年变化趋势

　　由图 7-14 可以看出,研究区防风固沙年总量最大值出现在 2006 年,为 $1.858 \times 10^8 t$;最小值出现在 2002 年,为 $1.267 \times 10^8 t$。防风固沙量变化斜率为 0.017,近 13 年整体上呈现出增长的趋势。2001～2002 年,防风固沙量变化较大,防风固沙功能明显降低;2002～2006 年,防风固沙量呈现小幅度增长的趋势,防风固沙功能呈逐年增加的趋势,这一趋势在 2007 年有所降低,之后直到 2010 年均呈波动的趋势;2010～2013 年防风固沙量呈现小幅度下降且逐年降低的趋势。

　　图 7-15 是研究区 2001～2013 年防风固沙单位面积分布格局图。从总体上看,研究区单位面积防风固沙功能,盆地地区大于周围山地地区,且南部盆地总体上较北部盆地防风固沙能力强。2002 年低值区面积较大,单位面积最大值仅为 $171 t/hm^2$,因此,2002 年总体防风固沙功能较低;其他年份盆地中的值多为 131～$239 t/hm^2$。保护区范围内的防风固沙能力明显大于周边区域,表明保护区有效保护了内部生态系统的发展。保护区南部区域的防风固沙能力大于北部区域,且两大区域间联通区域的防风固沙功能相对较小。

　　图 7-16 为研究区 2001～2013 年多年平均防风固沙量分布图。由分布图可以看出,多年平均防风固沙功能高值区主要分布在南部盆地区域,东北部区域功能则相对较弱,尤其是研究区边缘的山地地区,其防风固沙功能最弱。保护区北部高值区主要分布在核心区,除核心区外的其他地区功能值相对较低;南部区域整体功能值相对较高;二者的联通区功能值较低。研究区内的著名景区九曲十八弯

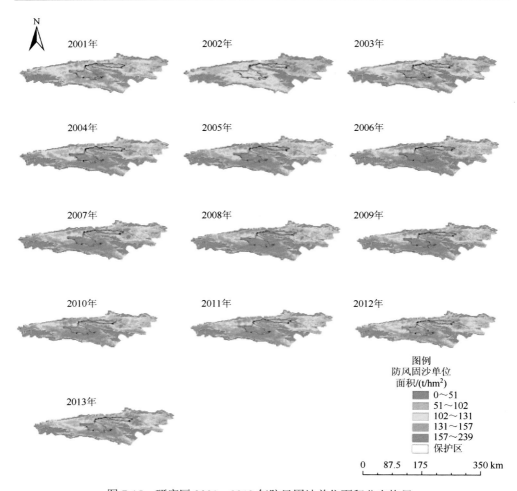

图 7-15 研究区 2001～2013 年防风固沙单位面积分布格局

因其景色独特秀美而闻名，九曲十八弯地区防风固沙功能相对较高，相较于九曲十八弯的观景台地区其功能更强。研究区居民点相对较分散，西北部相对集中的居民区对防风固沙功能的影响相对较小，该区域功能值相对较高；南部区域居民点较分散，紧邻居民点区域的功能值相对较低且范围较小，远离居民点区域的功能值较大；研究区北部以及东北部居民点区域的功能值较低，且低值范围较大。研究区道路区域的功能值相对较低，其分布格局与居民点相似，北部道路较密集区功能值明显较低。建筑用地的开发对生态功能产生了一定的负面影响，这一点在防风固沙分布图上有明显的体现。

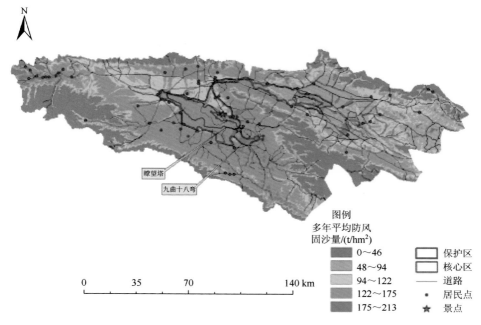

图 7-16　研究区 2001～2013 年多年平均防风固沙量分布图

（二）涵养水源

1. 涵养水源计算

（1）草地和湿地植被涵养水源功能评估方法为

$$Q_1 = A_g \times J_0 \times k(R_0 - R_g) \tag{7-12}$$

式中，Q_1 为与裸地相比较，草地与湿地生态系统涵养水分的增加量；A_g 为草地或湿地面积；J_0 为年总降水量；k 为研究区产流降水量占总降水量的比例（秦岭-淮河以北取 0.4，以南取 0.6）；R_0 为产流降雨条件下裸地降雨径流率；R_g 为产流降雨条件下草地降雨径流率。

（2）草地与湿地的降雨径流率 R_g 以及植被覆盖度 P_g 呈显著负相关关系，为

$$R_g = -0.3187 \times P_g + 0.36403 \tag{7-13}$$

即

$$Q_1 = 0.3187 \times A_g \times J_0 \times k \times P_g \tag{7-14}$$

将运算数据转化成分辨率与投影均一致的栅格数据。其中，植被面积即研究区该土地利用类型面积。J_0 降雨因子则是选用案例区及其周围所有气象站点的气象数据，在 Excel 中进行初步筛选、计算每个站点年总降雨量，并建立 Access 数据库，利用建好的数据库在 ArcMap 的空间分析工具中选用反距离（IDW）插值，

得到案例区降水量栅格数据。植被覆盖度数据是根据 MODIS 数据获取的，在 ArcGIS 中进行投影变换、拼接、矫正、裁切等处理，并在 ArcMap 的 Spatial Analyst 模块下的 cell statiscs 命令中求出 NDVI 最大值的分布格局图。

2. 涵养水源分析

根据涵养水源公式及相应的地形气象数据计算得出研究区 2001～2013 年涵养水源量年变化趋势、分布格局及多年平均涵养水源量（图 7-17～图 7-19）。

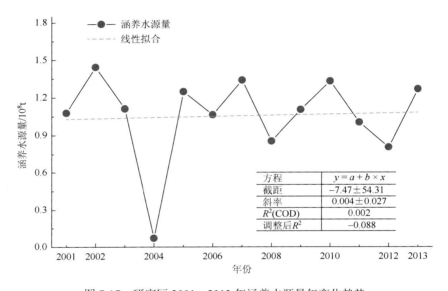

图 7-17　研究区 2001～2013 年涵养水源量年变化趋势

由图 7-17 可以看出，研究区涵养水源量最大值出现在 2002 年，最大值为 1.442×10^8t；最小值出现在 2004 年，为 0.069×10^8t。涵养水源变化斜率为 0.004，近 13 年其总体上呈现增长的趋势。2001～2002 年，涵养水源量增加，涵养水源功能增强；2002～2004 年，涵养水源量呈现大幅度减少的趋势，2004 年达到最小值，涵养水源功能最弱；之后涵养水源量出现波动的趋势。

图 7-18 是研究区 2001～2013 年涵养水源单位面积分布格局。从总体上看，研究区单位面积涵养水源功能，盆地地区大于周围山地地区，且南部盆地总体上较北部盆地涵养水源能力强。2012 年低值区面积较大，且单位面积最大值仅为 $192\text{m}^3/\text{hm}^2$，因此，2012 年研究区总体涵养水源功能较低；而其他年份，盆地中的值多为 70～130m^3/hm^2。保护区范围内涵养水源能力明显大于周边区域，表明保护区有效保护了内部生态系统的发展。保护区东部区域涵养水源能力大于西部区域，而两大区域间联通区域的涵养水源功能相对较小。

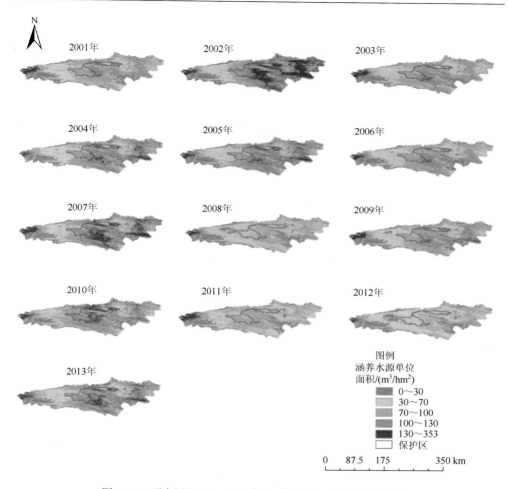

图 7-18　研究区 2001～2013 年涵养水源单位面积分布格局

　　图 7-19 为研究区 2001～2013 年多年平均涵养水源量分布图。由分布图可以看出，多年平均涵养水源功能高值区主要分布在南部盆地区，东北部区域的功能则相对较弱，尤其是研究区边缘的山地地区，其涵养水源功能最弱。保护区北部低值区主要分布在核心区，除核心区外的其他地区功能值相对较高；南部区域整体功能值相对较高；二者的联通区功能值较低。研究区内的著名景区九曲十八弯因其景色独特秀美而闻名，九曲十八弯地区涵养水源功能相对较高，相较于九曲十八弯的观景台地区其功能更强。研究区居民点相对较分散，西北部相对集中的居民区对涵养水源功能的影响相对较小，该区域功能值相对较低；南部区域居民点较分散，紧邻居民点区域的功能值相对较低且范围较小，远离居民点区域的功能值较大；研究区北部以及东北部居民点区域的功能值较低，且低值范围较大。

研究区道路区域的功能值相对较低，其分布格局与居民点相似，北部道路较密集区功能值明显较低。建筑用地的开发对生态功能产生了一定的负面影响，这一点在涵养水源功能分布图上有明显的体现。

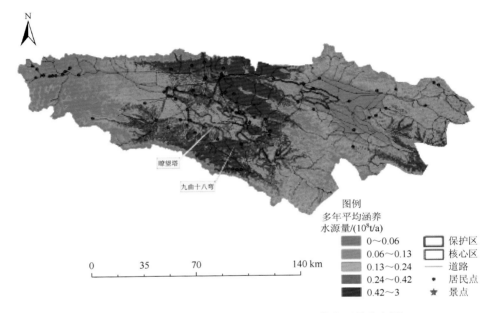

图 7-19　研究区 2001～2013 年多年平均涵养水源量分布图

（三）减少水蚀

1. 减少水蚀计算

根据美国学者 Wischmeier 和 Smith[65]提出的通用土壤流失方程 USLE（universal soil loss equation）计算，计算公式为

$$A_r = R \times K \times LS \times C \times P \tag{7-15}$$

$$A_p = R \times K \times LS \tag{7-16}$$

$$A = A_p - A_r \tag{7-17}$$

式中，A_r 为现实的土壤侵蚀量；A_p 为潜在的土壤侵蚀量；A 为土壤保持量，t/(hm²·a)；R 为降雨侵蚀力因子，MJ·mm/(hm²·h·a)；K 为土壤可侵蚀因子，t·hm²·h/MJ·mm·hm²；LS 为坡长和坡度的乘积因子；C 为植被覆盖因子；P 为土壤保持措施因子。

R 反映了降雨对土壤的潜在侵蚀能力，具体计算公式采用 1980 年 FAO（Arnoldus）通过修订 Fournier 指数（FMI）求算 R 值的方法：

$$R = a \times \left(\left(\sum_{i=1}^{n} P_i^2 / P \right) + b \right) \tag{7-18}$$

式中，a、b 的取值取决于气候条件，依据目标区域的气候条件取值，在计算中 a 的取值为 4.17，b 的取值为 -152；i 为月份；P_i 为月降水量；P 为年降水量。将得到的各个气象站点的 R 值建立成气象数据库，并在 ArcMap 空间分析模块中利用反距离插值法 IDW（inverse distance weighted），对气象站点每年的降水数据进行插值，得到 MFI 栅格图。

K 为土壤可侵蚀因子，反映了土壤对侵蚀敏感程度的大小。为了降低对资料完备程度的要求，本书中 K 值的估算采用 Wischmeier 等在 EPIC 模型中 K 值的估算方法。这种方法只要求具有土壤机械组成数据和土壤有机碳含量的资料，计算公式为

$$K = \{0.2 + 0.3\exp[0.0256M_a(1 - M_e/100)]\}$$
$$\left(\frac{M_e}{M_1 + M_e} \right)^{0.3} \left[1.0 - \frac{0.25M_s}{M_s + \exp(3.72 - 2.95M_s)} \right]^3 \tag{7-19}$$

式中，M_a、M_e、M_1 分别为砂粒、粉粒、黏粒的百分含量，是土壤可蚀性因子测算中主要考虑的几个因子；M_s 为土壤中有机碳的百分含量；M 可以通过公式 $M = 1 - M_a/100$ 求得。

LS 反映了地形地貌特征对土壤侵蚀的影响。其中，L 为坡长因子，S 为坡度因子。由于坡面形态非常复杂且不易考察完整的坡面，常将坡面做分段处理，各分段对应于该段底端到坡顶的坡长。因此，L、S 均可利用 DEM 在 ArcMap 的空间分析模块进行计算。地形因子 LS 的测算公式是利用黄炎和建立的求算 LS 的方程，计算公式为

$$LS = 0.08l^{0.95}a^{0.6} \tag{7-20}$$

式中，l 为坡长，m；a 代表百分比坡度。

P 反映了采取土壤保持措施对减少土壤侵蚀的作用，即采取水土保持措施的土壤侵蚀量/无水土保持措施时的土壤侵蚀量，其值为 0～1。根据得到的土地利用类型图，将不同的土地利用类型赋予不同的 P 值。

C 反映了地表植被覆盖度对土壤侵蚀的抑制作用。因此，植被覆盖度越大，C 值越小，反之则相反。因子 C 主要利用蔡崇法等建立的 C 值与植被覆盖度之间的关系式进行计算，计算公式为

$$c = 1 (f_c = 0)$$
$$c = 0.6508 - 0.3436\lg f_c \ (0 < f_c \leqslant 78.3\%) \tag{7-21}$$
$$c = 0 (f_c > 78.3\%)$$

式中，f_c 为植被覆盖度。

2. 减少水蚀分析

根据减少水蚀公式以及相应的地形地貌以及气象数据计算得出研究区 2001～2013 年减少水蚀量年变化趋势、分布格局及多年平均减少水蚀量（图 7-20～图 7-22）。

由图 7-20 可以看出，研究区减少水蚀年总量最大值出现在 2002 年，为 80.133×10^4t；最小值出现在 2004 年，为 0.166×10^4t。2004 年后，研究区减少水蚀功能整体上呈现增长趋势。

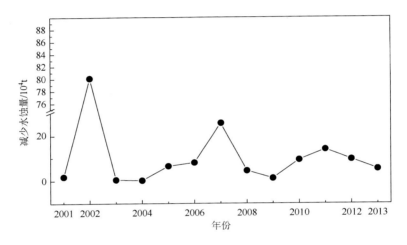

图 7-20 研究区 2001～2013 年减少水蚀量年变化趋势

图 7-21 是研究区 2001～2013 年减少水蚀单位面积分布格局。从总体上看，研究区单位面积减少水蚀功能，盆地地区大于周围山地地区，且南部盆地总体上较北部盆地减少水蚀能力强。2002 年高值区面积较大，且单位面积最大值达到 13.57t/hm²，表明 2002 年总体减少水蚀功能较强；2003 年低值区面积较大，且单位面积最大值仅为 3.46t/hm²，因此，2003～2004 年总体减少水蚀功能较低。保护区范围内减少水蚀能力明显大于周边区域，表明保护区有效保护了内部生态系统的发展。保护区南部区域减少水蚀能力大于北部区域，而两大区域间联通区域减少水蚀的功能相对较高。

图 7-22 为研究区 2001～2013 年多年平均减少水蚀量分布图。由分布图可以看出，多年平均减少水蚀功能高值区主要分布在南部盆地区，西北部与东北部区域的功能则相对较弱，尤其是研究区边缘的山地地区，其减少水蚀功能最弱。保护区北部高值区主要分布在周围山前地区，核心区内功能值相对较低；南部区域整体功能值相对较高；二者的联通区功能值较高。研究区内的著名景区九曲十八

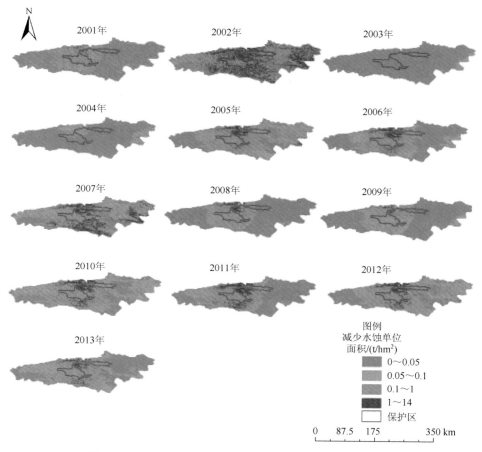

图 7-21　研究区 2001～2013 年减少水蚀单位面积分布格局

弯因其景色独特秀美而闻名，九曲十八弯地区减少水蚀功能相对较高，相较于九曲十八弯的观景台地区功能更强。研究区居民点相对较分散，西北部相对集中的居民区对减少水蚀功能的影响相对较小，该区域功能值相对较高；南部区域居民点较分散，紧邻居民点区域的功能值相对较低且范围较小，远离居民点区域的功能值较大；研究区北部以及东北部居民点区域的功能值较低，且低值范围较大。研究区道路区域的功能值相对较低，其分布格局与居民点相似，北部道路较密集区功能值明显较低。建筑用地的开发对生态功能产生了一定的负面影响，这一点在减少水蚀功能分布图上同样有明显的体现。

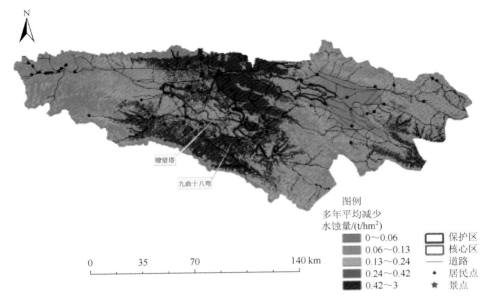

图 7-22　研究区 2001～2013 年多年平均减少水蚀量分布图

（四）各生态功能年际变化趋势

1. 防风固沙年际变化趋势

研究区防风固沙年总量最大值出现在 2006 年，为 1.858×10^8t；最小值出现在 2002 年，为 1.267×10^8t；虽然整体上呈现出增长的趋势，但 2010～2013 年则呈现逐年降低的趋势（图 7-14）。从总体上看，研究区单位面积防风固沙功能，盆地地区大于周围山地地区，且南部盆地总体上较北部盆地防风固沙能力强（图 7-15 和图 7-16）。

2. 涵养水源年际变化趋势

研究区涵养水源量最大值出现在 2002 年，为 1.442×10^8t；最小值出现在 2004 年，为 0.069×10^8t；总体上呈现增长的趋势，但趋势不太明显（图 7-17）。总体上看，研究区单位面积涵养水源功能，盆地地区大于周围山地地区，且南部盆地总体上较北部盆地涵养水源能力强（图 7-18 和图 7-19）。

3. 减少水蚀年际变化趋势

研究区减少水蚀年总量最大值出现在 2002 年，为 80.133×10^4t；最小值出现在 2004 年，为 0.166×10^4t；整体上呈现增加的趋势（图 7-20）。总体上看，研究区单位面积减少水蚀功能，盆地地区大于周围山地地区，且南部盆地总体上较北部盆地减少水蚀能力强（图 7-21 和图 7-22）。

参 考 文 献

[1]　屈芳青，周万村. RS 和 GIS 支持下的若儿盖草原生态安全模糊评价. 干旱地区农业研究，2007，25（4）：24-29.

[2]　苏大学. 中国草地资源遥感快查技术方法的研究. 中国草学会. 中国草学会草地资源与管理第四次学术交流会论文集. 中国草学会，2003.

[3]　许鹏. 草地资源调查规划学. 北京：中国农业出版社，1994.

[4]　Humphrey R R. Some fundamentals of the classification of rangeland condition. Journal of Forestry，1945，43：646-647.

[5]　Holdren J P，Ehrlich P R. Human population and the global environment. American Science，1974，(62)：282-292.

[6]　Cairns J. Protecting the delivery of ecosystem services. Ecosystem Health，1997，(3)：185-194.

[7]　Costanza R，d'Arge R，de Groot R，et al. The value of the world's ecosystem services and naturalcapital. Nature，1997，(387)：253-260.

[8]　Hammes W P，Herte C. Aspects of the safety assessment of genetically modified microorganisms. Ernahrung，1997，21（10）：436-443.

[9]　甘肃农业大学（任继周）. 草原学. 北京：农业出版社，1961.

[10]　章祖同. 草场资源评价方法的探讨. 自然资源，1981，(03)：13-18.

[11]　刘德福. 关于天然草场等级评价方案的商讨. 中国草原，1983，(6)：7-11.

[12]　周立业，郭德，刘秀梅，等. 草地健康及其评价体系. 草原与坪，2004，(4)：17-20.

[13]　侯扶江，于应文，傅华，等. 阿拉善草地健康评价的 CVOR 指数. 草业学报，2004，13（4）：117-126.

[14]　郝敦元，高霞，刘钟龄，等. 内蒙古草原生态系统健康评价的植物群落组织力测定. 生态学报，2004，24（8）：1672-1678.

[15]　卢金发，尤联元，陈浩，等. 内蒙古锡林浩特市生态安全评价与土地利用调整. 资源科学，2004，26（2）：108-114.

[16]　贾艳红，赵军，南忠仁，等. 基于熵权法的草原生态安全评价-以甘肃牧区为例. 生态学杂志，2006，25（8）：1003-1008.

[17]　胡秀芳，赵军，钱鹏. 草原生态安全理论与评价研究. 干旱区资源与环境，2007，21（4）：93-97.

[18]　贾艳红，赵军，南忠仁，等. 基于熵权法的草原生态安全评价—以甘肃牧区为例. 生态学杂志，2006，25（8）：1003-1008.

[19]　赵军，郑珊，胡秀芳. 基于 GIS 的天祝高寒草原生态安全模糊评价研究. 干旱区资源与环境，2010，24（4）：66-71.

[20]　宋宗水. 巴音布鲁克草原生态恢复与综合治理调查报告. 调查与思考，2005，(12)：16-19.

[21]　崔新文. 巴音布鲁克草原退化现状及防治对策. 新疆水利，2009，(3)：37-39.

[22]　李博. 中国北方草地退化及其防治对策. 中国农业学，1997，30（6）：1-9.

[23]　李绍良. 内蒙古草原土壤退化过程及其评价指标体系的研究. 国家自然科学重大基金项目"北方草地优化生态模式研究"学术讨论会论文，1995.

[24]　吴精华. 中国草原退化的分析及其防治对策. 生态经济，1995，05：1-6.

[25]　张金屯. 山西高原草地退化及其防治对策. 水土保持，2001，15（2）：49-52.

[26] 邱桃玉，贾丽慧. 我国半干旱地区天然草地退化现状及原因分析. 新疆农业职业技术学院学报，2007，（3）：38-39.

[27] 文明. 内蒙古草原退化的经济根源及对策研究. 呼和浩特：内蒙古大学，2007.

[28] 高清竹，李玉娥，林而达，等. 藏北地区草地退化的时空分布特征. 地理学报，2005，06：87-95.

[29] 冯秀，仝川，张鲁，等. 内蒙古白音锡勒牧场区域尺度草地退化现状评价. 自然资源学报，2006，04：575-583.

[30] 公延明，胡玉昆，阿德力·麦地，等. 巴音布鲁克高寒草地退化演替阶段植物群落特性研究. 干旱区资源与环境，2010，（6）：149-152.

[31] 李文利. 草畜平衡是恢复巴音布鲁克草原生态的根本途径. 内蒙古农业科技，2008，（4）：107-108.

[32] 叶尔道来提. 巴音布鲁克草地退化的研究. 干旱区研究，1989，（1）：45-47.

[33] 李文利，何文革. 新疆巴音布鲁克草原退化及其驱动力分析. 青海草业，2008，17（2）：44-47.

[34] 艾海买江·阿吉. 新疆巴音布鲁克草原生态退化与恢复的探讨. 草原保护与建设，2013，（2）：59-61.

[35] 肖笃志，胡玉昆. 天山南坡巴音布鲁克盆地主要退化草场调查. 中国草地，1991，（4）：40-44.

[36] 闫凯，史韶武. 巴音布鲁克草地资源及其利用. 新疆畜牧业，1998，（2）：21-24.

[37] 张立运，叶尔道来提. 巴音布鲁克草地畜牧业持续发展的探讨. 国外畜牧学（草食家畜），2000，S1：89-92.

[38] 张立运，道来提. 天山高寒草地特点及合理利用. 干旱区研究，1999，3：33-40.

[39] 巴音布鲁克草原试验站. 巴音布鲁克草场资源及其评价. 干旱区研究，1989，6（增刊）：30-34.

[40] 热合木都拉·阿迪拉. 天山巴音布鲁克高寒草地季节放牧场生产力研究. 国外畜牧学（草食家畜），2000，（3）：70-74.

[41] 阿德力·麦地，叶尔道来提，阿曼株力. 天山南坡高寒退化草地人工治理技术的初步研究. 中国草地学报，2003，25（3）：77-79.

[42] 任玉平，成彩辉，吴杰. 天山北坡中山带坡台地退化天然割草地改良试验初报. 草地与饲料，1991，6（3-4）：41-45.

[43] 宋宗水. 巴音布鲁克草原生态恢复与综合治理调查报告. 绿色中国（A版），2005，（12）：16-19.

[44] 李毓堂. 巴音布鲁克草原生态破坏调查和治理对策. 草原与草坪，2006，（4）：12-14.

[45] 刘艳，舒红，李杨，等. 天山巴音布鲁克草原植被变化及其与气候因子的关系. 气候变化研究进展，2006，2（4）：173-176.

[46] 陈维伟. 关于对巴音布鲁克草原生态建设和保护问题的探讨. 新疆畜牧业，2007，1：18-19，17.

[47] 管永平. 关于巴音布鲁克草原保护和可持续发展的对策. 国外畜牧学（草食家畜），2007，（3）：7-9.

[48] 胡晓龙，陈维伟，李小芳，等. 关于对巴音布鲁克草原生态建设和保护问题的探讨. 上海畜牧兽医通讯，2007，（1）：74-75.

[49] 麦合木提克衣木，艾尼瓦尔苏来曼，滕永青，等. 巴音布鲁克草原资源利用现状及可持续发展策略. 现代畜牧兽医，2007，（7）：20-21.

[50] 李文利. 草畜平衡是恢复巴音布鲁克草原生态的根本途径. 内蒙古农业科技，2008，（4）：107-108.

[51] 崔新文. 巴音布鲁克草原退化现状及防治对策. 新疆水利，2009，（3）：37-39.

[52] 胡玉昆，高国刚，李凯辉，等. 巴音布鲁克草原不同围封年限高寒草地植物群落演替分析. 冰川冻土，2009，31（6）：1186-1194.

[53] 公延明，胡玉昆，阿德力·麦地，等. 巴音布鲁克高寒草地退化演替阶段植物群落特性研究. 干旱区资源与环境，2010，（6）：149-152.

[54] 李凯辉，胡玉昆，阿德力·麦地，等. 天山南坡高寒草地物种多样性及地上生物量研究. 干旱区资源与环境，2007，21（1）：155-159.

[55] 麦来·斯拉木，叶尔道来提，阿德力. 天山尤鲁都斯盆地针茅草原群落结构和地上生物量季节动态与年季

动态的分析. 干旱区研究, 1991, 8（增刊）: 23-24.

[56] 艾海买江·阿吉. 新疆巴音布鲁克草原生态退化与恢复的探讨. 草原保护与建设, 2013,（2）: 59-61.

[57] 吴春焕. 对巴音布鲁克草原生态保护和建设的思考. 新疆畜牧业, 2011,（8）: 56-57.

[58] 肖笃志, 胡玉昆. 天山南坡巴音布鲁克盆地主要退化草场调查. 中国草地, 1991,（4）: 40-44.

[59] 热合木都拉·阿迪拉. 天山巴音布鲁克高寒草地季节放牧场生产力研究. 草食家畜, 2000,（S1）: 70-74.

[60] 胡玉昆, 高国刚, 李凯辉. 等. 巴音布鲁克草原不同围封年限高寒草地植物群落演替分析. 冰川冻土, 2009, 31（6）: 1186-1194.

[61] 马驰, 卢玉东. 重庆南部 TM 图像植被指数与植被覆盖度信息的关系研究. 水土保持研究, 2008, 15（6）: 136-138.

[62] Myneni R B, Keeling C D, Tucker C J, et al. Increased plant growth in the northern high latitudes from 1981 to 1991. Nature, 1997, 386: 698-702.

[63] 陈效逑, 王恒. 1982~2003 年内蒙古植被带和植被覆盖度的时空变化. 地理学报, 2009, 64（1）: 84-94.

[64] 韩成发. 那拉提草原. 中国林业, 2008, 11: 50.

[65] Wischmeier W H, Smith D D. Predicting rainfall erosion losses: a guide to conservation planning. United States. Dept. of Agriculture. Agriculture Handbook, 1978.

第八章　巴音布鲁克草原湿地生态安全分区及保护管理对策

第一节　草原湿地生态安全及其评价方法

一、生态安全的概述

生态环境是人类赖以生存和社会得以发展的基础，它提供了人们维系生存和从事各种活动所必须的最基本的物质资源。工业革命后，由于人类经济活动迅速发展，生态环境受到了前所未有的干扰和影响，生态环境逆向发展加速、破坏日益加剧，许多生态系统遭受到了人类日益严重的威胁。生态环境的破坏一方面给人类生存带来了不利的影响，另一方面对国家安全的影响也逐步凸现。

在这种背景之下，人们开始思考涉及人类自身安全的问题，国际上出现了生态安全的概念，其研究也引起了国际社会的广泛关注。生态安全问题是一个诠释古老问题的新概念，由于它提出的时间还不长，且虽然国内外的许多学者都对生态安全的内涵和外延做了探讨，但目前关于生态安全尚无一个统一的定义[1]。

国际上，对于生态安全的定义有广义和狭义之分，前者以 1989 年国际应用系统分析研究所提出的概念为代表——生态安全是指在人的生活、健康、安乐、基本权利、生活保障来源以及必要的资源、社会秩序、人类适应环境变化的能力等方面不受威胁；狭义的生态安全是指自然和半自然生态系统的安全，是生态系统的完整性和健康的整体水平的反映[2]，如果一个生态系统功能不完全或不正常，则是不健康的生态系统，其生态安全状况则处于受威胁之中。在我国，中华人民共和国国务院于 2000 年发布的《全国生态环境保护纲要》中指出，生态安全是国家安全和社会稳定的一个重要组成部分，所谓国家生态安全，是指一个国家生存和发展所需的生态环境处于不受或少受破坏与威胁的状态[3]。

综上所述，生态安全就是在一个具体的时间和空间范围内，生态系统的内在结构、功能和外部表现，在自然因素和人类活动的共同作用下，对人类生存和社会经济持续发展的支持和影响，使人类的生活、生产、健康和发展不受威胁的一种状态[4]。

二、草原湿地生态安全评价指标体系

（一）草原湿地生态安全评价指标体系概述

指标体系是草原湿地生态安全综合评价的根本条件和理论基础，指标体系构建的成功与否决定了评价效果的真实性和可行性。目前，草原湿地生态安全指标体系使用最广泛的是由联合国开发计划署与联合国环境规划署的指标体系，即压力（pressure）-状态（status）-响应（response）框架概念模型（P-S-R 模型）[5]（图 8-1）。国内草原湿地生态安全评价指标体系的构建绝大多数都是基于该体系构建的。该模型重点考虑了综合性、灵活性和逻辑因果关系的特点，以便于建立逻辑响应关系。这一框架模型也具有非常清晰的因果关系，即人类活动对环境施加了一定的压力，导致环境状态发生了一定的变化，从而社会应当对环境的变化做出响应，以恢复环境质量或防止环境退化。同时，P-S-R 模型能够展示出人类社会活动与资源环境开发利用、社会发展相互影响、相互制约的关系，并系统地解释了日益严重的地区生态安全与可持续发展评价之间的关系。

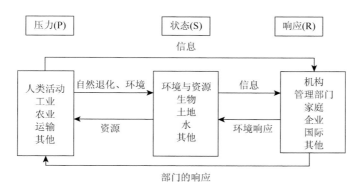

图 8-1　P-S-R 模型框架

（二）草原湿地生态安全评价指标体系构建

1. 草原湿地生态安全评价指标体系构建原则[6]

（1）全面性和代表性原则

生态安全评价是一个比较全面和客观的评价过程，所以在选取指标体系时，首先要考虑指标体系中的指标是否既可以表现研究区自然-社会-经济等各个方面的生态现状，同时又可与评价目的紧密相关，即全面性。但考虑到许多指标之间可能均具有较大的相关性，故需提选出不同方面代表性高的指标，进而较好地反映评价区域的生态安全状况和变化趋势。

在指标选取过程中，主要遵循 P-S-R 模型的原则，同时吸取前人在进行草原健康评价、草原生态风险评价时所选的某些指标，以达到指标体系的全面性。

（2）实用性和可操作性原则

实用性和可操作性原则，即所选指标易量化和数据易获得。生态安全评价体系建立的最终目的是根据评价结果，为区域生态保护、可持续发展与管理提供相应的科学依据。所以，所选指标应尽量具有可操作性，以便将其应用到区域经济的发展和规划中，这也是区域生态安全评价的意义所在。

（3）动态性和稳定性原则

区域草原复合系统总是处于不断地变化之中，且对其特点和规律的认识也具有相对性，因此，必须对指标体系进行不断修改补充。指标是随时空变动的参数，根据不同的情况和发展水平应采取不同的指标，但在一定时期内又要保持指标体系的稳定性以便于评价。

（4）区域性原则

不同区域的自然环境特点、资源条件、经济条件和社会基础设施都存在着差异，评价区域不同，影响其生态安全的敏感因子也是不同的。因此，应根据研究区域的实际特点选取合适的评价因子，准确地反映该区域的生态安全现状。

（5）科学性原则

指标体系能客观反映区域生态安全的基本特征。因此，各个指标要概念明确，并具有各自独立的内涵和明确的外延，而对于一些模糊性的指标，也应做到明确其概念，不至于与其他指标混淆。

（6）简易性原则

为了降低整个评价的成本，指标体系应当是以最少的指标数量最完整地表征草原湿地的生态安全状况为最佳。另外，为了更准确地赋权及评价，对一些交叉重复的指标需要做出一定的删减。

2. 草原湿地生态安全评价指标体系构建步骤

第一步，依据国内现有的草原湿地生态安全评价理论，建立指标体系框架（即P-S-R 模型）。

第二步，将国内现有的草原湿地生态安全评价实例进行整合，将它们所采用的指标按出现频数进行整理。

第三步，依据巴音布鲁克草原湿地现状、问题及特征，提出一些有特色的指标作为备选指标。

第四步,将出现频数较高的通用指标及适用于研究区域的特征指标进行整合,然后删除部分重合度较高的指标。

第五步,讨论并最终确立指标体系。

3. 草原湿地生态安全评价指标体系汇总

对比整合国内较典型草原生态安全评价实例中的指标体系,分别将它们的压力、状态和响应指标整合在一处,筛选出重复的指标(表8-1)。

表8-1 国内典型草原生态安全评价指标体系汇总表

项目	出现频次(1次)	出现频次(2次)	出现频次(3次及以上)
状态(status)	草地类型、草地产草量、景观生态服务价值、年平均蒸散量、土地利用强度、土壤分布类型、地形指数、荒漠化强度、草原沙化面积	气温	理论载畜量、草地覆盖率、海拔、湿润度、年均降水量
压力(pressure)	土壤侵蚀程度、干旱指数、草原退化度、牲畜数量、人均耕地面积、工业总产值、病虫鼠指数、城镇及工矿交通用地比例	人类干扰指数、经济密度、旅游压力指数	人均草原面积、草原退化率、人口自然增长率、超载率(牲畜)、自然灾害指数、人口密度
响应(response)	环保意识水平、地方总产值、教育支出、当年造林面积、草原投资占GDP比、牧民从业者占比、牧业生产支出占家庭总支出比、乡村从业人员中非农人员比例、人均退牧还草面积、人均草地建设资金投入、人均综合经济实力	经济实力综合指数、牧业投入综合指数、牧业总产值、牧民从业者初中以上学历比例	围栏封育面积比例、农牧民人均收入

三、草原生态安全评价方法体系

(一)现有草原湿地生态安全评价方法对比分析

当前关于草原湿地的生态安全评价包含单因素评价及多指标综合评价。其中,单因素评价多数是针对以环境污染和毒理危害为内容的风险评价及根据微观生态系统的质量与健康评价建立的、能够表征系统安全水平的关键生物因子或环境因子评价[7]。例如,区域生产力评价、生态足迹评价、生态承载力评价、生物完整性指数评价等。该种评价方法能够较快捷且相对准确地评价出当前生态系统的安全状况,但是较为单一的指标只能反映干扰传播过程中造成的某方面的影响,在流域范围内对所有干扰都敏感的湿地健康指标不可能存在,尤其是人为因素的干扰。因此,单因素评价指标难以反映草原湿地生态安全状况的整体特征,在实际的研究中很少被采用。而多指标综合评价能够将若干个具有代表性的指标综合成一个指数，对事物的发展状况做出整体的评价，评价结果包含研究对象的综合特征信息，能够让人们从整体上认知和分析研究对象，当然工作繁杂程度要远大于单因素评价。

（二）多指标综合评价法综述

1. 多指标综合评价法概况

多指标综合评价的具体操作包括指标数据标准化、指标权重确定和多指标综合计算 3 个重要方面。其中，指标数据标准化是顺利开展评价工作的基础；指标权重确定是保证评价成果合理的关键；多指标综合计算是采用对评价对象进行整体评价的模型进行计算与分析。

2. 数据标准化方法比选

多指标综合评价中的指标往往是取自多个领域内的不同数据，在多个指标之间往往存在着矛盾性和不统一性，各指标的指标类型、指标范围、指标量纲也往往各不相同。为了避免这种评价指标的直接矛盾，消除多指标对评价结果的影响。在做评价研究时，首先要对评价指标样本，也就是原始数据构成的矩阵进行规范化处理，也称作标准化处理。其实质是利用一定的数学方法对样本矩阵实现数据转换，把指标类型、指标范围、指标量纲各不相同的指标值转化为同一类型的、同一标准的、可实现可比性的指标量化值，一般情况下是把各指标样本值统一变换到[0, 1]的区间内。常用的数学方法有向量规范法、线性变化法、极差标准法、标准权衡法等。在以排序及选优为主的多指标综合评价中，标准化方法的选择对评价结果不会有显著的影响，但是在对评价对象进行分层次的深入对比时，标准化方法的选择会对评价结果产生一定的影响。总体来说，标准化方法的选择对最终评价结果的影响较小，当要进行评价对象深入对比前，可以选择多种数据标准化方法进行比对研究，选择最优的方法。

3. 权重确定方法比选

在草原湿地生态安全评价的过程中，考虑到评价结果的准确性，常常需要对各个指标赋予相应的权重来反映它们重要程度的不同。当前该领域确定权重常用方法主要有 3 种，第一种方法为单一采用主观权重法，较为常用的有层次分析法、专家打分法、德尔菲法等。在单一采用主观权重法过度依赖于主观决策者的意图，一定程度上忽略了客观事实，不过由于是单一根据主观决策者的意图来决定权重，所以操作通常较为简单。第二种方法为单一采用客观权重法，较为常用的有熵权法、神经网络分析法、主成分分析法等。该方法过度依赖于数据本身的规律，而忽略了主观决策者的意图，并且样本数往往也不够充足，并且即使在数据充足的情况下计算与操作也显得极为复杂。但是由于当前该领域的发展趋势是追求评价的客观性，因此，该类方法越来越多地被选择。第三种方法为将主观权重法和客观权重法相结合，即组合赋权法或综合权重法，较为常用的有乘法综合法、线性综合法、博弈论综合法等。采用综合权重法可以最大限度地减少信息的损失，使赋权的结果尽可能与实际结果接近，但是对于综合法的研究较少，其科学性有待进一步探索。另外，相比于第一种和第二种方法，该方法工作量较大。

4. 多指标综合计算模型比选

目前，草原湿地生态安全评价中采用的多指标综合计算方法有物元可拓法、灰色并联度法、综合指数法、主成分投影法、模糊综合评价法、属性识别法、指数叠加法等[8]。其中较为常用且被绝大多数人所接受的方法有两种，一种为模糊综合评价法，另一种为综合指数法。其他的方法在原理、结果表达及被接受程度上都存有一定的争议。

模糊综合评价法的原理是，应用模糊数学理论去组合模糊关系，从而将一些很难定量化的指标进行定量赋值，即在评价过程中构造合理的隶属度函数，根据相应的标准评判指标矩阵对各个评价指标进行隶属度计算，从而得到模糊单因素评判矩阵，然后通过指标权向量与模糊单因素评判矩阵计算出模糊综合评判矩阵向量，最后根据最大隶属度原则确定评价等级，从而完成评价。现实中的草原湿地系统，本身就是一个极为复杂模糊的系统，而模糊综合评价法能够很好地处理这种复杂模糊的系统。不过在实际应用中，该方法仍有以下3点不足。

（1）将模糊综合评价法应用于实际评价时，常常会出现评判失效的状况，甚至有时评价结果会自相矛盾，根本无法让人接受，所以很多学者都对其原理提出了质疑。

（2）模糊综合评价法可以将归属于不同等级的评价样本分开，但是当评价样本都处于同一等级时，则不能再将其分出优劣。

（3）模糊综合评价法的操作过程较为繁琐，需要对每一个级别都建立单因素隶属度函数。同时在模糊算法中采用的取值方法强调极值，会丢失较多的信息，因而评价结果会出现偏差，且随着评价因素的增多，偏差也会变大，所以该方法在实践应用中受到了一定程度的限制。

综合指数评价法在各个评价领域都被广泛使用，是一种较为常规的多指标综合计算方法。该方法主要通过现场调查、实验室测定以及文献阅读等形式获取各个评价指标的基础信息，然后参照或建立一定的标准使这些信息转化成一定的数值，再将这些数值通过一些数学方法进行叠加，从而获得最终的评价结果。综合指数评价法不能像模糊综合评价法那样反映评价过程中的模糊与不确定性，但它的计算结果能够有效地反映各个因子对总体生态安全状况的贡献，并体现生态安全评价的综合性、整体性和层次性。同时，它的最大功能是将分散的指标信息，通过模型集成，形成关于研究对象的综合特征信息，使人们从整体上认知和分析研究对象。该方法操作极为简便，评价过程各环节之间没有信息传递，可以直观地被人们所接受。

四、草原湿地生态安全评价结果表达

就目前来看，多数生态安全评价成果以综合数值或文字描述的形式表达，缺少评价成果的可靠性论证。随着计算机软硬件技术、图形图像处理技术、多维空间信息技术、科学计算可视化技术等技术实用性的增强，以纸质地图、电子地图、虚拟地图、动态地图、三维模型、多媒体和 Web-GIS 等可视化形式表达的生态安全评价成果，则更能适应信息社会生产力发展的要求，更能将生态安全评价成果落实到具体的空间区域，以便辅助区域生态安全格局设计和生态环境管理等。另外，还应加强生态安全评价成果科学性和可靠性的论证，才能保证评价成果的公信力和权威性。

第二节　巴音布鲁克草原生态安全评价体系构建

一、研究区概况及特征

（一）巴音布鲁克草原湿地概况

巴音布鲁克草原，古称珠勒图斯，位于新疆巴音郭楞州和静县西北天山中段南麓（地理坐标为北纬 42°10′～43°30′和东经 82°32′～86°15′），东西长 270km，南北宽 136km，地处天山隆起带的山间盆地，属中生代山间断陷，盆底被第四纪沉积物覆盖。巴音布鲁克草原是集山岳、盆地、草原为一体的自然风景区，是天山南坡绵延数千里山地高原中最肥美的草原，也是我国干旱区第一大亚高山高寒草原。草原无绝对无霜期，年均气温为−4.8℃。草地总面积为 $155.46×10^4hm^2$，草地可利用面积为 $138.65×10^4hm^2$，林地面积为 $3.6×10^4hm^2$，裸地面积为 $54.7×10^4hm^2$，水域面积为 630hm²。在草地面积中，大尤尔都斯草

地总面积为 $97.59 \times 10^4 hm^2$，可利用面积为 $87.04 \times 10^4 hm^2$，小尤尔都斯草地总面积为 $53.50 \times 10^4 hm^2$，可利用面积为 $47.25 \times 10^4 hm^2$，巩乃斯沟片草地总面积为 $4.38 \times 10^4 hm^2$，净面积为 $4.36 \times 10^4 hm^{2[9]}$。

巴音布鲁克为新疆三大河流的发源地。盆地内部约 40 条山沟溪流汇集到盆地底部形成开都河源。九曲十八弯的河道沿岸形成了大约 $137000 hm^2$ 的沼泽草地，水资源较为丰富。西部山区是伊犁河三大支流之一巩乃斯河的发源地，经本区 50km 峡谷，并过著名风景区那拉提草原后，流入开阔的巩乃斯谷地。巴音布鲁克南坡的著名渭干河经库车峡谷后流入古老的塔里木河。

巴音布鲁克草原属亚高山高寒草原类型，是世界草原类型中最具有代表性的草原。按照型级划分，巴音布鲁克草原又可分为高寒草甸草场、高寒草原草场和高寒沼泽草场，这三个草场也各具有类型代表性[10]。巴音布鲁克草原是巴音郭楞蒙古自治州畜牧业的重要生产基地，也是其重要的旅游资源，蕴藏着丰富的中草药资源、食物资源、物种资源，对巴音郭楞蒙古自治州社会经济的健康持续发展有着举足轻重的作用。

（二）巴音布鲁克草原湿地特征

1. 高寒地区干旱半干旱特征

作为干旱半干旱地区的高寒草原湿地，巴音布鲁克草原湿地是介于陆地生态系统和水域生态系统之间，具有独特水文、土壤、植被与生物特征及功能的过渡性生态系统。独特的地理与生态区位使其成为维系干旱地区流域生态环境安全的关键因素。巴音布鲁克草原湿地分布于高海拔、高寒地带，地形复杂、气候干燥、植被稀疏、生态环境极为脆弱敏感，气候变化、人类活动等干扰对其产生的影响远较一般地区的要快和剧烈[11]。

由于地处干旱半干旱地区，巴音布鲁克草原湿地所面临的气候相对恶劣，存在着水分因素的严重制约，且有巨大的年际变化，因此，有可能导致水分低于草原生物群落自我维持的阈值从而产生退化。降水是巴音布鲁克草原影响植被生长的重要因素。巴音布鲁克草原多年平均降水量为 277.8mm，年蒸发量高达 1022.9～1247.5mm，且时空差异大。降水主要分布在夏季，其降水量占全年总降水量的 68%；春秋季次之，分别占 15.6% 和 12.8%；冬季最少，只占 3.5%[12]。在干燥、多风、寒冷的高寒山区气候条件下，巴音布鲁克草原形成了以高寒草甸（面积为 102 万 hm^2）、高寒草原（面积为 50 万 hm^2）和高寒低地沼泽草甸（面积为 14 万 hm^2）为主的草地类型[13]。作为干旱半干旱区域的草原湿地，巴音布鲁克草原湿地生态系统组成简单，其中的湖泊与湿地处于相对较低的位置，具有土壤水分含量高以及与水体镶嵌分布的特点[12]。

近十几年来（据 1997~2009 年降水资料），巴音布鲁克草原夏季降水量在减少，冬季降水量在增加。从多年平均气温来看（1970~2009 年气温资料），近 40 年来，巴音布鲁克草原年平均气温值呈逐年上升的趋势，平均每年上升 0.036℃。巴音布鲁克草原植被覆盖变化主要受气温、降水量等气候因子影响。巴音布鲁克草原大多数牧草于每年 4 月中旬开始返青，8 月底停止生长，9 月上、中旬开始枯黄，至 10 月中旬已完全枯萎。4~9 月为植被生长季，10 月~翌年 3 月为非生长季。高山区植被基本上靠雨水补给维持生长，遇夏季干旱少雨，牧草不仅长势较差，且大量干枯死亡，逢冬季大雪又成雪灾。由于草原土层薄，土壤为砂砾土，一旦原生植被遭到破坏就会退化为沙漠。草原湿地的大量退化、消失，对巴音布鲁克草原湿地生态系统造成了不利的影响[13]。

2. 多种生态系统类型并存

巴音布鲁克草原所形成的天然草原湿地生态系统，其水源补给以冰雪融水和降水混合为主，部分地区还有地下水补给，由河流、湖泊、沼泽、涌泉共聚在一起形成了湿地。巴音布鲁克草原有大小河流 40 余条，年径流量近 30 亿 m³，有众多的天然湖泊，湖域面积为 556.2km²，其中，以天鹅湖为主的较大湖泊有 7 个。雄伟的艾尔温根乌拉山东西绵延 170km，南北宽约 50km，将巴音布鲁克草原一分为二，形成了两个盆地。千余眼泉水分布在整个草原上，与冰雪融化的涓涓细流汇集于盆地，形成了巴音郭楞蒙古自治州的母亲河——开都河。古老的开都河穿越在两盆地之间，滋润着大草原，孕育着草原上的生命，使草原上形成了大大小小的牛轭湖、沼泽湿地。

巴音布鲁克草原不仅是我国第一大亚高山高寒草原，也是南疆的主要水源涵养区和野生珍稀动植物生态保护区。巴音布鲁克草原湿地生态系统结构复杂多样，涵盖了高寒草甸、高寒草原和高寒低地沼泽草甸草场，以及湖泊、沼泽湿地等多种生态系统，形成了高山-草原-沼泽-湖泊多种生态系统并存的生态格局。

3. 人为因素造成的扰动较为强烈

人类活动干预下的草原植被退化演替的本质是人类对草原的不合理管理与超限度利用导致草原正常群落的生产力、生物组成发生了明显的变化、土壤退化、水文循环改变及相应的小气候环境恶化的过程。其中，人类活动的干预包括过度放牧和超负荷收割等，由于超越了原有群落中某些种群的再生能力，因此，导致草原生物量减少、群落稀疏矮化、优质牧草减少和劣质牧草增长。

据 1983 年全国草地资源普查统计资料，巴音布鲁克草场年产鲜草量为 34.46 亿 kg，平均亩产鲜草量为 120kg，平均 0.81hm² 草场载畜一个绵羊单位，理论载畜量为 236 万绵羊单位。草场尚未退化时，草原生态系统良好。20 世纪 80 年代以后，巴音布鲁克草原由于受持续多年的干旱少雨、局部地区超载过牧、草场基本建设滞后、公路修建带来生态系统阻隔、旅游带来的破坏和压力以及蝗虫鼠害、马先蒿扩增等因素的影响，目前草场退化面积已达到 53.33 万 hm^2，占到草场总面积的 27.9%，其中，严重退化面积为 27.33 万 hm^2，占退化草场面积的 51.2%；草场年产鲜草量下降至 27.25 亿 kg，下降了 20.9%；理论载畜量下降至 158 万绵羊单位，减少了 78 万绵羊单位；平均亩产鲜草量下降至 70kg 以下，减少了 50 多公斤，平均每 1.39hm^2 草场载畜 1 个绵羊单位。目前，小尤尔都斯有 24.4% 的草场不适宜放牧，生态环境不断恶化[14]。

（三）巴音布鲁克草原湿地存在的问题及成因

近年来，在全球气候变化及人类活动的双重作用下，干旱地区高寒草原湿地生态环境发生了剧烈的变化，突出表现为湿地和草地萎缩、沙漠化和盐渍化、径流量减少、生态系统退化等一系列的生态和环境问题，对区域经济的可持续发展和流域的生态安全造成了极大的影响。

由于巴音布鲁克草原具有盆地地貌和干旱的气候条件，同时受持续干旱少雨、局部超载过牧、草场基本建设滞后及蝗虫鼠害等的影响，草原湿地"三化"现象严重，面积已达 67.33 万 $hm^{2[14]}$。

20 世纪 50 年代，巴音布鲁克草场退化不明显，80 年代之后，由于受严重超载畜量的影响，巴音布鲁克草场发生严重退化。据 1989 年调查，在小尤尔都斯盆地底部及其倾斜平原上（海拔 2500～3000m），部分草场重度与极度退化；在大尤尔都斯盆地四周的倾斜平原上（海拔 2400～2800m），部分草场轻度退化；巴音布鲁克草场草地的退化面积有 36 万 hm^2 之多，占可利用草地面积的 49.2%，其中，冷季草地退化面积大，退化程度重。据 2004 年数据，巴音布鲁克草场严重退化草场面积为 40 多万 hm^2，沙化面积为 14 万 hm^2，盐碱化面积为 13.33 万 hm^2。沙化草原区出现大面积沙丘、沙地，水土流失面积达 4 万多 hm^2。巴音布鲁克草场"三化"主要分布区域见表 8-2。

表 8-2　巴音布鲁克草场"三化"主要分布区域[13]

"三化"类型	分布地区
沙化	德尔布勒金牧场，托斯图牧场，小山的察尔阿尔勒、夏尔阿尔勒、布尔斯台赛尔木沟下脚、州种畜场利用的夏场
严重退化	县外利用的夏场、巴仑台、克尔古提的夏场，巴音郭楞乡的阿尔夏特，巴音布鲁克镇的扎克斯台、察汗乌素，额勒再特乌鲁乡的哈尔萨拉下脚，农区哈尔莫墩
盐碱化	小尤尔都斯盆地：呼吉尔太、哈尔艾、察汗阿尔勒、戈互西、巴音布鲁克镇七大队、乌拉斯台农场夏场，农区乃门莫墩乡的色尔布呼

造成巴音布鲁克草地退化的主要原因为以下几点。

（1）草场严重超载过牧

长期以来，由于受"逐水草而居、逐水草而牧"传统观念的影响，巴音布鲁克地区牧民"就近、就水、就低"放牧的现象较为普遍，因此，对交通便利、地势平坦、水草丰美的草场进行了掠夺式放牧，草场得不到应有的休养生息。而地处偏远、饮水不便、地形复杂的山间草场则不能被有效利用，局部地区超载过牧和长期闲置并存，致使草场利用不均。另外，牧业"折价归户"推行以后，牧民牲畜激增，超载过牧现象严重，而且无序放牧现象严重，从而造成生产畜与非生产畜、大畜与小畜争食同一草场。牲畜中非生产畜占到将近 4 成，夏季草原放牧的牲畜中非生产畜高达 40 多万头。在大畜中马的数量又过大，目前，巴音布鲁克区马匹已达到 3 万多匹，马的特殊采食习性对牧草根系破坏较大，在一定程度上加速了草场的退化。由于在草原放牧基本没有成本，因此，农区在夏秋季节进山放牧数量剧增。以小尤尔都斯盆地为例，20 世纪 60 年代夏秋季放牧牲畜头数在 23 万头左右，到 2004 年已剧增至 87 万头以上。目前，巴音布鲁克退化草场就主要分布在小尤尔都斯盆地。在草地生态系统中，牧草、土壤、家畜是一个整体，它们互相影响，互相制约，过牧和无序放牧是导致草地生态系统瓦解的一个主要原因。

（2）利用时期（主要是春季）过早是草场退化的一个重要原因

每年 4 月中旬~5 月末是草原牧草的返青季节，也是草原生态系统最为脆弱的时期，刚生长出的幼苗因家畜的啃食和践踏而不能正常生长，草原极易遭受外界因素的干扰而受到破坏，从而导致牧草的高度、盖度、产量等受到影响。根据前期测定计算，现状利用方式如下，巴音布鲁克季节牧场理论载畜能力分别为：夏牧场为 230.75 万绵羊单位，春秋牧场为 73.13 万绵羊单位，冬牧场为 84.33 万绵羊单位。若按照夏牧场载畜能力为 100%计算，冬牧场的载畜能力为 36.55%，春秋牧场的载畜能力为 31.69%[9]。由此可以看出，冷季草场不足，尤其是春季牧场严重不足。因此，春季过早放牧是导致巴音布鲁克草地退化的重要原因之一。

（3）气候干旱，草地水利基础设施建设严重滞后，是造成草地退化的原因之一。

长期以来，巴音布鲁克草原没有投资建设大的水利工程。据统计，1999 年以前，国家每年投入建设草原的资金平均每亩仅几分钱，累计建设人工草地为 1200hm²、围栏草地为 4713.3hm²，不到草原面积的 0.3%，草原长期处于超负荷"透支"状态[15]。已有水利设施也十分简陋，大多无法正常使用，绝大部分草地基本上是靠天补充水源来维持生长，若遇干旱少雨年份，牧草不仅长势较差，而且大量干枯死亡，遇风起沙，草原湿地大量消失。

（4）毒害草及蝗虫等生物灾害加剧了巴音布鲁克草原的退化

经调查，巴音布鲁克草原现有马先蒿、乌头、囊吾等近十种毒害草，尤以马先蒿危害最重。马先蒿为玄参科马先蒿属植物，牲畜一般不采食。马先蒿大量侵入草地，其主要危害表现为：马先蒿生长快且植株高大，与矮小的建群种羊茅、针茅争光、争水、争肥，致使优良牧草因生长不良而大片枯死，草地质量下降，由优良牧草地下降为劣等草地。马先蒿种子繁殖能力极强，为其迅速传播奠定了基础。据调查，目前，马先蒿入侵面积为 26666.7hm²，其中，严重危害面积为 20000hm²，平均盖度为 30%，最高盖度达 80% 以上；中度退化草地马先蒿密度为 140 株/m²，平均高度为 17.5cm，地上生物量占草群生物量的 40%；重度退化草地马先蒿密度为 400 株/m²，平均高度为 18.4cm，最高达 34cm，地上生物量占草群生物量的 76.4%。近两年来，巴音布鲁克草原的蝗虫危害面积也在逐步扩大，2007 年蝗虫严重危害面积高达 66666.7hm²。因此，毒害草及蝗虫等生物灾害加剧了巴音布鲁克草原的退化。

（5）公路建设和交通用地的扩张，对草原湿地生态系统产生较大的扰动

作为干旱地区高寒草原湿地，由于公路建设和交通用地的扩张，对草原湿地生态系统产生了较大的扰动。一方面，公路建设中随意取土现象严重，破坏了大面积的高寒草地，留下了难以恢复的裸露取土场；另一方面，公路修建后，草原水分与能量传输被切断，使公路修建前后草原生态发生了较大的变化。由于旅游业和矿业开发的需求，巴音布鲁克草原修建了 G218、S321 及横穿草原湿地保护区的公路等，对巴音布鲁克草原湿地生态产生了显著的影响。

（6）矿业开采和运输，对草原生态安全产生了一定程度的破坏

巴音布鲁克草原湿地区位于伊犁—伊塞克湖微板块北缘博罗科努古生代复合岛弧带内，该岛弧带经历了多阶段构造活动，形成了极为复杂的构造格局，岩浆活动非常强烈，构成了有利的成矿条件。巴音布鲁克草原各类矿产资源丰富，主要以铁矿、金锑矿为主，目前有效探矿权项目 335 个，勘查区总面积为 5921.58km²。由于矿业的粗放开采和运输，对草原生态产生了一定程度的威胁。

二、巴音布鲁克草原湿地生态安全评价技术路线

根据现有的文献成果、生态安全理论以及巴音布鲁克草原湿地的现状、问题及特征构建适用于巴音布鲁克草原湿地的生态安全评价指标体系，然后采用层次分析法确定各个指标的权重，采用极差法将各个指标的数据都转化为 0～1 的数值，接着运用综合指数法计算巴音布鲁克草原湿地的生态安全指数，最后分析评价结果（其中选定的方法可能依据现有数据更改）。具体计算路线如图 8-2 所示。

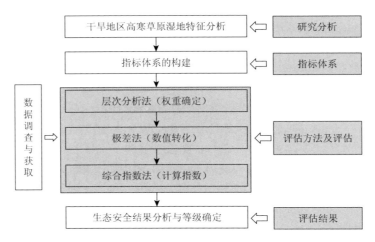

图 8-2　巴音布鲁克草原湿地生态安全评价技术路线图

三、巴音布鲁克草原湿地生态安全评价体系确定

（一）巴音布鲁克草原湿地生态安全评价指标体系及各指标含义

在现有草原生态安全评价指标体系的基础上，根据干旱地区高寒草原湿地的特征，结合现场调研与目前开展的草原、湿地与湖泊三大块研究工作，从状态、压力、响应三方面建立了巴音布鲁克草原湿地多层次评价指标体系。该指标体系初步包含 3 层 10 个指标 18 个要素，具体层次结构见表 8-3。

表 8-3　巴音布鲁克草原湿地生态安全评价指标体系表

目标层	准则层	指标层	要素层	特性	数据来源
草原生态安全（O）	自然-生态-环境（状态指标 A1）	环境本底	海拔/m（C1）	正	统计年鉴
			湿润度（C2）	正	计算
		草原状态	草地覆盖率/%（C3）	正	计算
			生物量/(kg/m^2)（C4）	正	计算
			NDVI（C5）	正	计算
		湿地状态	物种丰富度/(种/m^2)（C6）	正	有
			土壤有机碳/%（C7）	负	有
			水位/m（C8）	正	有
		河湖状态	溶解氧/(mg/L)（C9）	负	取样分析
			浊度（NTU）（C10）	正	取样分析

续表

目标层	准则层	指标层	要素层	特性	数据来源
草原生态安全（O）	资源-社会-灾害（压力指标 A2）	人口压力	人口密度/(人/km^2)（C11）	负	统计年鉴
			城镇及工矿交通用地比例/%（C12）	负	统计年鉴
		畜牧压力	畜牧超载率/%（C13）	负	统计年鉴
		旅游压力	旅游压力指数/(人/km^2)（C14）	负	计算
		自然灾害	生物灾害指数（C15）	负	计算
	人文-社会-经济（响应指标 A3）	保护措施	围栏封育面积比例/%（C16）	正	计算
		经济能力	农牧民人均纯收入/(万元/人)（C17）	正	统计年鉴
			环保投入/%（C18）	正	统计年鉴

各指标含义如下所述。

1）海拔：地形条件是间接生态因子，但在草地形成中起着重要的作用，海拔是地形影响气候要素的一种表现。随海拔的升高，太阳辐射增加，温度下降，水分也呈垂直地带性变化。

2）湿润度：衡量气候的湿润程度，可以较客观地反映某一地区的水热平衡状况。其计算公式为

$$K = r/0.22\sum\theta \tag{8-1}$$

式中，r 为全年降水量；$\sum\theta$ 为≥0℃年积温；0.22 为系数。

3）草地覆盖率：草地覆盖率为区域草地面积与总面积的比值，它反映了区域草原生态系统实有草地的数量状况，体现了区域草原生产能力的保证程度，并最终体现区域草原生态安全状态。

4）生物量：生物量为某一时刻单位面积内实存生活的有机物质（干重）（包括生物体内所存食物的重量）总量，通常用 kg/m^2 或 t/hm^2 表示。它是草原生产力较好的指标，是草原生态系统环境质量的综合体现。

5）NDVI：NDVI 为归一化差分植被指数或标准差异植被指数，也称为生物量指标变化，可使植被从水和土中分离出来。它和植物的蒸腾作用、太阳光的截取、光合作用以及地表净初级生产力等密切相关。其计算公式为

$$NDVI = (NIR - R)/(NIR + R) \tag{8-2}$$

式中，NIR 和 R 分别为近红外波段和红波段处的反射率值。

6）物种丰富度：物种丰富度为物种多样性测度指数之一，它主要是测定一定空间范围内的物种数目以表达生物的丰富程度。物种丰富度、生态系统功能和非生物因子之间，都存在着相互作用的关系，因此，该指标是生态系统安全与否的重要体现。

7）土壤有机碳：土壤有机碳为通过微生物作用所形成的腐殖质、动植物残体和微生物体的合称。土壤碳库是全球碳循环的重要组成部分，而它对全球变化敏感的主要因子就是土壤有机碳。

8）水位：水位为水体的自由水面离固定基面的高程。它是湿地生态水文过程的关键因素之一，其改变将影响湿地植被的覆盖度和物种组成，从而最终产生群落演替。

9）溶解氧：空气中的分子态氧溶解在水中称为溶解氧。水中溶解氧的含量与空气中氧的分压、水的温度都有密切的关系。

10）浊度：浊度是指水中悬浮物对光线透过时所发生的阻碍程度。水中的悬浮物一般是泥土、砂粒、微细的有机物和无机物、浮游生物、微生物与胶体等。水的浊度不仅与水中悬浮物质的含量有关，也与它们的大小、形状及折射系数等有关。

11）人口密度：人口密度是单位面积土地上居住的人口数。它是表示世界各地人口密集程度的指标。通常以每平方千米或每公顷内的常住人口为计算单位。

12）城镇及工矿交通用地比例：城镇及工矿交通用地比例指城镇用地和工矿交通用地占小流域面积的比重，该指标可以反映该小流域受人类活动影响的程度。

13）畜牧超载率：畜牧超载率是指在实际放牧过程中，实际放牧牲畜量超过理论载畜量的部分占理论载畜量的百分比。它能够直观地体现畜牧业在生产发展过程中，牧民对草原资源的过度使用情况，体现草原生态系统安全的压力状况。

14）旅游压力指数：旅游压力指数为单位旅游区面积的人数，单位为人/km^2。旅游人数越多，对天然草原环境产生的压力越大。

15）自然灾害指数：自然灾害指数能够体现自然环境系统对草原生态子系统施加的自然压力情况。研究中采用灾害性天气和病虫草鼠害情况两个指标来综合体现区域草原生态系统自然灾害的压力情况。对二者进行综合时采用的模型为

$$Y_i = A_i + B_i \qquad (8-3)$$

式中，Y_i 为第 i 个分区的自然灾害综合指数值；A_i 为第 i 个县的灾害性天气指标标准化值；B_i 为第 i 个县的病虫草鼠害指标标准化值；A_i 和 B_i 在数值上等于受灾害影响区域的面积与总面积的比值。

16）围栏封育面积比例：围栏封育面积比例用来表征草原保护与建设的措施实施状况。天然草原经围栏封育后，植被密度、牧草高度和产草量均有所提高。

17）农牧民人均纯收入：牧民是畜牧业生产和草原地区的主体，也是生态环境保护和建设的主体，以牧民人均纯收入的高低来表示牧民在草原生态安全建设中的投入能力，收入越高则投入能力越强。

18）环保投入：环保投入指用于湿地环境治理和修复、水污染治理等的投资在国民生产总值中的比重，该指标可以反映该地区对环境治理的投入状况，对环保的重视水平。

（二）巴音布鲁克草原生态安全评价指标权重确定

采用层次分析法确定巴音布鲁克草原生态安全评价指标权重。所谓层次分析法，是指将一个复杂的多目标决策问题作为一个系统，将目标分解为多个目标或准则，进而分解为多指标（或准则、约束）的若干层次，通过定性指标模糊量化方法算出层次单排序（权数）和总排序，以作为目标（多指标）、多方案优化决策的系统方法。

层次分析法主要操作过程如下所述。

第一步：构造判断矩阵。首先，建立关于系统属性的各因子递阶层次结构模型，再逐层逐项进行比较。可以根据个人主观偏好，利用评分办法比较各因子的优劣，构造每一准则下各指标间的判断矩阵。矩阵中各元素是由相应的因素 i 和 j 进行相应重要性比较来确定的（即重要性比较标度）。重要性比较标准根据资料数据、专家意见、决策分析人员和决策者的经验经过反复研究确定。

同一层次中，将与上一层指标有直接联系的指标两两对比，根据相对重要程度得出判断值（表8-4）。极端重要为9，强烈重要为7，明显重要为5，同等重要为1，稍微重要为3；它们之间的数8、6、4、2表示中值；倒数则是两两对比颠倒的结果。具体比较时，可以从最高层开始，也可以从最低层开始，这一步需要找相关领域数十位以上专家根据研究区域的具体状况进行综合裁定。

表8-4　判断矩阵的标度及其对应的含义

标度	含义
1	相对于某种功能来说同等重要
3	相对于某种功能来说稍微重要
5	相对于某种功能来说明显重要
7	相对于某种功能来说强烈重要
9	相对于某种功能来说极端重要
2、4、6、8	介于相邻两种判断的中间情况
倒数	两两对比颠倒的结果，即指标 j 相对于指标 i 来说

第二步：求出该判断矩阵的最大特征值及其对应的特征向量。

第三步：检验该判断矩阵的一致性。若通过检验则对其最大特征值对应的特征向量做归一化处理，得到一个向量（$W_1, W_2, \cdots, W_n$），其数值 $W_1, W_2, \cdots, W_n$ 分别是该准则下 n 个指标的权重。具体计算可借助 MATLAB 7.0 来完成，程序如下所示。

```
A=[?]
[v,d]=eigs(A);
tbmax=max(d(:));
[m,n]=size(v);
sum=0;
for i=1:m
sum=sum+v(i,1);
end
tbvector=v(:,1);
for i=1:m
tbvector(i,1)=v(i,1)/sum;
end
disp('==================================');
disp('输入的矩阵为:');
A
disp('所有的特征向量和特征值为:');
v
d
disp('最大的特征值为:');
tbmax
disp('最大的特征值对应的特征向量为(标准化后的):');
tbvector
```

根据上述程序只要将专家们所确认的判别矩阵（通过一致性检验的）输入 **A** 中即可直接得到对应指标的权重。

（三）巴音布鲁克草原生态安全评价指标数值标准化

采用极差法对所有与草原生态安全评价有关的指标数据构成的矩阵进行标准化处理。

极差标准化的思想是将最好的指标属性值规范化定义为 1，而最差的指标值规范化定义为 0，其余指标值均用线性插值方法计算出其规范值。极差变换法可以有效地消除量纲和数量级差异的影响，将原始数据经过数学转换后，使指标样本取值范围都在[0, 1]内且各指标标准差和标准误差最小。而这两个特征数正是衡量各数据之间离散程度的重要指标。极差变换由于其简便的数学变换式和良好的结果特性，是目前多指标综合评价中使用最多的一种矩阵规范化方法。

采用极差标准化，由于正向指标和负向指标对区域生态安全作用不同，故采用不同方法对其进行标准化。

（1）正向指标

$$r_{ij} = \frac{x_{ij-\min\{x_{ij}\}}}{\max\{x_{ij}\} - \min\{x_{ij}\}}(i=1,2,\cdots,n; j=1,2,\cdots,m) \qquad （8-4）$$

（2）负向指标

$$r_{ij} = \frac{\max\{x_{ij}\} - x_{ij}}{\max\{x_{ij}\} - \min\{x_{ij}\}}(i=1,2,\cdots,n; j=1,2,\cdots,m) \qquad （8-5）$$

式中，r_{ij} 为第 i 区域第 j 个指标的标准化值；x_{ij} 为第 i 区域第 j 个指标的数值；$\min\{x_{ij}\}$ 为第 i 区域第 j 个指标数值的最小值；$\max\{x_{ij}\}$ 为第 i 区域第 j 个指标数值的最大值。

无论正向指标还是负向指标，指标的标准化值 r_{ij} 越趋近于 1，则该指标安全等级就越高，越趋近于 0，则该指标安全等级就越低。

（四）巴音布鲁克草原生态安全评价指标综合计算

目前，区域生态安全综合评价方法主要有综合指数法、模糊综合评价法等，其中，综合指数法应用更为广泛。综合指数法是在确定研究对象评价指标体系及各指标在研究领域内的重要程度即其权重的基础上，通过综合指数的计算形式得出对评价对象的定量评分值。目前该方法已在环境污染综合评价研究、生态环境质量评价等领域得到了广泛的应用，其具体评价模型为

$$\text{ESI} = \sum_{i=1}^{n} w_i \times c_{ij} \qquad （8-6）$$

式中，w_i 为 i 指标的权重；c_{ij} 为第 i 个指标第 j 分区的标准化值；n 为所选指标的个数。

（五）巴音布鲁克草原生态安全评价结果安全等级确定

根据草原湿地生态安全评价标准，生态安全等级划分采用 5 级制，分别为理

想、安全、较不安全、不安全和极不安全（表8-5）。生态安全不同等级所对应的生态系统状态是不同的，等级越高生态系统越健康，生态功能越强，发生自然灾害的机率越小，应对灾变的能力越高。

表8-5　研究区生态安全等级划分表

条件	级别	预警颜色
ESI＞0.8	理想	●
0.6＜ESI≤0.8	安全	●
0.4＜ESI≤0.6	较不安全	●
0.2＜ESI≤0.4	不安全	●
ESI≤0.2	极不安全	●

1）理想：生态系统服务功能比较完善，生态环境基本未受到破坏，生态系统结构完整，功能性强，系统恢复再生能力强，生态问题不显著，生态灾害少。

2）安全：生态系统服务功能较为完善，生态环境破坏较少，生态系统结构基本完整，功能较好，一般干扰下系统具有恢复能力，生态问题不显著，生态灾害较少。

3）较不安全：生态系统功能出现退化，生态环境受到一定破坏，生态系统结构发生变化，但可维持基本功能，受干扰后容易发生恶化，生态问题显现，生态灾害时有发生。

4）不安全：生态系统服务功能严重退化，生态环境遭到极大破坏，生态系统结构遭到破坏，功能退化，受外界干扰后很难恢复，生态问题严重，生态灾害频繁发生。

5）极不安全：生态系统服务功能临近崩溃，生态环境遭到严重破坏，生态过程很难逆转，生态系统结构残缺不全，功能丧失，生态恢复与重建难度大，生态灾害危害大，甚至演变成生态灾难。

第三节　巴音布鲁克草原生态安全评价及分区方案

一、生态安全分区目标指导思想及技术路线

（一）生态安全分区目标

草原湿地生态安全分区的目的是在了解研究区域基本自然环境和生态状况，

明确其生态功能要求的基础上，结合不同区域功能差异的情况，进行分区方案的制定和实施。根据研究区的地形地貌、生态功能现状、人为活动、社会经济状况等资料数据以及针对水质、土壤、生物等的现场调研数据，对研究区域进行生态安全评价，确定研究区空间差异要求，以便因地制宜地提出针对性的生态安全分区方案和管理措施，从而保障高寒草原湿地生态安全的政策框架和长效运行机制，为草原湿地分区保护提供科学依据，也为干旱地区流域生态环境安全保障及水环境改善提供科学依据。

（二）生态安全分区的指导思想

巴音布鲁克草原湿地具有独特的气候条件和地形地貌，生物栖息地环境差异大，因此，草原生态系统优先保护区和恢复区域识别困难，而利用生态区可以很好地实现草原湿地系统的分类和区域划定。根据生态安全分区目的、生态系统类型形成机制与区域分异规律，草原湿地生态安全分区应遵循以下原则为指导思想。

1）发生学原理：任何生态系统都是在区域分异性因素作用下历史发展的产物，历史发展过程的共同性使其具有发生统一的特征。探讨生态系统区域分异产生的原因与过程，将形成该区域单元整体特征的发展史作为区划依据。

2）等级性和尺度原则：等级理论认为复杂系统是离散性等级层次组成的等级系统，离散特征反映了生物和非生物学所具有的特定时空尺度。生态功能分区技术框架，必须体现出系统的分级结构。尺度规定了管理范围，不同等级的分区对应不同的空间尺度，有必要明确技术框架所针对的各个分区等级和尺度。

3）相对一致性原则：相对一致性原则要求在划分区域单位时，必须注意其内部特征的一致性。这种一致性是相对的一致性，而且不同等级的区域单位各有其一致性的标准。

4）区域共轭性原则：区域共轭性原则又称空间连续性原则，指自然区划中区域单位必须保持空间连续性和不可重复性。生态功能区是空间上完整的自然区域，任何一个分区都是完整独立的个体，其内部不应该存在相互分离的特征。通过生态景观异质性反映不同分区之间的毗连与耦合关系。

5）综合分析与主导因素相结合的原则：生态系统的形成与演替、结构和功能受多种因素的影响，是各个因素综合作用的结果。贯彻综合分析与主导因素相结合的原则，在综合分析的基础上，抓住影响各级生态功能分异的主要因素进行分区。

6）水陆一致性原则：陆地生态系统和水体生态系统之间不是孤立存在的，它们之间存在着物质流和能量流的传输、交换，它们是两个互相影响的生态单元。分区时需将陆地环境和水体环境综合起来考虑，以保持水陆生态过程的完整性。

7）流域边界完整性原则：流域是实现陆地与水体关联的重要形式。水生态系统受流域边界的约束，同一流域内的水生态系统往往具有一致性，且都受到了流域内同样陆地生态系统的影响。

8）分区与分类相结合的原则：高级分区以区域导向分区为主，低级分区以类型导向分区为主。

（三）生态分区的技术路线

针对干旱地区巴音布鲁克草原湿地，采用生态地貌等方法，开展草原湿地生态安全分区。草原湿地生态安全分区体系从三个层面开展研究工作。首先，根据草原湿地生态系统环境因子的空间差异划分区域；其次，以 DEM 数据为基础，合理划分小流域评估基本单元；最后，在第一层面和第二层面的基础上，根据区域内的生态功能特征进行生态安全分区。其中，第一层面体现出了草原湿地环境要素对湿地生态功能的影响，提供了生态功能的环境背景特征；第二层面的小流域单元提取是生态功能分区的基础单元；第三层面则反映了草原湿地生态的主导功能及其等级，为区域生态功能识别提供了基础。根据分区情况可以出各功能区域的特点与问题。具体步骤如下所述。

第一层面：采用自上而下（即依据发生学原理，采用环境驱动因子进行演绎，得出区划方案的方法）的基本划分思路，利用统计学、空间信息技术等手段，根据气候、地势地貌、植被、土壤、土地利用等区域环境要素，开展区域要素在不同尺度下的空间异质性和分布规律研究，识别区域性环境要素对草原湿地生态系统的影响作用，在此基础上识别主要的驱动因子，初步划定草原湿地生态安全一级分区。

第二层面：利用 DEM 数据，在地理信息软件下提取河流水系，并生成小流域边界，从而将草原湿地生态区划分为若干小流域作为评估基本单元，划分数量以适合环境管理需求和满足空间聚类数量为宜。

第三层面：使用自下而上的划分方法，以第二层面划定的小流域为基本评估单元，结合第一层面初步划定的分区结果，开展草原湿地生态功能评估，将高功能值的类似生境类型和功能的小流域聚合成为不同的生态功能区。第三层面主要反映了草原湿地生态主导功能的空间差异。

巴音布鲁克草原湿地生态功能分区技术路线图如图 8-3 所示。

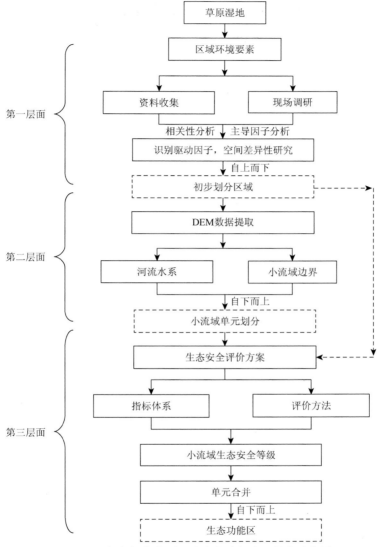

图 8-3　巴音布鲁克草原湿地生态功能分区技术路线图

二、小流域分区及结果

（一）小流域分区

　　流域是指地表水及地下水分水线所包围的集水区或汇水区，因地下水分水线不易确定，习惯指地面径流分水线所包围的集水区。小流域通常指二、三级支流以下以分水岭和下游河道出口断面为界，集水面积在 50km² 以下的相对独立和封闭的自然汇水区域；水利上通常指面积小于 50km² 或河道基本上是在一个县属范围内的流域。小流域面积一般不超过 50km²。小流域的基本组成单位是微流域，是为精确划分自然流域边界并形成流域拓扑关系而划定的最小自然集水单元。为了便于管理，跨越县级行政区的小流域又会按照县级行政区界限分割成小流域亚单元。

小流域是一个具有相对完整自然生态过程的区域单元。小流域单元提取是生态功能分区的基础单元，它可以使人们从中观或宏观上去认知草原湿地整个自然综合体的分异规律，从而为基于 DEM 的巴音布鲁克草原湿地小流域划分研究及流域信息的空间可视化浏览、查询、统计和流域水文模型的应用分析奠定了基础，进而推动了生态环境保护、生态环境建设，是草原湿地生态安全分区实施的重要前提。

本书利用研究区 DEM 图进行流域提取，DEM 的分辨率为 90m×90m。DEM 是比较平滑的地形表面的模拟，但一些误差以及一些特殊地貌的存在，使得 DEM 存在一些凹陷的区域。在进行流域分区前，首先要对原始 DEM 数据进行洼地填充，得到无洼地的 DEM，然后再进一步对数据进行处理。利用 ArcGis 中水文分析工具里的填洼工具对 DEM 进行填充。由于流域盆地是由分水岭分割而成的汇水区域，因此，可利用水流方向确定所有相互连接并处于同一流域盆地的栅格区域。利用 ArcGis 中流向工具提取处理过的无洼地 DEM 中河流的方向，再利用工具中的盆域分析工具确定流域范围。

（二）小流域分区结果

通过对巴音布鲁克草原湿地相关资料的分析，再结合 ArcGis 中的小流域计算，对小流域进行分区。巴音布鲁克草原湿地可划分为 20 个小流域，其结果如图 8-4 所示。

（1）查汗乌苏

查汗乌苏流域属于巩乃斯沟乡，位于巴音布鲁克草原与那拉提草原接壤处，主要水系为查汗乌苏，流域面积为 593km²，平均海拔为 2977m。

（2）乌拉斯台郭勒

乌拉斯台郭勒流域属于巩乃斯沟乡，主要水系为为乌拉斯台郭勒，流域面积为 371km²，平均海拔为 2588m。

（3）呼斯台哈尔诺尔

呼斯台哈尔诺尔流域位于巴音布鲁克草原东北部，属于巩乃斯沟乡，流域面积为 1299km²，平均海拔为 3204m。

（4）铁木尔台

铁木尔台流域属于巩乃斯沟乡，流域面积为 289km²，平均海拔为 2938m。

（5）奎克乌苏诺尔

奎克乌苏诺尔流域属于巩乃斯沟乡，流域面积为 1068km²，平均海拔为 3472m。

（6）巴音布鲁克牧场

巴音布鲁克牧场小流域属于巴音郭楞乡，流域面积为 848km²，平均海拔为 2823m。

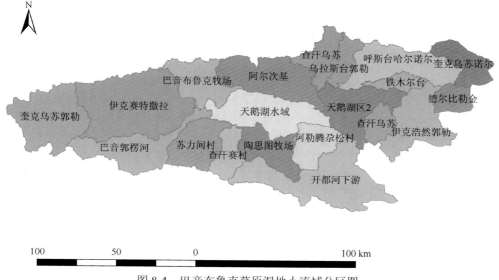

图 8-4　巴音布鲁克草原湿地小流域分区图

（7）伊克赛特撒拉

伊克赛特撒拉流域属于巴音郭楞乡，流域面积为 2548km^2，平均海拔为 2958m。

（8）奎克乌苏郭勒

奎克乌苏郭勒流域属于巴音郭楞乡，流域面积为 1751km^2，平均海拔为 3354m。

（9）巴音郭楞河

巴音郭楞河流域属于巴音郭楞乡，流域面积为 1206km^2，平均海拔为 3271m。

（10）苏力间村

苏力间村小流域属于巴音郭楞乡，主要水系为开都河的支流，流域面积为 895km^2，平均海拔为 2897m。

（11）查汗赛村

查汗赛村流域属于巴音郭楞乡，流域面积为 469km^2，平均海拔为 2857m。

（12）天鹅湖区 2

天鹅湖区 2 流域位于小尤尔都斯境内，属于额勒再特乌鲁乡，流域面积为 1117km^2，平均海拔为 2953m，地处天山隆起带的山间盆地，属中生代山间断陷，盆底被第四纪沉积物覆盖，是集山岳、盆地、草原为一体的自然风景区。

（13）查汗乌苏 2

查汗乌苏 2 流域属于额勒再特乌鲁乡，流域面积为 394km^2，平均海拔为 3035m。

（14）伊克浩然郭勒

伊克浩然郭勒流域属于额勒再特乌鲁乡，流域面积为 1185km^2，平均海拔为 3181m。

（15）德尔比勒金

德尔比勒金流域属于额勒再特乌鲁乡，流域面积为 3562km²，平均海拔为 3382m。

（16）天鹅湖水域

天鹅湖水域位于大尤尔都斯境内，以天鹅湖自然保护区为核心，包括周边的巴西里克村、赛罕陶海村、陶斯图牧场、德尔比勒金牧场和巴音郭楞村，流域面积为 1386km²，平均海拔为 2857m。地处天山隆起带的山间盆地，属中生代山间断陷，盆底被第四纪沉积物覆盖，是集山岳、盆地、草原为一体的自然风景区。天鹅湖水域范围内的天鹅湖自然保护区是由众多相互串联的小湖组成的大面积沼泽地，区域内水草丰茂，气候湿爽，风光旖旎，鸟类有 128 种，兽类有 20 余种。

（17）陶斯图牧场

陶斯图牧场流域属于巴音布鲁克镇，流域面积为 794km²，平均海拔为 2696m。

（18）阿勒腾尕松村

阿勒腾尕松村流域属于巴音布鲁克镇，流域面积为 656km²，平均海拔为 3205m。

（19）阿尔次基

阿尔次基流域属于巴音布鲁克镇，位于巴音布鲁克草原北部，与那拉提草原接壤，流域面积为 1389km²。平均海拔为 2844m。

（20）开都河下游

开都河下游流域属于巴音布鲁克镇，位于巴音布鲁克草原的北部，主要水系为开都河，流域面积为 2384km²，平均海拔为 3076m。

三、主要指标数据分析

（一）主要指标数据来源

巴音布鲁克草原生态安全分区工作所采用的数据来源主要包括遥感数据、收集的数据和野外调查数据三个方面。

1. 遥感数据

遥感数据主要包括 TM 遥感影像和 MODIS 遥感影像，采用该类数据对气候、地势地貌、植被、土壤、土地利用等区域环境要素进行空间差异性分析，从而进行第一层面的初步区域划分。此外，遥感数据还包括 DEM 图。针对巴音布鲁克草原湿地流域进行小流域提取，为最终第三层面的生态安全分区提供基础。

2. 非遥感数据

非遥感数据主要包括巴音布鲁克草原土地调查数据、社会环境经济数据；图形数据包括巴音布鲁克草原土地利用现状图、地形图、行政区划图、土壤类型分布图、土壤侵蚀分布图、植被类型分布图、和静县农区土壤图、和静县耕地土壤质地类型图等；气象数据包括 1960～2015 年巴音布鲁克草原的气温、降水量、水文特征等；土地调查数据包括 1995～2010 年巴音布鲁克草原土地利用变更数据；社会经济统计数据主要包括和静县 1960～2015 年的统计年鉴、环境年鉴和经济年鉴等。

3. 野外调查数据

为了对巴音布鲁克草原的地形地貌、地质环境、土地利用变化及当地的人文情况有一个直观的了解，并且更好地建立巴音布鲁克草原的遥感解译标志和对影像解译结果的验证，中国环境科学研究院课题组成员于 2014 年 6～8 月前往巴音布鲁克草原和那拉提草原进行考察。在调查过程中，走访了当地农户、牧民及国土、环境、统计等管理部门，实地考察了牧场、湿地保护区和主要草地类型；了解了 1960 年以来的土地利用变化、政策变化及环境变化的综合感知情况和相关的数据、文字及图件资料；还获取了巴音布鲁克草原的土壤、河流、湿地以及水生生物、湿地植物和畜牧的相关数据。

（二）主要指标数据及其变化

通过资料收集、遥感解译与和静县统计年鉴分析等手段，开展了主要指标数据获取与分析的工作。

生态功能分区不单是以自然要素或自然系统的"地带性分异"为基础，更是以生态系统的等级结构和尺度原则为基础，用生态系统的完整性来评价测量人类活动对生态系统的影响。湿地生态功能分区的划分是依据湿地生态系统空间尺度效应、湿地生态景观格局与环境驱动因子而提出的，其揭示了湿地生态系统在环境驱动因子作用下的演变趋势和区域差异性。草原湿地生态功能分区的关键是分区指标的选取。湿地生态系统是一个复杂多样的复合系统，包括非生物要素成分和生物要素成分。在选择分区指标时，应综合考虑湿地生态系统各个方面的特征指标及影响因素，以能够全面地反映草原湿地生态功能区的特征，从而更准确地进行草原湿地生态功能的区划。湿地生态功能分区技术框架决定了分区必须体现出的系统分级结构。不同等级的分区也应采用不同的指标，以体现不同尺度分区的结构差异和功能差异，探明环境要素对流域水生态系统的驱动作用，为分区指标体系的建立提供参考。

1. 气温指标

温度作为重要的生态因子，它制约着蒸发、降水、空气湿度、空气流动等其他生态因子，在草原湿地的演替过程中发挥着重要的作用。

根据 1996 年巴音布鲁克气温记录，各月气温及变化见表 8-6。

表 8-6   1996 年不同月份气温变化特征

站名	海拔	月均气温/℃				年均气温/℃	日均温稳定≥5.0℃				日均温稳定≥10.0℃			
		1 月	4 月	7 月	10 月		初日/(日/月)	终日/(日/月)	持续日数	积温/℃	初日/(日/月)	终日/(日/月)	持续日数	积温/℃
巴音布鲁克	2458.9m	−26.0	0.4	10.4	−1.8	−4.5	29/5	12/9	106.5	983.3	16/7	4/8	19.5	227.2

　　根据代表天山山区 8 个气象站 1959～2000 年（42a）的年平均气温资料分析结果[16, 17]，天山山区最暖年为 1998 年（年均温度为 3.2℃），最冷年为 1984 年（年均温度为 0.3℃），42a 的线性增温速率为 0.2℃/10a（图 8-5）；20 世纪 90 年代升温幅度更大，达到 0.6℃，说明近 42a 来，天山山区年平均气温存在着明显的线性升温趋势[16, 17]。

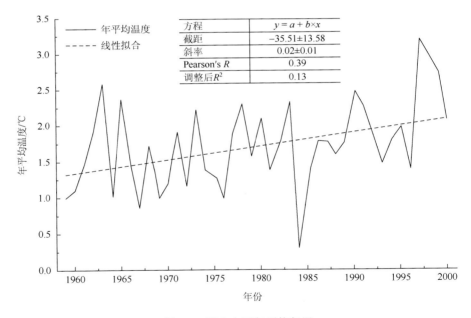

方程	$y = a + b \times x$
截距	−35.51±13.58
斜率	0.02±0.01
Pearson's R	0.39
调整后 R^2	0.13

图 8-5   天山山区年平均气温

　　具体到巴音布鲁克地区，从 1973～2015 年多年平均气温来看，巴音布鲁克年平均气温为−3.995℃（图 8-6）。1984 年出现了年平均气温的最低值−6.32℃，较平均值偏低 2.325℃；1998 年出现了年平均气温最高值−1.53℃，较平均值偏高 2.465℃。分段回归分析表明，1973～1994 年，巴音布鲁克年平均气温呈下降的趋势；而 1995～2015 年，巴音布鲁克年平均气温则呈上升的趋势，平均每年上升 0.027±0.044℃（图 8-6）。

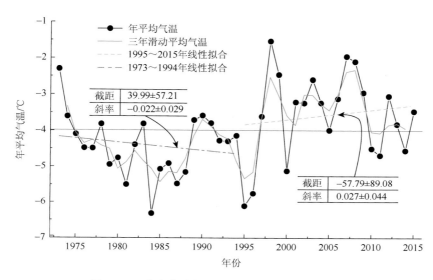

图 8-6　巴音布鲁克年平均气温值变化及趋势分析

蓝线表示 1973～2015 年 43a 平均气温

2. 降水及其变化

降水是巴音布鲁克草原影响植被生长的重要因素。作为干旱高寒山区，巴音布鲁克草原降水频率和强度的变化特征与其他地方有所不同。通过资料收集与数据购买的方式，获取了巴音布鲁克草原降水及其变化的数据。

巴音布鲁克草原山区近 52a（1960～2011 年）来年降水量、降水日数及降水强度见表 2-1，降水日数与降水强度均呈增加的趋势，尤其近 30a 来增加更为显著。20 世纪 70 年代降水量和降水强度以极显著的趋势减少；60～80 年代降水量和降水强度平均值呈减少的趋势，但降水日数仍呈增加趋势；而在 90 年代以后三者都是增加的趋势[18]。

巴音布鲁克草原降水时空分布不均，历年平均降水日数为 115.5d，平均降水量为 278.6mm，降水主要分布在夏季，其降水量占全年总降水量的 68%；春秋季次之，分别占 15.6% 和 12.8%；冬季最少，只占 3.5%[17]。从 1958～2014 年数据来看（图 6-24），1999 年降水最多，年降水量和夏季降水量分别比多年平均值偏多 108.7mm 和 81.5mm；2003 年降水较少，年降水量和夏季降水量分别比多年平均值偏少 81.7mm 和 76.1mm；此后 7 年（2004～2010 年）降水量基本呈持续增加的趋势，至 2010 年达到最大值，最近几年降水量又持续减小（图 6-24）。

3. 地形地貌指标

地形对水文气候的影响有着多样的形式，有大地形的影响，也有小地形的影响，有海拔的影响，也有坡度、坡向的影响。流域地形指标主要包括高程、坡度、坡向、土地类型等。地貌是动力、物质、时间的产物，不同的分类标准下有不同的地貌类型。

（1）海拔空间分布

巴音布鲁克草原平均海拔约2400m，四周山体海拔为3000～4500m，因此，根据巴音布鲁克草原的DEM数据，将草原及周边山体初步分为由外向内的四层区域（图8-7）。其中，海拔在3000～4500m的为草原周边雪山及流石滩区域，在2500～3000m的为山前缓坡及主要草场分布区域，在2400～2500m的为草场至湿地的缓冲区域，在2400m以下的为湿地及草甸分布区域。另外，巴音布鲁克草原以北海拔较低，为那拉提草原分布区域。

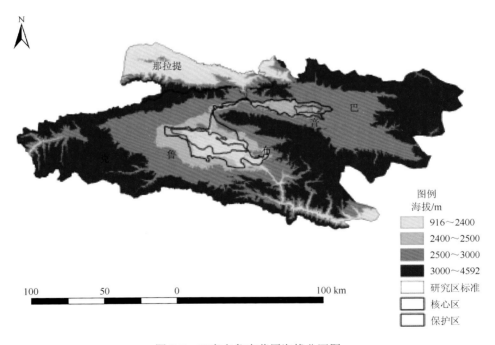

图8-7 巴音布鲁克草原海拔分区图

（2）坡度空间分布

依据国际地理联合会地貌调查与地貌制图委员会关于地貌详图应用的坡地分类来划分巴音布鲁克草原的坡度。根据DEM数据在ArcGis中进行区域坡度生成，结合该区域的地形地貌分析，将坡度分为四个等级（图 8-8）。其中，0°～5°为缓斜坡区域，5°～15°为斜坡区域，15°～35°为陡坡区域，35°以上区域为峭坡及垂直壁区域。从分布图中可看出，大、小尤尔都斯盆地内部坡度较小，地形较平缓，周边山体坡度较陡，地形起伏较大。

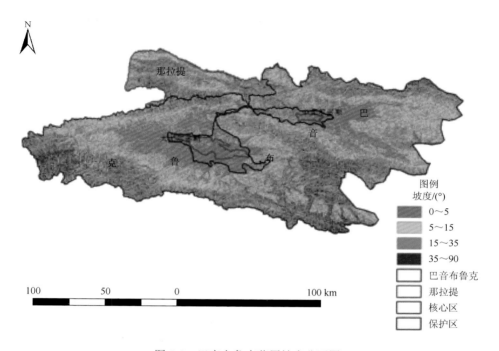

图 8-8　巴音布鲁克草原坡度分区图

（3）地形地貌空间分布

根据海拔分区图和坡度分区图，将两幅图进行套合校正得出地形地貌分区图（图 8-9）。其中，将坡度大于 15°的区域与海拔高于 3000m 的区域进行重叠，并以坡度为基准进行校正；将坡度小于 15°的区域与海拔低于 3000m 的区域进行重叠，并以海拔为基准进行校正。通过校正，将区域按地形地貌划分为四个区，其中，1 区为湿地及海拔较低的那拉提草原，植被覆盖度较高；2 区为湿地草甸区；3 区为海拔较低的草场区；4 区为高山区，海拔较高。

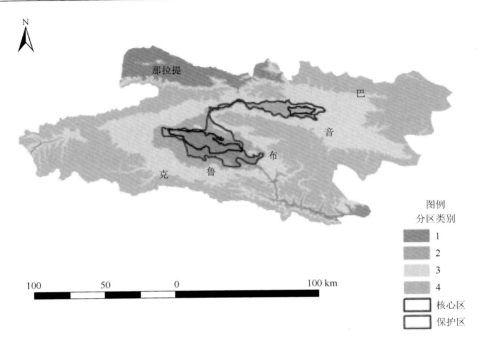

图 8-9　巴音布鲁克草原地形地貌分区图

4. 土地覆盖空间分布指标

土地覆盖是地球表面的植被覆盖物和人工设施的总称，可以反映一个地区的生态环境状况和人类对自然干扰的破坏程度。土地覆盖指标包括类型、面积百分比、斑块数、变化量（增加量和减少量）以及一些反映景观格局的指标，如面积周长分维数、Shannon-Wiener 多样性和 Pielou 均匀性指数、核心斑块面积、周长等。需要指出的是，以上指标虽然反映的景观特征不同，但在一定程度上存在信息重叠，在实际使用过程中应注意。

（1）植被指数 NDVI

NDVI，即归一化植被指数，是反映土地植被覆盖状况的一种遥感指标。研究表明，NDVI 能够非常好地反映植被覆盖度。因此，通过对 2013 年 MODIS-NDVI 数据的下载，分析植被生长季的最大值。根据研究区的实际情况，参考陈效逑和王恒[19]对植被覆盖度的划分方法，将研究区划分成五级（表 8-7）：80%以上为极高覆盖，60%～80%为高覆盖，40%～60%为中覆盖，20%～40%为低覆盖，20%以下为极低覆盖。根据该评价标准对区域进行划分，其结果如图 8-10所示。

表 8-7　研究区植被覆盖度评价指标及等级划分

评价指标	植被覆盖等级	覆盖等级评分	植被覆盖等级划分方法
草地植被盖度	极高覆盖	1	植被覆盖度在 80%以上
	高覆盖	2	植被覆盖度在 60%～80%
	中覆盖	3	植被覆盖度在 40%～60%
	低覆盖	4	植被覆盖度在 20%～40%
	极低覆盖	5	植被覆盖度在 20%以下

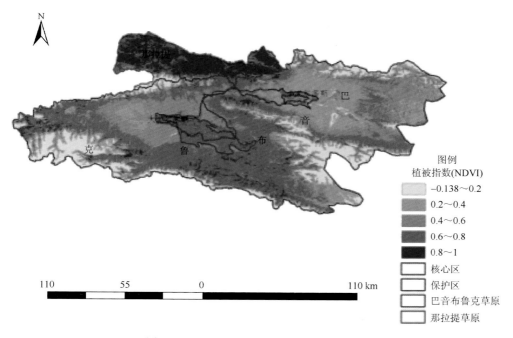

图 8-10　2013 年巴音布鲁克草原 NDVI 图

（2）土地利用指标

通过对研究区的土地利用进行分析，将土地利用类型分为四大类（图 8-11），分别为冰雪及砾石区、水域湿地、草原分布区、林地分布区。

（3）地表覆盖指标

根据以上植被覆盖图和土地利用图，将两幅图进行套合校正得出地表覆盖分区图（图 8-12）。将土地利用以 NDVI 的高低为基准进行校正，可划分为 4 个区域。其中，植被覆盖度 80%以上的区域为那拉提草原，植被覆盖度高；植被覆盖度为 60%～80%的地区为山前草原区；植被覆盖度为 40%～60%的地区为低平草原区，也是草场的主要分布区域；植被覆盖度在 20%以下的区域为高山冰雪覆盖区域及部分草原退化较严重的区域。

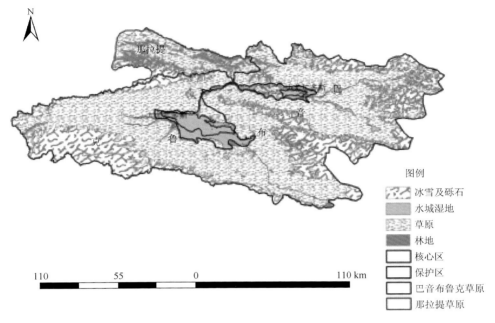

图 8-11　巴音布鲁克草原土地利用类型图

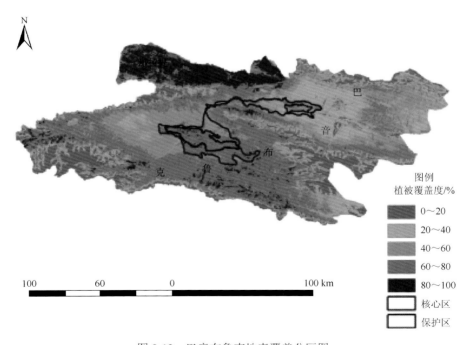

图 8-12　巴音布鲁克地表覆盖分区图

5. 土壤指标

详见第四章。

6. 水文特征及其表征指标

河流水文情势是构成径流量、频率、持续时间、发生时间以及有无汛期（凌汛）、有无结冰期等在时间上持续变化或周期变化的动态过程。河流水文指标包括流量、频率、水位、持续时间、变化率、平滩流量等。另外，反映水文特征的指标还包括洪峰出现时机、是否会存在结冰期以及时间的长短等。

（1）地表水

和静县是巴音郭楞蒙古自治州地区为数不多的产水县之一，县境内河流较多，有开都河、黄水沟、乌拉斯台河、莫呼查汗河、克尔古提河、阿拉沟河、呼图壁河、奎克乌苏河、巩乃斯河等诸多河流，水资源较为丰富，地表水年径流量为 59.22 亿 m^3（内流为 39.22 亿 m^3，外流为 20 亿 m^3），地下水储量约为 42.08 亿 m^3/a，平原区地下水总补给量为 4.41 亿 m^3/a，是巴音郭楞蒙古自治州主要的水源地。

和静县内利用河流主要有开都河、莫呼查汗河、哈合仁沟、黄水沟四条常年性河流。

开都河是研究区最大河流，其次是黄水沟。莫呼查汗河、哈合仁河两河流水量比较小，出山口不远即大部分渗入地下，在洪水季节河水可汇入乌拉斯台河。古瑞库尔沟、达木班沟、察吾乎沟及夏资和提年径流量均小于 $0.15 \times 10^8 m^3$，出山口地表水全部渗入地下转化成地下水。泉水沟及哈布奇勒沟地下水受和静背斜阻挡以泉水的形式出露，最终汇入乌拉斯台河。乌拉斯台河是河水转入地下并在哈尔莫墩北一带溢出形成的，是研究区的内流河，其最终汇入开都河。

开都河是流入焉耆盆地最大的长年性河流，发源于天山中部的艾尔宾、连哈比尔尕、那拉提、科铁克等山脉，是盆地产水量最大的河流，属雨雪冰川混合补给。主源哈尔尕特河发源于哈尔尕特大板，海拔为 4292～4812m，流域面积达 18827km²，河流长 560km。其中，焉耆盆地段长 110km。河水流向在山区段基本为由西向东，出山口转向由北向南，经大山口入盆地后流向由西北向东南。

开都河多年月平均径流量变化较大，10 月～次年 3 月为枯水季节，4～9 月为丰水季节，其中，7 月径流量最大。研究区各水文站点多年月平均径流量见第二章。春季（3～5 月）径流量占全年的 21.2%；夏季（6～8 月）径流量占全年的 45%；秋季（9～11 月）径流量占全年的 21.2%；冬季（12 月～次年 2 月）径流量占全年的 9.7%。

（2）地下水

和静县位于焉耆盆地西北部，受焉耆盆地构造控制，在和静背斜和七个星背斜之间形成了深度较大的向斜洼地，为第四系松散堆积物创造了一个巨大的储存空间。

和静县地下水开发利用起步晚，开发利用程度也较低，因此，地下水开发有巨大的潜力。目前，和静县平原区地下水总补给量为 $44106.42 \times 10^4 m^3/a$，可开采量为 $17154.82 \times 10^4 m^3/a$，占地下水补给量的 38.9%。

和静县山外农区主要为开都河北岸冲积平原、开都河南岸古冲洪积平原—霍拉山山前洪积平原区。该区地层的沉积厚度大于 200m，所构成的含水层岩性以卵砾、砂砾石为主。地层的富水性好，地下水具有自由水面，水力坡度为 3‰～5‰，含水层的渗透系数为 30～90m/d，单位涌水量为 10～30L/(s·m)。由于地处山前地带，地形坡降较大，地下水埋深在本区西北部为 20～30m，随着地下水流程的加长和地形坡度的变缓，地下水埋深也逐渐变小，至查茨村一带埋深变为 2～3m，并在开都河北岸公路两侧的地势低洼处有泉水溢出地表。此区地下水的矿化度均小于 1g/L，水化学类型为 CO_3-Ca 型水。开都河北岸冲积平原和洪积平原区包括乌拉斯台农场及协比乃尔布呼乡，由开都河冲积物和洪积物堆积而成，松散堆积物的厚度大于 200m。含水层的构成以砂砾为主，颗粒粒径较上游有所变小，厚度较大。在乌拉斯台农场一带及以东地区，地表的覆盖层逐渐变厚，地下水呈无压或微承压状态，含水层的渗透系数为 10～50m/d，单位涌出量为 9.2～3.8L/(s·m)，地下水埋深为 1～3m，水力坡度为 23‰。黄水沟冲积和洪积平原区包括和静镇、拉吾龙林场、部队农场、良种场及乃门莫墩乡。按水文地质条件可分为：①冲、洪积扇上部的强富水区，范围包括乌拉斯台农场北部、和静镇、拉吾龙林场、部队农场、良种场一带。含水层的厚度较大，岩性为卵砾、砂砾石地层，单位涌出量为 10L/(s·m)。地下水的埋深变化大，由 45m 变为 1～2m。含水层的渗透系数为 30～60m/d。②黄水沟冲积扇中下部的中-弱富水区，包括肉牛场和乃门莫墩乡，埋深为 1～2m，含水层岩性以砾石及中粗砂为主，厚度在百米内的含水层厚 30～50m，渗透系数为 10～20m/d，单位涌水量为 1～6L/(s·m)。

7. 生态系统类型指标

巴音布鲁克草原又可分为高寒草甸草场、高寒草原草场和高寒沼泽草场，其特有的地理气候、植被和各类生物资源都有很高的科研价值和经济价值，是自然和人类遗留的宝贵历史遗产。在现有草原生态安全评价指标体系的基础上，根据干旱地区高寒草原湿地的特征，给合现场调研与之前开展的草原、湿地与湖泊三大块研究工作，将巴音布鲁克草原湿地、湖泊、沼泽等特征总结如下。

（1）高寒草甸草场

高寒草甸草场是在高山寒冷湿润气候条件下发育形成的草地植被类型，分布于大、小尤尔都斯盆地四周海拔为 2800～3400m 的高山区，其海拔最高可上升到

3600m。巴仑台沟中上段的莫托沙拉、阿拉沟及克尔古提沟的中上部亚高山地段的阴坡、半阴坡也有点片状分布。

天山南坡的高寒草甸，夏季湿润凉爽，日照充足，冬季严寒积雪较厚，年降水量为 350～500mm，年均气温为–8℃以下，土壤为高寒草甸土，并有厚达 20～30cm 的生草层。生草层根系交织成毡垫状，有较好的弹性，质地松软，偏酸性至中性，有机质含量丰富，但由于气温低，有机质分解缓慢，其速效性养分不高。

建群植被由多年生小莎草、小杂类草和小丛禾草组成，分布广，面积大，代表性的建群草本植物有线叶嵩草（Kobresia capillifolia）、嵩草（K. myosuroides）、矮生嵩草（K. humilis）、白颖薹草（Carex duriuscula）、细果薹草（C. stenocarpa）、珠芽蓼（Polygonum viviparum）等；灌木有阿拉套柳（Salix alatavica）、鬼见愁锦鸡儿（Caragana jubata）、金露梅（Potentilla fruticosa）等；伴生植物有矮火绒草、高山早熟禾（Poa alpina）、高山唐松草、风毛菊、毛虎耳草（Saxifraga hirculus）、鳞叶龙胆（Gentiana squarrosa）、高山紫菀（Aster alpinus）、高山点地梅（Androsace gmelinii）等。通常植株矮小，层次结构不明显。草层高为 5～35cm，一般为 10～15cm，灌木层高为 40～80cm，盖度为 60%～90%，亩产鲜草量为 335kg，最高亩产量为 405kg，最低亩产量为 44kg。

随着地形、坡度、坡向及海拔的变化，草地类型差异较大。根据现状，和静县高寒草甸可划分为七个草地型：①线叶嵩草型；②线叶嵩草、白尖薹草、杂类草型；③白尖薹草、寒生羊茅、杂类草型；④白尖薹草、杂类草型；⑤寒生羊茅、杂类草型；⑥珠芽蓼、细果薹草、杂类草型；⑦鬼见愁锦鸡儿、线叶嵩草、杂类草型。该类草地由于供水条件好，不但生物产量高，适口性好，而且耐牧性强，是各类牲畜，特别是大畜催肥抓膘的优质草地。由于地势较高，气候寒冷，牧草生长期短，在很大程度上制约了高寒草甸草原的生物产量，缩短了放牧利用时间，使草地利用很不充分，生产潜力得不到充分发挥。

（2）高寒草原草场

高寒草原又称"适冰雪草原"，是在地势高峻、气候寒冷干旱（年平均气温–5℃以下）的条件下形成的，为草原系列中最耐寒的草地植被类型。高寒草原主要分布在东部山区年降水量为 220～300mm 的高山区，主要包括：阿拉沟东西高坡面至冰达坂南侧；克尔古提沟上段起伏不大的阳坡，海拔为 2900～3200m；冰达坂南侧阳坡，海拔可上升到 3300m，往往与雪线相接；大楞达坂海拔为 2800～3000m 的阳坡、查汉努尔达坂以东的阳坡及半阳坡面上均有零星分布。在高山寒冷的气候条件下，高寒草原的发育并不完备，在高山峻岭的阳坡、半阳坡往往呈片状零星分布，土壤相对湿润，多为高山草原土或草甸草原土，土层较厚，有一定的肥力。由于生境条件差异较大，群落组成较为复杂，主要建群植被有紫花针茅（Stipa purpurea）、冰草、杂类草，并伴生有黄芪、落草（Koeleria cristata）、羊茅、细柄茅（*Ptilagrostis mongholica*）、委陵菜、矮火绒草（*Leontopodium nanum*）等。草层高度为 5～25cm，盖度为 45%～75%，亩产鲜草量为 70～100kg，最高亩产量为 144kg，最低亩产量为 33kg，适宜利用季节为夏秋场。

该类草地分为两个草地型：①紫花针茅、冰草、杂类草型；②紫花针茅、杂类草型。

（3）高寒沼泽草场

高寒沼泽草场主要分布于海拔为 2300～2500m 的大、小尤尔都斯盆地底部、开都河上游的低平积水洼地。在开都河源头海拔为 2600～3400m 的中、高山区，如快奎乌松达坂东侧、哈尔诺尔牧场上段、古鲁温吐勒格、夏合勒、伊克扎克斯台、乌兰哈德、哈尔尕特力古热木等平缓洼地也有分布。高寒沼泽草场地势平缓，排水不畅，由于牧草根系的盘结，土壤长期冲刷而形成了不规则的草丘，丘间多有积水，地表松软，弹性较大，在过湿和低温的环境中，牧草生长期短，土壤有机质分解缓慢，速效养分不高，肥力不足。土壤多为高山沼泽土或泥炭沼泽土，草群优势种主要有柄囊薹草（*Carex stenophylla*）、华扁穗草（*Blysmus sinocompressus*），伴生有珠芽蓼、细果薹草（*Kobresia stenocarpa*）、牛毛毡、海韭菜（*Triglochin maritimum*）、莲座蓟（*Cirsium esculentum*）、早熟禾、水麦冬、毛茛（*Ranunculus* spp.）等。草层高为 10～35cm，盖度为 70%～95%，亩产鲜草量为 201.5～840kg，最高产量为 1050kg，最低产量为 150kg。

该类草地分为柄囊薹草、柄囊薹草和华扁穗草两个草地型，地处高寒，且长年积水，夏秋宜于大畜利用，冬季结冰后，小畜可适当利用，但草类质量较差，利用率不高。

（4）天鹅湖水域

著名的天鹅湖就坐落在巴音布鲁克草原上，在离新疆和静县巴音布鲁克区政府约 60km 的巴音乡西南部。天鹅湖实际上是由众多相互串联的小湖组成的大面积沼泽地，是全国第一个国家级天鹅自然保护区。保护区水草丰茂，气候湿爽，风光旖旎，区内鸟类有 128 种，隶属 14 目 30 科 80 余属，其中雀形目 53 种，非雀形目 75 种，繁殖鸟 95 种，占 74%，其中，留鸟 34 种。保护区栖息着我国最大的野生天鹅种群，是鸟类繁殖和度夏的栖息地。此外，保护区内有兽类 20 余种，两栖类 2 种，鱼类 5 种，属国家一级保护动物的有 8 种，如雪豹、黑鹳、金雕、白肩雕等，属国家二级保护动物的有 25 种，如大天鹅、盘羊、阿尔泰雪鸡等。

8. 人类活动相关指标

（1）区内人口及其收入变化

巴音布鲁克区主要人口为蒙古族牧民。2006 年开始由于实施生态移民工程，巴音布鲁克区内人口有所减少，目前常住人口约 8600 人（详见第二章第二节相关内容）。

（2）区内牲畜量及其变化

超载过牧造成巴音布鲁克草地严重退化（详见第二章第二节相关内容）。

（3）旅游业发展

近十多年来，巴音布鲁克草原湿地的旅游业得到了较大的发展，投资开工建设了巴音布鲁克天鹅湖景区大门、天鹅湖景区入口处旅游厕所、天鹅生态旅游公路、环天鹅湖生态公路设施建设项目。据统计，2014 年巴音布鲁克景区共接待游客 54.34 万人次[20]。

（4）矿业开采

巴音布鲁克草原湿地位于伊犁－伊塞克湖微板块北缘博罗科努古生代复合岛弧带内，该岛弧带经历了多阶段的构造活动，形成了极为复杂的构造格局，岩浆活动非常强烈，构成了有利的成矿条件，其矿业主要以铁矿、金锑矿为主。由于矿业的粗放开采和运输，对草原生态产生了威胁。

（5）交通用地建设

作为干旱地区的高寒草原湿地，公路建设和交通用地的扩张，对草原湿地生态系统产生了较大的扰动。一方面，公路建设中随意取土现象严重，破坏了大面积的高寒草地，留下了难以恢复的裸露取土场；另一方面，公路修建后，草原水分与能量传输被切断，从而使公路修建前后草原生态发生了较大的变化。由于旅游业和矿业开发的需求，巴音布鲁克草原修建了 G218 线、S321 省道及横穿草原湿地保护区的公路等，对巴音布鲁克草原湿地生态产生了显著的影响。

（三）主要指标数据评价结果

1. 巴音布鲁克草原各级判断矩阵及层次排序

巴音布鲁克草原各级判断矩阵及层次排序结果见表 8-8～表 8-11。

O-A 判断矩阵及排序结果见表 8-8。

表 8-8　O-A 判断矩阵及排序结果

O	A1	A2	A3	W_i
A1	1	5	7	0.7306
A2	1/5	1	3	0.1884
A3	1/7	1/3	1	0.0810

A1-C 判断矩阵及排序结果见表 8-9。

表 8-9　A1-C 判断矩阵及排序结果

A1	C1	C2	C3	C4	C5	C6	C7	C8	C9	C10	W_i
C1	1	3	1/9	1/3	1/3	1	3	2	5	5	0.0852
C2	1/3	1	1/9	4	2	6	8	2	5	5	0.1383
C3	9	9	1	7	9	5	9	5	9	9	0.4211
C4	3	1/4	1/7	1	3	3	3	3	5	5	0.1062
C5	3	1/2	1/9	1/3	1	3	5	3	3	3	0.0874
C6	1	1/6	1/5	1/3	1/3	1	3	1	5	5	0.0524
C7	1/3	1/8	1/9	1/3	1/5	1/3	1	2	3	5	0.0347
C8	1/2	1/2	1/5	1/3	1/3	1	1/2	1	3	3	0.0396
C9	1/5	1/5	1/9	1/5	1/3	1/5	1/3	1/3	1	1	0.0177
C10	1/5	1/5	1/9	1/5	1/3	1/5	1/5	1/3	1	1	0.0173

A2-C 判断矩阵及排序结果见表 8-10。

表 8-10　A2-C 判断矩阵及排序结果

A2	C11	C12	C13	C14	C15	W_i
C11	1	1/3	1/5	2	4	0.1387
C12	3	1	2	3	3	0.3432
C13	5	1/2	1	5	3	0.3420
C14	1/2	1/3	1/3	1	4	0.1146
C15	1/4	1/3	1/3	1/4	1	0.0615

A3-C 判断矩阵及排序结果见表 8-11。

表 8-11　A3-C 判断矩阵及排序结果

A3	C16	C17	C18	W_i
C16	1	3	1	0.4638
C17	1/3	1	2	0.2809
C18	1	1/2	1	0.2552

经过一致性检验，以上判断矩阵具有完全一致性。

2. 巴音布鲁克草原生态安全评价各层次元素权重

巴音布鲁克草原生态安全评价各层次元素权重见表8-12。

表8-12　巴音布鲁克草原生态安全评价各层次元素权重

目标层	准则层	权重	内容	权重	综合权重	排序
草原生态安全（O）	自然-生态-环境（状态指标A1）	0.7306	海拔/m（C1）	0.0852	0.0622	7
			湿润度（C2）	0.1383	0.1010	2
			草地覆盖率/%（C3）	0.4211	0.3077	1
			生物量/(kg/m^2)（C4）	0.1062	0.0776	3
			NDVI（C5）	0.0874	0.0639	6
			物种丰富度/(种/m^2)（C6）	0.0524	0.0383	8
			土壤有机碳/%（C7）	0.0347	0.0254	12
			水位/m（C8）	0.0396	0.0289	10
			溶解氧/(mg/L)（C9）	0.0177	0.0129	16
			浊度（NTV/L）（C10）	0.0173	0.0126	17
	资源-社会-灾害（压力指标A2）	0.1884	人口密度/(人/km^2)（C11）	0.1387	0.0261	11
			城镇及工矿交通用地比例/%（C12）	0.3432	0.0647	4
			畜牧超载率/%（C13）	0.3420	0.0644	5
			旅游压力指数/(人/km^2)（C14）	0.1146	0.0216	14
			生物灾害指数（C15）	0.0615	0.0116	18
	人文-社会-经济（响应指标A3）	0.0810	围栏封育面积比例/%（C16）	0.4638	0.0376	9
			农牧民人均纯收入/(万元/人)（C17）	0.2809	0.0228	13
			环保投入/%（C18）	0.2552	0.0207	15

从巴音布鲁克草原生态安全分区的角度分析，要实现生态安全分区的目标，首先要积极改善草原生态环境，尽快恢复生态平衡，其权重为0.7306。但草原所处环境状态以及草原对环境的响应也应该得到相应的重视，其权重分别为0.1884和0.0810。

（四）不同区域各指标数据分析

根据已获取的数据进行各小流域指标分析，计算其实测值，并利用极差标准化法对各指标进行赋分，结果见表8-13。

表8-13 巴音布鲁克20个小流域指标赋值结果

状态层：

编号	流域		环境本底		草原状态				湿地状态		河湖状态	
			海拔/m(C1)	湿润度(C2)	草地覆盖率/%(C3)	生物量/(kg/m²)(C4)	NDVI(C5)	物种丰富度(C6)	土壤有机碳/%(C7)	水位/m(C8)	浊度/(NTU/L)(C9)	溶解氧/(mg·L)(C10)
1	查汗乌苏	数值	2976.58	1.00	0.26	105.49	0.32	7.00	28.00	-5.00	—	—
		赋分	0.44	1.00	0.00	0.17	0.00	0.17	0.38	0.13	0.50	0.50
2	乌拉斯台郭勒	数值	2588.43	1.00	0.33	43.73	0.31	7.00	30.00	-5.00	0.00	7.27
		赋分	0.00	1.00	0.14	0.03	0.00	0.17	0.23	0.13	1.00	0.00
3	呼斯台哈尔诺尔	数值	3204.04	1.00	0.33	46.94	0.41	11.00	25.00	0.00	—	—
		赋分	0.70	1.00	0.14	0.04	0.23	0.83	0.62	0.75	0.50	0.50
4	铁木尔台	数值	2938.50	1.00	0.42	49.14	0.46	12.00	24.00	2.00	—	—
		赋分	0.40	1.00	0.34	0.04	0.33	1.00	0.69	1.00	0.50	0.50
5	奎克乌苏诺尔	数值	3471.86	1.00	0.36	69.04	0.42	—	—	—	—	—
		赋分	1.00	1.00	0.20	0.09	0.24	0.50	0.50	0.50	0.50	0.50
6	巴音布鲁克牧场	数值	2823.26	1.00	0.49	189.58	0.52	8.00	31.00	-4.5	8.72	9.52
		赋分	0.27	1.00	0.47	0.35	0.46	0.33	0.15	0.19	0.98	1.00
7	伊克赛特散拉	数值	2957.92	1.00	0.41	264.57	0.46	7.00	30.00	-5.00	394.96	8.39
		赋分	0.42	1.00	0.31	0.52	0.33	0.17	0.23	0.13	0.00	0.50
8	奎克乌苏郭勒	数值	3354.30	1.00	0.40	375.67	0.44	—	—	—	—	—
		赋分	0.87	1.00	0.29	0.77	0.28	0.50	0.50	0.50	0.50	0.50
9	巴音郭楞河	数值	3271.32	1.00	0.60	258.09	0.63	7.00	30.00	-3.00	—	—
		赋分	0.77	1.00	0.70	0.51	0.73	0.17	0.23	0.38	0.50	0.50
10	苏力间村	数值	2896.54	1.00	0.70	472.08	0.71	6.00	33.00	-6.00	39.78	9.00
		赋分	0.35	1.00	0.90	0.98	0.91	0.00	0.00	0.00	0.90	0.77

续表

编号	流域		环境本底		草原状态				湿地状态		河湖状态	
			海拔/m(C1)	湿润度(C2)	草地覆盖率/%(C3)	生物量/(kg/m²)(C4)	NDVI(C5)	物种丰富度(C6)	土壤有机碳/%(C7)	水位/m(C8)	浊度/(NTU/L)(C9)	溶解氧/(mg/L)(C10)
11	查汗赛村	数值	2856.57	1.00	0.66	410.49	0.67	9.00	26.00	-2.00	197.36	8.24
		赋分	0.30	1.00	0.83	0.84	0.82	0.50	0.54	0.50	0.50	0.43
12	天鹅湖区2	数值	2953.20	1.00	0.63	354.38	0.73	9.00	25.00	0.00	41.37	8.62
		赋分	0.41	1.00	0.77	0.72	0.95	0.50	0.62	0.75	0.90	0.60
13	查汗乌苏2	数值	3035.38	1.00	0.58	70.51	0.69	10.00	22.00	2.00	—	—
		赋分	0.51	1.00	0.67	0.09	0.86	0.67	0.85	1.00	0.50	0.50
14	伊克浩然郭勒	数值	3181.06	1.00	0.53	179.67	0.60	10.00	23.00	2.00	—	—
		赋分	0.67	1.00	0.56	0.33	0.66	0.67	0.77	1.00	0.50	0.50
15	德尔比勒金	数值	3381.79	1.00	0.41	213.99	0.42	—	—	—	—	8.87
		赋分	0.90	1.00	0.30	0.41	0.25	0.50	0.50	0.50	0.50	0.71
16	天鹅湖水域	数值	2857.41	1.00	0.74	481.04	0.75	7.00	30.00	-3.00	49.62	8.53
		赋分	0.30	1.00	1.00	1.00	1.00	0.17	0.23	0.38	0.87	0.56
17	陶斯图牧场	数值	2696.08	1.00	0.61	423.1	0.65	7.00	28.00	-4.00	—	—
		赋分	0.12	1.00	0.72	0.87	0.77	0.17	0.38	0.25	0.50	0.50
18	阿勒腾郭松村	数值	3204.76	1.00	0.37	209.23	0.41	—	—	—	—	8.53
		赋分	0.70	1.00	0.22	0.40	0.23	0.50	0.50	0.50	0.50	0.56
19	阿尔次基	数值	2843.73	1.00	0.60	429.86	0.61	10.00	20.00	0.00	23.81	—
		赋分	0.29	1.00	0.70	0.89	0.68	0.67	1.00	0.75	0.94	0.50
20	开都河下游	数值	3076.12	1.00	0.57	30.26	0.62	—	—	—	16.15	8.66
		赋分	0.55	1.00	0.64	0.00	0.70	0.50	0.50	0.50	0.96	0.62

续表

压力层：

编号	流域		人口压力		畜牧压力	旅游压力	灾害压力
			人口密度(人/km²)(C11)	城镇及工矿交通用地比例/%(C12)	畜牧超载率/%(C13)	旅游压力指数（C14）	生物灾害指数（C15）
1	查汗乌苏	数值	1.33	0.00	0.00	0.00	0.00
		赋分	0.57	1.00	1.00	1.00	1.00
2	乌拉斯台郭勒	数值	1.04	0.06	123.00	0.00	0.00
		赋分	0.66	0.00	0.00	1.00	1.00
3	呼斯台哈尔诺尔	数值	0.00	0.00	0.00	0.00	0.00
		赋分	1.00	1.00	1.00	1.00	1.00
4	铁木尔台	数值	0.00	0.06	123.00	0.00	0.00
		赋分	1.00	0.00	1.00	1.00	1.00
5	奎克乌苏诺尔	数值	0.00	0.00	0.00	0.00	0.15
		赋分	1.00	1.00	1.00	1.00	0.00
6	巴音布鲁克牧场	数值	0.18	0.06	123.00	0.00	0.03
		赋分	0.94	0.00	0	1.00	0.80
7	伊克赛特撒拉	数值	0.00	0.00	123.00	0.00	0.03
		赋分	1.00	1.00	0	1.00	0.80
8	奎克乌苏郭勒	数值	0.00	0.00	0.00	0.00	0.03
		赋分	1.00	1.00	1.00	1.00	0.80
9	巴音郭楞河	数值	0.00	0.06	123.00	0.00	0.03
		赋分	1.00	0.00	0	1.00	0.80
10	苏力阿村	数值	0.87	0.00	0	0.00	0.06
		赋分	0.72	1.00	1	1.00	0.60

续表

编号	流域		人口压力		畜牧压力	旅游压力	灾害压力
			人口密度(人/km²)(C11)	城镇及工矿交通用地比例/%(C12)	畜牧超载率/%(C13)	旅游压力指数(C14)	生物灾害指数(C15)
11	查汗赛村	数值	0.99	0.00	0	0.00	0.03
		赋分	0.68	1.00	1	1.00	0.80
12	天鹅湖区2	数值	3.09	0.06	123.00	0.00	0.01
		赋分	0.00	0.00	0	0.00	0.93
13	查汗乌苏2	数值	0.00	0.00	123.00	0.00	0.01
		赋分	1.00	1.00	0	1.00	0.93
14	伊克浩然郭勒	数值	0.00	0.00	123.00	0.00	0.01
		赋分	1.00	1.00	0	1.00	0.93
15	德尔比勒金	数值	0.00	0.00	123.00	0.00	0.03
		赋分	1.00	1.00	0	1.00	0.93
16	天鹅湖水域	数值	1.00	0.06	123.00	0.00	0.03
		赋分	0.68	0.00	0	0.00	0.80
17	陶斯图牧场	数值	0.35	0.00	123.00	0.00	0.03
		赋分	0.89	1.00	0	1.00	0.80
18	阿勒腾尕松村	数值	0.84	0.00	123.00	0.00	0.03
		赋分	0.73	1.00	0	1.00	0.80
19	阿尔次基	数值	0.30	0.00	123.00	0.00	0.03
		赋分	0.90	1.00	0	1.00	0.80
20	开都河下游	数值	0.00	0.00	123.00	0.00	0.03
		赋分	1.00	1.00	0	1.00	0.80

续表

响应层：

| 编号 | 流域 | | 保护措施 | 经济能力 | |
---	---	---	围栏封育面积比例/% (16)	农牧民年均纯收入/万元（C17）	环保投入/%（C18）
1	查汗乌苏	数值	0.02	0.40	2.00
		赋分	0.09	0.42	1.00
2	乌拉斯台郭勒	数值	0.02	0.40	2.00
		赋分	0.03	0.42	1.00
3	呼斯台哈尔诺尔	数值	0.05	0.40	2.00
		赋分	0.31	0.42	1.00
4	铁木尔台	数值	0.01	0.40	2.00
		赋分	0.00	0.42	1.00
5	奎克乌苏诺尔	数值	0.04	0.40	2.00
		赋分	0.24	0.42	1.00
6	巴音布鲁克牧场	数值	0.04	0.57	2.00
		赋分	0.17	0.67	1.00
7	伊克赛特散拉	数值	0.11	0.57	2.00
		赋分	0.69	0.67	1.00
8	奎克乌苏郭勒	数值	0.07	0.57	2.00
		赋分	0.45	0.67	1.00
9	巴音郭楞河	数值	0.05	0.57	2.00
		赋分	0.28	0.67	1.00
10	苏力间村	数值	0.04	0.57	2.00
		赋分	0.19	0.67	1.00

续表

编号	流域		保护措施	经济能力	
			围栏封育面积比例/%（16）	农牧民年均纯收入/万元（C17）	环保投入/%（C18）
11	查汗赛村	数值	0.02	0.57	2.00
		赋分	0.06	0.67	1.00
12	天鹅湖区2	数值	0.05	0.56	2.00
		赋分	0.25	0.68	1.00
13	查汗乌苏2	数值	0.02	0.56	2.00
		赋分	0.03	0.68	1.00
14	伊克浩然郭勒	数值	0.05	0.56	2.00
		赋分	0.27	0.68	1.00
15	德尔比勒金	数值	0.15	0.56	2.00
		赋分	1.00	0.68	1.00
16	天鹅湖水域	数值	0.06	0.61	2.00
		赋分	0.34	0.72	1.00
17	陶斯图牧场	数值	0.03	0.61	2.00
		赋分	0.15	0.72	1.00
18	阿勒腾孙松村	数值	0.03	0.61	2.00
		赋分	0.11	0.72	1.00
19	阿尔次基	数值	0.06	0.61	2.00
		赋分	0.34	0.72	1.00
20	开都河下游	数值	0.10	0.61	2.00
		赋分	0.64	0.72	1.00

四、巴音布鲁克草原生态安全评价及分析

根据已获取的各指标权重计算结果和各指标的标准化值，通过综合指数的计算得到巴音布鲁克草原 20 个小流域的生态安全综合指数（表 8-14 和图 8-13）。

表 8-14　巴音布鲁克草原 20 个小流域的生态安全综合指数（ESI）

编号	流域名称	生态安全指数（ESI）	生态安全级别	特点
1	苏力间村	0.81	理想	生态系统服务功能比较完善，生态环境基本未受到破坏，生态系统结构完整，功能性强，恢复再生能力强，生态问题不显著，生态灾害少
2	查汗赛村	0.80	安全	生态系统服务功能较为完善，生态环境破坏较少，生态系统结构基本完整，功能较好，一般干扰下系统具有恢复能力，生态问题不显著，生态灾害较少
3	陶思图牧场	0.74		
4	奎克乌苏郭勒	0.72		
5	阿尔次基	0.71		
6	巴音郭楞河	0.69		
7	天鹅湖水域	0.69		
8	查汗乌苏 2	0.65		
9	伊克浩然郭勒	0.64		
10	开都河下游	0.63		
11	巴音布鲁克牧场	0.62		
12	天鹅湖区 2	0.61		
13	伊克赛特撒拉	0.60	较不安全	生态系统功能出现退化，生态环境受到一定破坏，生态系统结构发生变化，但可维持基本功能，受干扰后容易发生恶化，生态问题显现，生态灾害时有发生
14	德尔比勒金	0.56		
15	奎克乌苏诺尔	0.53		
16	呼斯台哈尔诺尔	0.52		
17	阿勒腾尕松村	0.47		
18	铁木尔台	0.44		
19	查汗乌苏	0.38	不安全	生态系统服务功能严重退化，生态环境遭到极大破坏，生态系统结构遭到破坏，功能退化，受外界干扰后很难恢复，生态问题严重，生态灾害发生频繁
20	乌拉斯台郭勒	0.26		

图 8-13　巴音布鲁克草原 20 个小流域的生态安全评价结果图

从表 8-14 及图 8-13 可以看出，20 个小流域中苏力间村小流域 ESI 指数最高，属于生态安全理想区；查汗赛村、陶思图牧场、奎克乌苏郭勒、阿尔次基、巴音郭楞河、天鹅湖水域、查汗乌苏 2、伊克浩然郭勒、开都河下游、巴音布鲁克牧场、天鹅湖区 2 这 11 个小流域属于生态安全区；伊克赛特撒拉、德尔比勒金、奎克乌苏诺尔、呼斯台哈尔诺尔、阿勒腾尕松村、铁木尔台这 6 个小流域属于生态较不安全区；查汗乌苏、乌拉斯台郭勒这 2 个小流域属于生态不安全区。

从空间上总体来看，小尤尔都斯盆地生态安全级相对较差，大尤尔都斯盆地生态安全级较好。这是因为退化草地在小尤尔都斯盆地表现最为明显，大尤尔都斯盆地草地退化相对较轻。

（一）巴音布鲁克草原生态安全分区及特征

根据上述评价结果，对生态安全现状相似区域进行合并，可以得到如下分区结果（图 8-14 和表 8-15）。

从巴音布鲁克草原生态安全级别来看（表 8-15），该草原生态安全状态具有明显的地域分异，其大致分为四个区域：生态安全理想区（3.70%）、生态安全区（53.39%）、生态较不安全区（38.93%）和生态不安全区（3.98%）。

图 8-14　巴音布鲁克草原生态安全分区图

表 8-15　巴音布鲁克草原不同生态安全等级属性分析

安全等级	面积/km²	所占整个研究区面积比例/%	主要分布区域
理想	1364	3.70	巴音郭勒乡
安全	15002	53.39	巴音郭勒乡、巴音布鲁克镇、额勒再特乌鲁乡
较不安全	6874	38.93	巩乃斯沟乡、巴音郭勒乡
不安全	964	3.98	巩乃斯沟乡

1. 生态安全理想区

生态安全理想区位于和静县巴音郭勒乡的东南部，包括苏力间村，海拔为2857m。该区域避风向阳，冬季不甚寒冷，为山地草原放牧场，是良好的冬春草场。土壤相对湿润，土层较厚，有一定的肥力，人口较少，整个区域生态系统尚未受人为因素的干扰，生态系统较好，未来以生态安全维持为主。

2. 生态安全区

生态安全区包括查汗赛村、巴音郭勒乡、巴音布鲁克镇以及额勒再特乌鲁乡的大部分地区，该区随着地势逐渐升高，海拔较高，大多在3000m左右。受暖湿气流的影响，山地草原、山地草甸、高寒草原、高寒草甸植被类型发育良好，整个区域植被覆盖率较高。此外，该区受垦殖及工矿建设干扰较少，河流湿地分布较多。其中巴音布鲁克镇和巴音郭楞乡经济结构单一，基本为纯牧业地区，近些年随着生态旅游的兴起，旅游业逐渐成为其另一支柱产业；额勒再特乌鲁乡经济主要依靠种植业及畜牧业。该区域无工业开发，仅有牧业及生态旅游业，整体上处于草原生态安全状态，生态系统服务功能较为完善，生态环境破坏较少，生态系统结构基本完整，功能较好，生态问题不显著，生态灾害较少，未来以生态安全保护为主。

3. 生态较不安全区

生态较不安全区包括巩乃斯沟乡的大部分和额勒斯特乌鲁乡的德尔比勒金地区以及巴音布鲁克镇的阿勒藤尕松村和巴音郭勒乡的伊克赛特撒拉。该地区受塔里木盆地干热气流的影响，降水相对较少，山地荒漠，景观极为突出，超旱生、强旱生多年生植被占居绝对优势，集中代表了天山南坡荒漠气候条件的地域性特征。此区域为草场分布区，牲畜及人类活动较强，且由于牧民喜欢沿河放牧，河流两侧草地所承受的畜牧压力较大。目前，生态系统功能出现退化，生态环境受到了一定的破坏，生态系统结构发生变化，但可维持基本功能，受干扰后容易发生恶化，生态问题显现，生态灾害时有发生，需引起足够的重视。

4. 生态不安全区

生态不安全区包括巩乃斯沟乡的察汗乌苏和乌拉斯台郭勒。该地区年平均气温在-5℃以下，年降水量在 300mm 以下，气候寒冷多风，干旱过牧导致草地植被大面积严重退化，特别是草地盐渍化。目前，该区生态系统服务功能严重退化，生态环境遭到极大破坏，草原生态功能退化，生态问题严重，是草原治理的重点区域。

（二）巴音布鲁克草原保护管理对策

针对巴音布鲁克草原退化特征，以"保护与可持续发展相结合 + 草地资源利用的合理配置 + 草原湿地生态环境改善 + 草原湿地综合管理"为思路，开展草原"三化"控制、合理放牧与草原湿地生态保育和恢复研究，提出集草地资源利用合理配置、草原湿地生态环境改善、草原湿地综合管理措施于一体的系统防治方案。结合上述生态安全评估结果及影响要素分析，基于生态安全管理和流域综合管理的系统理念，提出保障干旱地区高寒草原自然保护区湿地生态安全的政策框架，探讨维持流域生态系统安全的综合管理策略和长效运行机制，为改善及生态修复提供技术指导与支撑。具体对策图如图 8-15 所示。

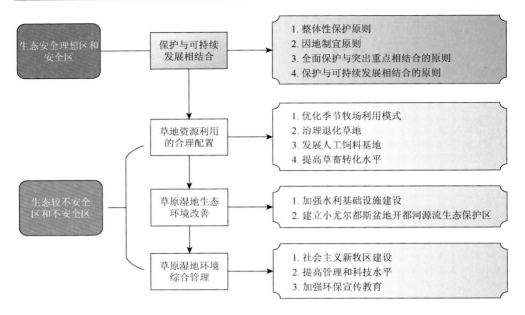

图 8-15　巴音布鲁克草原保护管理对策图

1. 保护与可持续发展相结合

对于生态安全理想区和生态安全区继续实施生态保护政策，坚持保护与发展相结合的目标，以稳定维持自然保护区湿地生态服务功能和流域生态安全。在对资源进行有效保护的同时，利用当地的资源优势，适当开展生态旅游和多种经营活动，增加该区域的自身发展能力，促进保护工作的更好开展。具体保护原则如下所示。

（1）整体性保护原则

保护管理必须认真贯彻"全面保护自然生态环境，积极开展科学研究，大力发展生物资源，为国家和人类造福"的方针，按照有关法律法规，依法对生态安全理想区和生态安全区实行严格有效的科学保护管理。

（2）因地制宜原则

对于生态安全理想区和生态安全区，保护工程必须从实际出发，结合自然保护区的特点，根据保护对象的生物学、生态特性等要求，确定设施标准，有利于保护和不破坏保护对象的繁衍生息。

（3）全面保护与突出重点相结合的原则

在强调整体性、综合性和全面性的前提下，对重点保护对象和重点保护区域实行优先保护、重点保护，在此基础上，做好整个保护区的保护、管理和宣传工作。根据有关法律法规制定保护区管理条例和相应的规章制度、作业规程，对违反保护区规定的行为，进行严肃处理，情节严重者追究其法律责任。

（4）保护与可持续发展相结合的原则

在全面、有效保护的基础上，利用保护区的资源优势，可适度、合理地利用保护区的自然资源开展合理的利用活动，从而使区域湿地生态系统和生物多样性得到有效的保护，使自然保护和资源利用协调发展，使周边社区的环境保护意识显著增强，从而有效发挥自然保护区的生态、经济和社会服务功能。增强保护区自身发展能力，促进保护区的经济、社会协调发展。

对于生态较不安全区，特别是生态不安全区的草原，需要积极创造条件，对已经退化或丧失的生境进行恢复。具体实施保护管理对策如下所述。

2. 草原资源利用的合理配置

（1）优化季节牧场利用模式

改革现行的生产方式，将传统的四季游牧改为暖季放牧、冷季舍饲和暖季放牧、冷季放牧＋补饲的生产方式。同时，在合理利用的前提下，最大限度地扩大暖季天然草地的利用面积，充分利用牧草生长季的优势。调整现行的季节牧场利用格局，实行盆地春秋牧场、中低山区冬牧场、高山夏牧场的季节梯度轮牧方式。严格核定载畜量，严格确定季节牧场的始牧期和终牧期。

新利用格局的具体方案是：小尤尔都斯盆地草地全面实行禁牧，对夏季在小尤尔都斯草原放牧的牲畜每年4月初下发牲畜进山通行证，但必须在5月20日以后才能进入草原放牧。山地草地作为夏季牧场，先自下而上，再自上而下的实行梯度轮牧。大尤尔都斯盆地作为春秋牧场；中、低山打草和冬季利用；高山作为夏牧场，先自下而上，再自上而下的实行梯度轮牧。

（2）治理退化草地

鉴于小尤尔都斯盆地退化草地面积占盆地总面积的比例高达81.9%，且18.1%的未退化草地存在现实退化危机，同时为了治理时便于管理，对小尤尔都斯盆地实行全部禁牧。对于大尤尔都斯盆地严重退化的草地实行禁牧；中度退化的草地，减少牲畜头数，实行休牧与轮牧相结合；轻度退化的草地减少牲畜头数，实行划区轮牧，适量、适时均匀放牧。

（3）发展人工饲料基地

优化季节牧场利用模式，解决巴音布鲁克草地退化的根本出路在于发展人工草地，用人工饲草料解决冷季的舍饲问题。具体方案有：

1）加快莫呼尔察汗的开发速度，实行生态移民，建立牧民定居点，实行暖季山区放牧，冷季定居点舍饲，发展第二、第三产业经营。

2）充分挖掘农区的土地潜力，整合土地资源，开发现有6.7万亩宜农荒地，调整农区的种植结构，扩大农区人工饲草料地的种植面积，解决农区牲畜饲养问题，发展高效农区畜牧业。

（4）提高草畜转化水平

以草畜转化为中心，发挥巴音布鲁克牲畜的品种（黑头羊、半野血牦牛、焉耆马）优势，加快品种改良，以提高生产性能；调整畜种、畜群结构，根据巴音布鲁克草地的实际情况，加大牦牛的饲养比例；发展畜产品加工生产产业，延长生产链，增加优质畜产品，形成产业化，提高生产效益。

3. 草原湿地生态环境改善

（1）加强水利基础设施建设

小尤尔都斯盆地彻底禁牧，建立开都河源流生态保护区，并将其纳入开都河中长期发展综合治理规划。在保护区内，实行封育退化草地，补播优良野生牧草，在沙化地边缘建植适生灌木，对有恢复前景的草地采取补充灌溉等措施，提高植被覆盖率，加快退化草地植被的恢复，加大水源涵养功能，加强对漫溢河道的治理力度，防止水土流失。

（2）建立小尤尔都斯盆地开都河源流生态保护区

按照"节约农业用水、增加工业用水、确保生态用水"的根本要求，以水资源保护、节约、开发、利用工程建设为重点，大力发展高效节水灌溉，以促进水资源的合理配置和高效利用。着力实施好开都河、黄水沟流域的水土保持工程，防止水土流失。

4. 草原湿地环境综合管理

（1）社会主义新牧区建设

以建设社会主义新牧区政策为指导，在区政府附近和莫呼尔察汗新建两个集中定居的新牧区；改革草原畜牧业生产方式，提高生产效益；发展畜产品加工、旅游业等第二、第三产业，增加牧民收入；加强基础设施建设，解决安全饮水、用电、取暖、乡村道路、牧道等问题；完善医疗卫生和教育设施；改变牧民传统的生活方式，提高牧民生活水平，使其尽快走上小康之路。

（2）提高管理和科技水平

要实现对巴音布鲁克草原湿地的科学保护和统一管理，必须建立专门的管理机构，统筹湿地管理、开发、科研等有关事宜，同时各级政府应把草原、湿地的保护管理资金列入财政预算，以改变目前多头管理，又多方不管的混乱局面，做到具体业务有专门的机构管理，以保护资金统筹使用，从而使湿地保护管理工作逐步纳入正常轨道。

加强区、乡草原监理的队伍建设，大力培养区草原、乡草原、畜牧、兽医技术人员，增加干部队伍中专业技术人员的配比比例。加大对巴音布鲁克高寒山区的科技投入，加大对牧民的科技培训，提高畜牧业的科技含量，推广科学技术，解决草畜平衡监理、人工草地建植、天然草地恢复、提高草畜转化效率、增加牧民收入等科技难题。加强多学科之间的密切合作和配合，共同探索其理论和实践问题，使草原和湿地的开发、利用、保护工作能协调发展。

（3）加强环保宣传教育

研究区牧民的整体环境保护意识较低，相关部门应加大环境保护的宣传教育工作，向当地群众宣传法律法规，普及湿地和野生动植物保护知识，并执行各种保护条例。增加必要的科普宣讲场所及相应的设备等，提高保护区的科普宣教能力，以及环保工作中公众参与的积极性。

参 考 文 献

[1]　许联芳，王克林，李晓青，等. 农业可持续发展的生态安全评价初探-以湖南省为例. 水土保持通报，2006，26（5）：102-107.

[2]　邹长新，沈渭寿. 生态安全研究进展. 农村生态环境，2003，19（1）：56-59.

[3]　高清竹，康慕谊，许红梅，等. 黄河中游砒砂岩地区生态安全综合评价—以内蒙古长川流域为例. 资源科学，2006，28（2）：132-139.

[4]　廖利，张璐，邹茜. 区域生态安全评价方法研究-以温州市瓯海区为例. 华中科技大学学报（城市科学版），2006，23（3）：16-19.

[5]　海全胜，宁小莉，霍擎，等. 基于压力-状态-响应模型的达茂旗生态安全现状评价. 西南师范大学学报：自然科学版，2015，40（11）：115-123.

[6]　胡秀芳，赵军，钱鹏，等. 草原生态安全理论与评价研究. 干旱区资源与环境，2007，21（4）：93-97.

[7]　刘佳. 草海高原湖泊湿地生态安全评价研究. 重庆：重庆师范大学，2012.

[8]　庞雅颂，王琳. 区域生态安全评价方法综述. 中国人口资源与环境，2014，（S1）：340-344.

[9]　李文利，何文革. 新疆巴音布鲁克草原退化及其驱动力分析. 青海草业，2008，17（2）：44-47.

[10]　宋宗水. 巴音布鲁克草原生态恢复与综合治理调查报告. 绿色中国：理论版，2005，（06M）：16-19.

[11]　吾买尔，吾守，阿德力，等. 巴音布鲁克高寒草原沼泽植物群落研究. 草食家畜，2006，（4）：11-13.

[12]　刘艳，舒红，李杨，等. 天山巴音布鲁克草原植被变化及其与气候因子的关系. 气候变化研究进展，2006，2（4）：173-176.

[13]　李毓堂. 巴音布鲁克草原生态破坏调查和治理对策. 草原与草坪，2006，（4）：12-14.

[14]　陈维伟. 关于对巴音布鲁克草原生态建设和保护问题的探讨. 新疆畜牧业，2007，（1）：18-19.

[15]　李文利. 草畜平衡是恢复巴音布鲁克草原生态的根本途径. 内蒙古农业科技，2008，（4）：107-108.

[16]　袁晴雪，魏文寿. 中国天山山区近 40a 来的年气候变化. 干旱区研究，2006，23（1）：115-118.

[17]　张慧岚. 巴音布鲁克气候条件分析和生态环境监测评估. 第 27 届中国气象学会年会现代农业气象防灾减灾与粮食安全分会场论文集，2010.

[18]　周雪英，段均泽，李晓川，等. 1960—2011 年巴音布鲁克山区降水变化趋势与突变特征. 沙漠与绿洲气象，2013，5：5.

[19]　陈效逑，王恒. 1982—2003 年内蒙古植被带和植被覆盖度的时空变化. 地理学报，2009，64（1）：84-94.

[20]　王纯礼. 巴音布鲁克草原生态旅游现状及对策研究. 农村经济与科技，2015，26（6）：92-93，213.